Hesse/Schrader

Bewerbungsstrategien für Führungskräfte

Ihr nächster Schritt auf der Karriereleiter

STARK

Die Autoren

Jürgen Hesse, Jahrgang 1951, Diplom-Psychologe und geschäftsführender Gesellschafter im Büro für Berufsstrategie, Berlin.
Hans Christian Schrader, Jahrgang 1952,
Diplom-Psychologe in Baden-Württemberg.

Anschrift der Autoren

Hesse / Schrader
Büro für Berufsstrategie
Oranienburger Straße 4–5
10178 Berlin

Tel. 030 288857-0
Fax 030 288857-36
www.berufsstrategie.de

Weitere Materialien, Tipps und Downloads unter:

www.berufsstrategie-plus.de
Der Zugangscode lautet: karriere11

ISBN 978-3-86668-427-0

© 2011 by Stark Verlagsgesellschaft mbH & Co. KG
www.stark-verlag.de

Inhalt

Was Sie erwartet

Fast Reader: Orientierung für eilige Leser

Sie haben Berufserfahrung, sind qualifiziert ausgebildet und zwischen 30 und 50 Jahre alt. Sie sind bereits eine Führungskraft oder streben diesen Status erstmalig an. Sie bezeichnen sich als leitende/r Angestellte/r oder Manager/in (in der mittleren Ebene), haben Ihren Arbeitsplatz in der sogenannten freien Wirtschaft oder beim öffentlichen Dienst.

Natürlich kommt man von 50 000 Euro Jahresgehalt nicht in einem Sprung auf 90 000 Euro. Noch schwieriger aber auf 120 000 oder gar 160 000 Euro. Wenn Sie sich in dieser Gehaltsgruppe erfolgreich bewegen wollen, gelten bestimmte Verhaltens- und Bewerbungsregeln, die sich nach unten (gehaltmäßig) von anderen Bewerbergruppen deutlich unterscheiden.

Um weiter voranzukommen, benötigen Sie ein Spezialwissen für den Augenblick, in dem Sie sich, Ihre Leistungen und Ihre Kompetenzen präsentieren. Dieses Buch verhilft Ihnen zu individuellen und innovativen Bewerbungsstrategien und beantwortet die folgenden Fragen:

* Wie bewerbe ich mich, wenn es um eine Führungsposition geht?
* Wie nutze ich neue Wege für die Jobsuche und Kontaktaufnahme?
* Wie überzeuge ich im Vorstellungsgespräch?

Wir wollen Ihnen deutlich machen, worauf es wirklich ankommt – bei der Planung, dem Einstieg, Wechsel oder rasanten Aufstieg, beim Formulieren von Bewerbungsanschreiben, Lebenslauf und Ihrem überzeugenden Auftreten in Vorstellungsgesprächen. Zunächst werden die notwendigen Vorüberlegungen behandelt. Hier gilt es, die für Ihre Bewerbung relevanten Ausgangspositionen zu bestimmen. Wir zeigen, wie Sie Networking, Internet und Telefon als Bewerbungsinstrumente erfolgreich einsetzen und effektiv nutzen. Im Anschluss daran erfahren Sie alles über die perfekte Gestaltung Ihrer schriftlichen Bewerbungsunterlagen. Eine umfassende Analyse des Vorstellungsgesprächs und seiner etwa 300 Kernfragen hilft Ihnen bei der Vorbereitung, um sich in dieser schwierigen Situation bestmöglich zu präsentieren. Hier erfahren Sie alles darüber, wie Sie mit provokanten Fragen und Einwänden am besten umgehen, aber auch, wann Sie ungestraft lügen dürfen. Wir geben Ihnen Tipps zu Gehaltsverhandlungen und zeigen, wie Sie die besonders kritischen ersten 100 Tage im neuen Unternehmen glänzend bewältigen.

Führen und Managen

Der Schriftsteller und Unternehmensberater Daniel Goeudevert meint, im Begriff »Führung« den das Wörterbuch allein mit »die Richtung bestimmen« definiert, stecke ein Hauch von Einsamkeit: »Wer führt, der ist allein.«

Auch wer sich bewirbt, fühlt sich oftmals alleingelassen und braucht Unterstützung, so wie jede Führungskraft auf fähige Mitarbeiterinnen und Mitarbeiter angewiesen ist. »Die Führungskraft ist verantwortlich und trägt das Risiko. Doch sie ist erst dann eine gute Führungskraft, wenn sie jedem einzelnen Teammitglied das Gefühl gibt, eigentlich habe dieses selbst die Entscheidung getroffen. Es gehört eine Menge Selbstüberwindung dazu, die eigene Entscheidung dem Team zu vermitteln und gleichzeitig deren Urheberschaft nicht für sich zu reklamieren.«[1] Angesprochen auf den Unterschied zwischen Führen und Managen sagt Goeudevert: »Die Führungskraft muss die Richtung angeben und dafür sorgen, dass ein Konsens darüber besteht. Managen ist dagegen Handwerk, das Umgehen mit Instrumenten fachspezifischer Art.«[2] Managementaufgaben kann und soll man delegieren, nicht aber abschieben: »Im Endeffekt muss man deren Ergebnisse verantworten, auch wenn man selbst anders gehandelt hätte.«[3] Für den heutigen Unternehmensalltag ist beides vonnöten – Führen und Managen.

Gute Chancen in schwierigen Zeiten

Gut zu sein, reicht bei Weitem nicht mehr aus. Sie müssen es auch vermitteln können. Wer beruflich weiterkommen will, braucht dafür ein entsprechendes Spezialwissen. Effizienz und Effektivität zählen und nicht geduldiges Warten, bis man Sie vielleicht entdeckt hat. Machen Sie jetzt mehr aus Ihrem Wissen und Können: Lernen Sie, wie Sie die Karriere-Weichen richtig stellen.

Dieses Buch vermittelt Ihnen einen tiefen Einblick in die Entscheidungsvorgänge beim professionellen Führungskräfte-Recruitment und erklärt Ihnen, wie Entscheider – egal ob Personalberater oder Firmeninhaber, Personalchefs oder Fachvorgesetzter – funktionieren. Ganz gleich, ob Sie sich als Betriebswirt um einen Bereichsleiterposten in einem Großkonzern oder als Chefarzt der Anästhesie in einer Universitätsklinik bewerben wollen – wir zeigen Ihnen, wie Sie aktiv die für Sie wichtigen Entscheidungsprozesse zu Ihrem Vorteil steuern und Ihre Karriere-Chancen optimal wahrnehmen.

Personalauswahl und Entscheidungsfindung

»Unser wichtigstes Kapital sind unsere Mitarbeiter« kann man häufig in den Geschäftsberichten und Imagebroschüren großer wie kleinerer Unternehmen lesen. Dem »Human Capital« wird viel Bedeutung beigemessen. Das ändert sich allerdings je nach Konjunkturlage, denn in Krisenzeiten wird das »Human Capital« gerne auch wieder abgebaut und nicht so sehr in den Vordergrund gerückt. Trotzdem gilt: Mitarbeiter sind – zu allen Zeiten – einer der wichtigsten Faktoren für Erfolg in der Arbeitswelt.

Und ebenso wie der Hersteller einer Ware bemüht ist, den Produktionsprozess zu optimieren, die Qualität zu steigern und die Kosten dabei zu senken, existiert der verständliche Wunsch seitens der Unternehmensleitung, dies mit einer Mannschaft von bestqualifizierten und hoch motivierten Mitarbeitern zu bewerkstelligen. Um dieses Ziel zu erreichen, ist eine sorgfältige Auswahl der einzustellenden Mitarbeiter auf allen Ebenen notwendig. Ein Beispiel zur Verdeutlichung:

---

1   Handelsblatt, 30.6.89, S. K2
2   ebd.
3   ebd.

Stellen Sie sich vor, Sie leiten als einer von zwei Geschäftsführern einen mittelständischen Betrieb mit 220 Mitarbeitern und suchen einen kompetenten Geschäftsführungsassistenten oder -assistentin[4]. Sie wünschen sich eine »rechte Hand«, die Ihnen vieles abnimmt, zukünftig Ihr Stellvertreter werden könnte und Prokura bekommen wird. Diese Position ist mit einem Jahresbruttoeinkommen von immerhin 85 000 Euro budgetiert (Sie selbst verdienen etwas mehr als das Doppelte), für das Sie auch etwas verlangen.

Ihre langjährige Sekretärin, die Leiterin Finanzen & Personal sowie Ihr erfolgreicher Vertriebsleiter und der zweite Geschäftsführer sind in die Auswahl der geeigneten Kandidaten involviert. Alle haben an der Anzeige in der Wochenendausgabe Ihrer regionalen Zeitung mitgewirkt.

Am Montagmorgen rufen die ersten zwei Kandidaten an und erkundigen sich nach Einzelheiten des Aufgabenbereiches. Ihre Sekretärin versucht, die Fragen zunächst selbst zu beantworten, verbindet die Anrufer aber dann doch mit Ihnen. Beide Gespräche kosten Sie jeweils etwa 15 Minuten Zeit.

Am Nachmittag wiederholt sich diese Telefonsituation, und ein unerwarteter Überraschungsbesucher möchte seine Bewerbungsunterlagen persönlich abgeben. Sie sind nicht in Ihrem Büro, Ihre Sekretärin nimmt die Unterlagen entgegen und berichtet, dass es sich um einen sehr sympathischen jungen Mann gehandelt habe.

Am Dienstagmorgen treffen die ersten 26 Bewerbungsunterlagen ein. Weitere Telefonate folgen und die ersten 15 E-Mail-Bewerbungen füllen Ihren E-Mail-Account. Nach einer Woche stapeln sich in Ihrem Büro 236 Bewerbungsunterlagen hoffnungsfroher Kandidaten. Etwas mehr als ein Drittel davon kam auf dem elektronischen Wege. In dieser ersten Woche brachten noch zwei weitere Bewerber ihre Unterlagen persönlich vorbei und insgesamt erfolgten zu der von Ihnen aufgegebenen Anzeige in den ersten fünf Tagen 20 Anrufe.

Nach insgesamt drei Wochen haben Sie sich mit 347 Kandidaten und deren Unterlagen auseinanderzusetzen, und fast täglich rufen etwa ein bis zwei Bewerber an, die sich höflich erkundigen, wie weit der Auswahlprozess gediehen sei, und einen Zwischenbescheid vermissen.

Mit der Zeit spüren Sie eine immer größere Unlust, sich den Bergen von Bewerbungsunterlagen intensiver zu widmen. Sie tun es aber doch, schließlich suchen Sie Unterstützung. Lediglich etwa drei Minuten brauchen Sie noch, um sich gegen einen Kandidaten zu entscheiden.

Um es an dieser Stelle abzukürzen: Dieses plakative Beispiel zeigt, dass die Bearbeitung von Bewerbungsunterlagen kein Vergnügen ist und der erste Auswahlprozess eine hoch konzentrierte Such- und Sichtungsarbeit erfordert. Viele Bewerber erfüllen die geforderten Kriterien nicht: Sie sind über- oder unterqualifiziert, haben zu hohe Gehaltsforderungen, die Unterlagen sind nachlässig gestaltet, die Arbeitszeugnisse schlecht etc. Es gilt, die zu finden, die die Anforderungen erfüllen, um sie einzuladen. Wenn dann noch unterschiedliche Erwartungen der Entscheider hinzukommen, wird es noch zeit- und arbeitsintensiver, da eine Einigung auf einen Bewerber schwierig bis unmöglich wird. Die Neueinstellung eines Mitarbeiters, insbesondere in einer verantwortungsvolleren Position, erfordert einen nicht zu unterschätzenden Aufwand an Zeit, Energie und Sorgfalt – ein Grund, warum Unternehmer Personalberatungsunternehmen einsetzen.

---

4 Wenn wir im Folgenden nicht durchgehend die weibliche und männliche Form verwenden, so dient dies der besseren Lesbarkeit. Gemeint sind selbstverständlich immer beide Geschlechter.

Einstimmung

Bevor Sie nun in Aktion treten, sollten Sie sich innerlich auf Ihr Vorhaben »Bewerbung« einstimmen. Dabei ist es wichtig, den eigenen Standpunkt umfassend zu reflektieren.

Ihre Ausgangsposition als Führungskraft

Das »Führungsdilemma« des mittleren Managements – egal, ob in Industrie, Handel oder öffentlichem Dienst – ist durch bipolare, sich widersprechende Anforderungen und Aufträge charakterisiert. Dabei handelt es sich um regelrechte Double-Bind-Situationen. Mit diesem aus der Psychologie und Kommunikationsforschung stammenden Begriff bezeichnet man eine Situation, in der jemand in einer für ihn wichtigen Beziehung von seinem Partner zwei einander widersprechende Botschaften bzw. Aufträge erhält und dadurch in eine »Zwickmühle« gerät. Bei Erfüllung des einen Auftrages muss er zwangsläufig den anderen Auftrag missachten.

Eine Übersicht von zum Führungsdilemma beitragenden widersprüchlichen Anforderungen an das mittlere Management gibt Thomas Wagner[5]:

Der Vorgesetzte soll …

einerseits	und	andererseits
unternehmerisch denken und handeln		sich an Vorschriften und Weisungen halten
Freiräume gewähren		Ruhe und Ordnung garantieren
auf die individuellen Fähigkeiten und Eigenarten seiner Mitarbeiter eingehen		alle gleich behandeln
das Bestehende bewahren		Veränderungen in Gang setzen
die Interessen der Organisation und der Mitarbeiter unterstützen		die eigenen Karrierewünsche und Bedürfnisse befriedigen
die Selbstständigkeit seiner Mitarbeiter fördern		die Verantwortung für die ganze Abteilung übernehmen

---

5   Thomas Wagner: *Mittleres Management, leidend oder leitend?* Zürich 1990

Welche Wege führen aus diesem Führungsdilemma heraus, entschärfen die Double-Bind-Situationen oder lösen diese gar auf? Wie können Sie als Bewerber vermitteln, dass Sie mit diesem Dilemma klarkommen?

Die wichtigste Eigenschaft neben der fachlichen ist die interpersonelle Kompetenz einer Führungskraft. Dazu gehört die Fähigkeit zu wirklicher Kommunikation (insbesondere zuhören können) und ein ausgeprägtes interdisziplinäres Arbeits- und Problemverständnis.

Eine überdurchschnittliche Kontaktfähigkeit ist Basis und Ausgangspunkt für den Aufbau einer informellen Organisation, die Aufgaben und Projekte effektiver realisieren lässt. Kontakte und Kommunikation schaffen dabei Beziehungsnetze über die formalen Organisationsgrenzen hinweg und ermöglichen so eine Zusammenarbeit, die den komplexen Anforderungen des Alltags einer Führungskraft gerecht wird. So können sich erfolgreiche Formen der Teamarbeit entwickeln, die eine Mitbeteiligung an Entscheidungsprozessen ermöglichen. Diese Art der Kooperation bringt nicht nur Lösungsprozesse voran, sondern schafft eine deutlich verbesserte Arbeitszufriedenheit. Wer als Bewerber im Vorstellungsgespräch hoffen lässt, dies im Manageralltag realisieren zu können, hat alle Chancen, den angestrebten Job zu bekommen.

Erfolgsfaktor mentale Einstimmung

Jede Bewerbung bedarf einer mentalen Einstimmung und Vorbereitung. Nicht nur im Sport weiß man die mentale Vorbereitung zu schätzen, auch in der Medizin hat sie ihre Bedeutung. Mentales Training wird im Rahmen der sich verbreitenden Erkenntnisse über Zusammenhänge von Seele und Körper (Psychosomatik) gezielt eingesetzt, um Behandlungserfolge und damit Gesundungsprozesse abzusichern, ja bisweilen überhaupt erst zu ermöglichen.

Auch für Ihre Einstellung zum Vorhaben »Arbeitsplatzwechsel/Aufstieg« ist eine mentale Vorbereitung von grundlegender Bedeutung. Sie als Bewerber sollten von sich und Ihren Qualitäten überzeugt sein. Wer denn sonst, wenn nicht Sie?

Angenommen, ein Bewerber geht zum Vorstellungsgespräch voller Zweifel, ob er wirklich die angebotene Position haben möchte. Zusätzlich plagt ihn Unsicherheit, ob er wirklich kompetent genug ist. Die Wahrscheinlichkeit, dass dieser Bewerber den Arbeitsplatz erhält, ist sehr gering. Denn seine nicht wirklich vorhandene Motivation und die Erwartung eines Misserfolgs werden auf die eine oder andere Art im Vorstellungsgespräch auffallen.

Falsch wäre jetzt der Umkehrschluss, der Bewerber bekäme den Arbeitsplatz allein deshalb, weil er fest daran glaubt, der Richtige zu sein und die maximale Kompetenz mitzubringen. Womöglich erklärt unser Beispielbewerber seinem Gegenüber zu Anfang des Vorstellungsgesprächs, dass es keinen Zweifel daran geben kann, dass er der einzig richtige Kandidat ist. Ebenfalls ein sicherer Weg, sich alle Chancen auf einen Arbeitsplatz zu verbauen.

Eine Bewerbung ist also immer ein gutes Stück Überzeugungsarbeit. Wer überzeugen will, braucht Kraft, genauer gesagt Überzeugungskraft. Diese sollten Sie vor allem aus sich selbst schöpfen können, doch auch dazu bedarf es der Unterstützung durch die Umwelt. Glauben Ihre Mitmenschen an Sie, an Ihre Fähigkeiten, oder wird Ihnen vermittelt, Sie seien nicht genügend qualifiziert und daher ungeeignet?

Ermitteln Sie die »Krafträuber«, die nicht an Sie glauben und versuchen Sie, sich von diesen zu distanzieren. Überlegen Sie ferner, wer Sie bei Ihrem künftigen Vorhaben unterstützen und motivieren kann. Auf wen können Sie für die Gewinnung zusätzlicher »Überzeugungskraft« zurückgreifen?

Ein Hinweis zum Kündigungszeitpunkt

Familie, Freunde oder Personalberater werden Ihnen empfehlen, Ihren Arbeitsplatz erst zu kündigen, wenn Sie bereits einen neuen Job haben – egal, wie sich Ihre berufliche Situation darstellt, auch wenn der Frust noch so groß ist.

In privaten Beziehungen ist es genau anders herum. Eine Trennung wird von der Umwelt besser aufgenommen, wenn nicht bereits neue Partner im Spiel sind. Trennungsmotiv einer privaten Trennung ist die Erkenntnis, dass es zusammen nicht mehr geht. Eine Trennung, weil ein Partner sich bereits einen neuen Gefährten gesucht hat, wird hingegen mit Skepsis betrachtet. Diese Einstellung wird (leider) nicht auf die berufliche Situation übertragen. Wer sich als arbeitslose Führungskraft bewirbt, erfährt häufig Argwohn bis Misstrauen. Wer erst kündigt und dann auf die Suche geht, gilt als naiv oder verrückt, mindestens aber als unüberlegt Handelnder.

Wir sind der Meinung, dass ein Bewerber Bewunderung für die korrekte Trennungsabwicklung von seinem vorherigen Arbeitgeber verdient. Dieses Vorgehen spricht für Mut und Selbstbewusstsein, denn eine freiwillige (schöpferische) Pause kann der Arbeitsleistung durchaus guttun.

Unsere Empfehlung: Handeln Sie überlegt, wägen Sie Vor- und Nachteile ab und prüfen Sie intensiv, welche Variante für Sie die bessere ist. Wie sehr belastet Sie das Verharren in der jetzigen Position? Können Sie sich eine beschäftigungslose Zeit leisten – finanziell wie psychisch? Haben Sie ein funktionierendes Netzwerk, dem Sie vertrauen können? Auch das ist eine schwierige Entscheidung, die Ihnen niemand abnehmen kann.

Mit diesen Anregungen möchten wir Ihnen empfehlen, einen Augenblick in sich zu gehen. Wir wünschen Ihnen eine gute und konstruktive Auseinandersetzung mit sich selbst, aber auch mit Ihnen nahestehenden Menschen.

Nehmen Sie sich diese Zeit, und haben Sie etwas Geduld – sowohl mit sich als auch mit Ihrer Umwelt. Eine intensive Beschäftigung mit Ihrer inneren Einstellung wird Ihnen bei Ihrem Bewerbungsvorhaben sehr helfen.

Vorbereitung

Der Schlüssel zum Erfolg liegt oftmals in der richtigen Vorbereitung. Nur etwa 20 Prozent aller Kandidaten auf Jobsuche bereiten sich umfassend und gründlich vor, 80 Prozent tun das nicht. Das ist Ihre Chance! Der wichtigste Wegweiser zu Ihrem Ziel sind die vier klassischen Fragen: Was für ein Mensch bin ich? Was kann ich? Was will ich? Was ist möglich? Wenn Sie diese vier Fragen souverän beantworten können, werden Sie auch in der Bewerbungssituation souverän bestehen.

Selbstanalyse

Zu einer fundierten Vorbereitung gehört auch, dass Sie sich mit der eigenen Persönlichkeit, mit Ihren Leistungsressourcen, mit Ihrem Können, Ihren Stärken und Schwächen auseinandersetzen. Sowohl in der schriftlichen als auch später in der persönlichen Begegnung müssen Sie über sich Auskunft geben, Wesensmerkmale, Fähigkeiten und Fertigkeiten, Interessen und Neigungen, berufliche und private Stationen benennen. Ihr Gegenüber möchte Sie als ganze Person kennenlernen, herausfinden, was für ein Mensch Sie sind und wie Sie funktionieren. Machen Sie sich daher im Vorfeld klar, was Sie auszeichnet, um es anderen Personen gut vermitteln zu können. Wie also würden Sie sich beschreiben?

Nehmen Sie dafür eine persönliche Standortbestimmung vor:

- Was liegt an Ausbildungs- und Berufserfahrungen bereits hinter Ihnen?
- Wie schätzen Sie sich und Ihre Fähigkeiten ein?
- Wie sieht Ihre aktuelle Situation aus? Womit müssen Sie sich vor allem gegenwärtig auseinandersetzen?
- Welche Erwartungen an Ihre berufliche und private Zukunft haben Sie?

In diesem Zusammenhang ist es unerlässlich, die vier elementaren Fragen zu bearbeiten, die wir Ihnen nun noch einmal nahebringen möchten:

1. Was für ein Mensch bin ich?
2. Was kann ich?
3. Was will ich?
4. Was ist möglich?

1. Was für ein Mensch bin ich?

Bitte benennen Sie zum Einstieg in diesen Fragenkomplex innerhalb einer Minute spontan drei Adjektive, die wichtige Merkmale Ihrer Persönlichkeit beschreiben (am besten gleich aufschreiben).

Ich bin:

1. ....

2. ....

3. ....

Lesen Sie nicht weiter, bis Sie sich für die auf Sie zutreffenden drei Eigenschaftswörter entschieden und diese auch zu Papier gebracht haben!

Sind Sie mit Ihrer Wahl zufrieden? Beschreiben diese Adjektive auch die zentralen Eigenschaften Ihrer Persönlichkeit? Und können Sie diese spontane Auswahl einer anderen Person adäquat vermitteln?

In einer Bewerbungssituation müssen Sie sowohl dem Empfänger Ihrer schriftlichen Unterlagen als auch später Ihrem Gegenüber im direkten Gespräch Ihre wichtigsten Wesenszüge und Ihre besonderen Fähigkeiten überzeugend vermitteln und präsentieren können. Für die Einarbeitung in diese Thematik legen wir Ihnen eine umfangreiche Liste von Persönlichkeitsmerkmalen zur Selbsteinschätzung vor. Das soll Sie dazu anregen, sich intensiv mit der Frage »Was für ein Mensch bin ich?« auseinanderzusetzen. Gleichzeitig werden dadurch Ihre psychische Ausgangsposition und damit Ihr Selbstbewusstsein in der konkreten Bewerbungssituation gefestigt. Denken Sie daran: Sie müssen bei dieser Selbstbeurteilung nicht um jeden Preis gut abschneiden und sich niemandem gegenüber rechtfertigen. Solches Bestreben wäre sogar hinderlich. Es geht allein um Ihre persönliche Einschätzung.

Um die Ausprägung einzelner Persönlichkeitseigenschaften besser einschätzen zu können, gibt es für jedes Adjektiv eine Skala von 0 bis 6. Die Extrempole sind 6 (sehr stark ausgeprägt) und 0 (überhaupt nicht vorhanden). Kreuzen Sie bei jeder der folgenden Eigenschaften an, wie ausgeprägt diese Ihrer Meinung nach bei Ihnen ist:

0 = überhaupt nicht vorhanden

1 = nur ganz schwach vorhanden

2 = weniger ausgeprägt

3 = teils/teils

4 = ausgeprägt

5 = deutlich ausgeprägt

6 = sehr stark ausgeprägt

sympathisch	0	1	2	3	4	5	6
vertrauenswürdig	0	1	2	3	4	5	6
vorsichtig	0	1	2	3	4	5	6
lernbereit	0	1	2	3	4	5	6
lernfähig	0	1	2	3	4	5	6
vertrauensvoll	0	1	2	3	4	5	6
leistungsorientiert	0	1	2	3	4	5	6
sorgfältig	0	1	2	3	4	5	6
aufgeschlossen	0	1	2	3	4	5	6
belastbar	0	1	2	3	4	5	6
ausdauernd	0	1	2	3	4	5	6
zufrieden	0	1	2	3	4	5	6
aggressiv	0	1	2	3	4	5	6
konformistisch	0	1	2	3	4	5	6
dominant	0	1	2	3	4	5	6
gerecht	0	1	2	3	4	5	6
verlässlich	0	1	2	3	4	5	6
wankelmütig	0	1	2	3	4	5	6
zielstrebig	0	1	2	3	4	5	6
geduldig	0	1	2	3	4	5	6
gehemmt	0	1	2	3	4	5	6
vital	0	1	2	3	4	5	6
zweifelnd	0	1	2	3	4	5	6
kompetent	0	1	2	3	4	5	6
flexibel	0	1	2	3	4	5	6
aktiv	0	1	2	3	4	5	6
wagemutig	0	1	2	3	4	5	6
gefühlsbetont	0	1	2	3	4	5	6
anspruchsvoll	0	1	2	3	4	5	6
passiv	0	1	2	3	4	5	6
liebenswert	0	1	2	3	4	5	6
gefühlsorientiert	0	1	2	3	4	5	6
impulsiv	0	1	2	3	4	5	6
durchsetzungsfähig	0	1	2	3	4	5	6
furchtsam	0	1	2	3	4	5	6
sachorientiert	0	1	2	3	4	5	6
fordernd	0	1	2	3	4	5	6
höflich	0	1	2	3	4	5	6

autoritär	0	1	2	3	4	5	6
pflichtbewusst	0	1	2	3	4	5	6
verantwortungsbewusst	0	1	2	3	4	5	6
zuverlässig	0	1	2	3	4	5	6
freundlich	0	1	2	3	4	5	6
glücklich	0	1	2	3	4	5	6
nervös	0	1	2	3	4	5	6
rechthaberisch	0	1	2	3	4	5	6
ordnungsliebend	0	1	2	3	4	5	6
ehrlich	0	1	2	3	4	5	6
loyal	0	1	2	3	4	5	6
schwermütig	0	1	2	3	4	5	6
begeisterungsfähig	0	1	2	3	4	5	6
intrigant	0	1	2	3	4	5	6
ordentlich	0	1	2	3	4	5	6
wählerisch	0	1	2	3	4	5	6
hartnäckig	0	1	2	3	4	5	6
entscheidungsfreudig	0	1	2	3	4	5	6
spontan	0	1	2	3	4	5	6
praktisch	0	1	2	3	4	5	6
beherrscht	0	1	2	3	4	5	6
risikobereit	0	1	2	3	4	5	6
selbstsicher	0	1	2	3	4	5	6
sensibel	0	1	2	3	4	5	6
selbstständig	0	1	2	3	4	5	6
offen	0	1	2	3	4	5	6
willensstark	0	1	2	3	4	5	6
zurückgezogen	0	1	2	3	4	5	6
misstrauisch	0	1	2	3	4	5	6
leidenschaftlich	0	1	2	3	4	5	6
unkompliziert	0	1	2	3	4	5	6
fortschrittlich	0	1	2	3	4	5	6
überzeugungsstark	0	1	2	3	4	5	6
zwanghaft	0	1	2	3	4	5	6
verständnisvoll	0	1	2	3	4	5	6
kontaktfähig	0	1	2	3	4	5	6
vorlaut	0	1	2	3	4	5	6
schlagfertig	0	1	2	3	4	5	6

	0	1	2	3	4	5	6
gründlich	0	1	2	3	4	5	6
schüchtern	0	1	2	3	4	5	6
kreativ	0	1	2	3	4	5	6
erfinderisch	0	1	2	3	4	5	6
selbstbewusst	0	1	2	3	4	5	6
introvertiert	0	1	2	3	4	5	6
extravertiert	0	1	2	3	4	5	6
anpassungsfähig	0	1	2	3	4	5	6
humorvoll	0	1	2	3	4	5	6
konservativ	0	1	2	3	4	5	6
präzise	0	1	2	3	4	5	6
besorgt	0	1	2	3	4	5	6
nachdenklich	0	1	2	3	4	5	6
kooperativ	0	1	2	3	4	5	6
unerschütterlich	0	1	2	3	4	5	6
problembewusst	0	1	2	3	4	5	6
beliebt	0	1	2	3	4	5	6
vernünftig	0	1	2	3	4	5	6
teamfähig	0	1	2	3	4	5	6
ausgeglichen	0	1	2	3	4	5	6
kommunikationsfähig	0	1	2	3	4	5	6
integrationsfähig	0	1	2	3	4	5	6
herzlich	0	1	2	3	4	5	6
ruhig	0	1	2	3	4	5	6
kompromissbereit	0	1	2	3	4	5	6
tolerant	0	1	2	3	4	5	6
zuhörbereit	0	1	2	3	4	5	6
selbstkritisch	0	1	2	3	4	5	6
kränkbar	0	1	2	3	4	5	6
hilfsbereit	0	1	2	3	4	5	6
einfühlsam	0	1	2	3	4	5	6
gelassen	0	1	2	3	4	5	6
unparteiisch	0	1	2	3	4	5	6
gütig	0	1	2	3	4	5	6
selbstironisch	0	1	2	3	4	5	6
unberechenbar	0	1	2	3	4	5	6
sarkastisch	0	1	2	3	4	5	6
genügsam	0	1	2	3	4	5	6

Es ist Ihnen sicherlich aufgefallen, dass hier positive und negative Eigenschaften aufgeführt sind. Vielleicht erwächst daraus eine gewisse Schwierigkeit: Sympathisch und aktiv möchte jeder sein, rechthaberisch und aggressiv sicher niemand. Bei anderen Adjektiven ist die Beurteilung schwieriger. Für einen IT-Mitarbeiter ist »sehr stark zurückgezogen« eher kein Berufshindernis, dagegen gäbe eine Führungskraft mit der gleichen Eigenschaft bei seiner Bewerbung kein gutes Bild ab.

Falls Sie in der Liste Adjektive vermisst haben, so ergänzen Sie diese bitte einfach entsprechend und nehmen Sie Ihre Bewertung vor.

Schauen Sie sich alle Adjektive an, die eine deutlich herausgehobene Bewertung bekommen haben (0 bzw. 6). Auf wie viele Adjektive trifft eine deutlich herausgehobene Bewertung zu? Sind es fünf oder 15 oder vielleicht sogar 25? In jedem Fall ist es sehr wahrscheinlich, dass sie sowohl im Plus- als auch im Minusbereich anzutreffen sind.

Am besten, Sie bilden – etwa indem Sie für jedes Adjektiv eine einzelne Karteikarte anlegen – Gruppen von Eigenschaften, beispielsweise für fünf Eigenschaften mit 6-Markierung, für drei mit 0. Dann versuchen Sie, inhaltliche Zusammenhänge zwischen den einzelnen Eigenschaften herzustellen. Finden Sie Überschriften, denen Sie die Karteikarten entsprechend zuordnen.

Angenommen, Sie haben sich für die folgenden 6-Ankreuzungen entschieden: sorgfältig, verlässlich, pflichtbewusst, verantwortungsbewusst, ordentlich – dann passen diese fünf Adjektive gut unter die Überschrift »preußische Tugenden«. Auch wenn diese Tugenden auf Arbeitgeberseite immer noch geschätzt werden, gibt es bestimmt weitere charakteristische Beschreibungsmerkmale für Sie.

Nun zu Ihren 0-Ankreuzungen: spontan, fortschrittlich. Hiermit werden Ihre preußischen Tugenden ergänzt und sozusagen negativ bestätigt.

Ziel dieser Übung ist es vor allem, dass Sie in der Vorbereitungsphase auf ein Vorstellungsgespräch, aber auch auf ein Assessment-Center (AC) oder ein Management-Audit (MA), ein präziseres Selbstbild entwickeln. Wer die Ergebnisse anschließend mit dem Partner, mit Freunden oder Bekannten diskutiert, entwickelt eine neue verbale Kompetenz und ein (im doppelten Sinn) neues Selbstbewusstsein, wenn es darum geht, sich im Auswahlverfahren erfolgreich zu präsentieren.

2. Was kann ich?

Um Ihre persönlichen und vor allem Ihre fachlichen Fähigkeiten optimal zu vermarkten und als Bewerber zu überzeugen, müssen Sie sich intensiv mit der Frage »Was kann ich?« (aber auch: »Was kann ich nicht?«) beschäftigen. Detailliert geht es um folgende Fragen:

- Wo, glauben Sie, liegen – aufgrund Ihrer Ausbildung und Erfahrung, aber auch sonstiger Neigungen und Interessen – Ihre wichtigsten Fähigkeiten für die angestrebte neue berufliche Position?

- Auf welchen zukünftigen beruflichen Gebieten vermuten Sie (zunächst) Defizite und warum?

- Durch welche besonderen Aktivitäten und/oder Fähigkeiten zeichnen Sie sich in Ihrer Freizeit aus?

- Auf welchen außerberuflichen Gebieten wünschen Sie sich mehr Fähigkeiten oder ein stärkeres Engagement?

Grob zu unterscheiden sind berufliche und nicht berufliche Fähig- bzw. Fertigkeiten. Aber wie kommen Sie diesen beruflichen und außerberuflichen (natürlich gibt es da Überschneidungen) Kompetenzmerkmalen auf die Spur? Wo anfangen? Und vor allem: Worauf kommt es wirklich an? Auch hier geht es vor allem um Ihren persönlichen Standort, um Ihre Ausgangsposition und um das von Ihnen angestrebte Ziel: den Arbeitsplatz und seine speziellen Anforderungen.

Beispiele: Interessen und Stärken

- In welchen Schul-, Studien- und Berufsausbildungsfächern waren Sie gut oder wo hatten Sie ein besonderes Interesse?
- Welche handwerklichen, technischen oder musischen Fähigkeiten haben Sie?
- Verfügen Sie über eine besondere Kompetenz im Umgang mit Menschen?
- Haben Sie organisatorisches Geschick?
- Haben Sie Hobbys oder ausgeprägte außerberufliche Interessen, bei denen Ihre besonderen Fähigkeiten gefordert sind und/oder weiter ausgeprägt werden?

> **Sie können das Profil Ihrer eigenen Fähigkeiten am besten erstellen, indem Sie Ausbildung, berufliche Qualifikationsmerkmale und außerberufliche (Freizeit)-Fähigkeiten zunächst getrennt untersuchen.**

Tipp!

Die folgende Selbstbeurteilungsskala unterstützt Sie dabei, Ihren persönlichen Standort detaillierter zu bestimmen. Sie finden dafür auf den nächsten Seiten eine umfangreiche Liste von Kompetenzmerkmalen. Wie schätzen Sie sich selbst bezüglich der aufgeführten Fähigkeiten ein? Wie stark ist beispielsweise das Merkmal »Leistungsbereitschaft« bei Ihnen ausgeprägt? Es geht allein um Ihre persönliche Einschätzung. Diese brauchen Sie mit niemandem zu diskutieren. In einem zweiten Schritt bitten Sie andere Personen, Sie einzuschätzen.

Um die einzelnen Merkmale und Fähigkeiten ermitteln zu können, gibt es auch bei dieser Übung eine Skala von 0 bis 6. Auch die Abstufungen und Bedeutungen bezüglich der Ausprägung und des Vorhandenseins kennen Sie bereits.

Bitte kreuzen Sie nun bei jeder Eigenschaft an, wie ausgeprägt diese Ihrer Meinung nach bei Ihnen ist:

0 = sehr schwach ausgeprägt

1 = schwach ausgeprägt

2 = weniger ausgeprägt

3 = teils/teils

4 = ausgeprägt

5 = deutlich ausgeprägt

6 = sehr stark ausgeprägt

Merkmalgruppe 1

Sensibilität	0	1	2	3	4	5	6
Fähigkeit zuzuhören	0	1	2	3	4	5	6
Kontaktfähigkeit	0	1	2	3	4	5	6
Aufgeschlossenheit	0	1	2	3	4	5	6
Teamorientierung	0	1	2	3	4	5	6
Kooperationsfähigkeit	0	1	2	3	4	5	6
Anpassungsfähigkeit	0	1	2	3	4	5	6
Kompromissbereitschaft	0	1	2	3	4	5	6
Diplomatie	0	1	2	3	4	5	6
Verhandlungsgeschick	0	1	2	3	4	5	6
Integrationsvermögen	0	1	2	3	4	5	6
Überzeugungspotenzial	0	1	2	3	4	5	6
Begeisterungsfähigkeit	0	1	2	3	4	5	6
Durchsetzungsfähigkeit	0	1	2	3	4	5	6
Motivationsfähigkeit	0	1	2	3	4	5	6
sprachliches Ausdrucksvermögen	0	1	2	3	4	5	6
schriftliches Ausdrucksvermögen	0	1	2	3	4	5	6
rhetorische Fähigkeiten	0	1	2	3	4	5	6
Teamfähigkeit	0	1	2	3	4	5	6
Anpassungsbereitschaft	0	1	2	3	4	5	6
soziale Kompetenz	0	1	2	3	4	5	6
Kommunikationsfähigkeit	0	1	2	3	4	5	6

Merkmalgruppe 2

Zielstrebigkeit	0	1	2	3	4	5	6
Selbstbewusstsein	0	1	2	3	4	5	6
Verantwortungsbewusstsein	0	1	2	3	4	5	6
Kritikfähigkeit	0	1	2	3	4	5	6
Selbstbeherrschung	0	1	2	3	4	5	6
Zuverlässigkeit	0	1	2	3	4	5	6
Toleranz	0	1	2	3	4	5	6
Unerschrockenheit	0	1	2	3	4	5	6
Bereitschaft zur Übernahme von Verantwortung	0	1	2	3	4	5	6

Merkmalgruppe 3

Risikobereitschaft	0	1	2	3	4	5	6
Entscheidungsfähigkeit	0	1	2	3	4	5	6
Sicherheitsdenken	0	1	2	3	4	5	6
Delegationsbereitschaft	0	1	2	3	4	5	6
Delegationsfähigkeit	0	1	2	3	4	5	6
Belastbarkeit	0	1	2	3	4	5	6
Stresstoleranz	0	1	2	3	4	5	6
Lebensfreude	0	1	2	3	4	5	6
Flexibilität	0	1	2	3	4	5	6
Repräsentationsvermögen	0	1	2	3	4	5	6

Merkmalgruppe 4

Arbeitsmotivation/-wille	0	1	2	3	4	5	6
Tatkraft	0	1	2	3	4	5	6
Führungsmotivation/ -wille/-fähigkeit	0	1	2	3	4	5	6
Eigeninitiative	0	1	2	3	4	5	6
Autonomie	0	1	2	3	4	5	6
Durchsetzungsvermögen	0	1	2	3	4	5	6
Selbstvertrauen	0	1	2	3	4	5	6
Ehrgeiz	0	1	2	3	4	5	6
Zielstrebigkeit	0	1	2	3	4	5	6
Durchhaltevermögen	0	1	2	3	4	5	6
Durchsetzungsvermögen	0	1	2	3	4	5	6
Frustrationstoleranz	0	1	2	3	4	5	6
Erfolgsorientierung	0	1	2	3	4	5	6
Tatkraft	0	1	2	3	4	5	6
Vitalität	0	1	2	3	4	5	6
Leistungsbereitschaft	0	1	2	3	4	5	6
Idealismus	0	1	2	3	4	5	6
Identifikationsbereitschaft mit Unternehmen/Institution	0	1	2	3	4	5	6

Merkmalgruppe 5

Autonomie	0	1	2	3	4	5	6
Selbstständigkeit	0	1	2	3	4	5	6
Verantwortungsbewusstsein	0	1	2	3	4	5	6
Unabhängigkeit	0	1	2	3	4	5	6
Zuverlässigkeit	0	1	2	3	4	5	6
Selbstdisziplin	0	1	2	3	4	5	6
Stresstoleranz	0	1	2	3	4	5	6
Ausdauer	0	1	2	3	4	5	6
Belastbarkeit	0	1	2	3	4	5	6
Geduld	0	1	2	3	4	5	6
Pflichtbewusstsein	0	1	2	3	4	5	6
Loyalität	0	1	2	3	4	5	6

Merkmalgruppe 6

analytisches Denken	0	1	2	3	4	5	6
konzeptionelles Planen	0	1	2	3	4	5	6
planvolles Vorgehen	0	1	2	3	4	5	6
kombinatorisches Denken	0	1	2	3	4	5	6
effiziente Arbeitsorganisation	0	1	2	3	4	5	6
Entscheidungsvermögen	0	1	2	3	4	5	6

Merkmalgruppe 7

Kosten-Nutzen-Bewusstsein	0	1	2	3	4	5	6
unternehmerisches Denken	0	1	2	3	4	5	6
systematische Arbeitsorganisation	0	1	2	3	4	5	6
Zieldefinitionsfähigkeit	0	1	2	3	4	5	6
Arbeitseffizienz	0	1	2	3	4	5	6
gesunder Materialismus	0	1	2	3	4	5	6
physische Fitness	0	1	2	3	4	5	6
gesundheitliches Wohlbefinden	0	1	2	3	4	5	6
psychische Konstitution	0	1	2	3	4	5	6
Selbstkontrollfähigkeiten	0	1	2	3	4	5	6

Auswertung

Welche 6- beziehungsweise 0-Ankreuzungen haben Sie in den folgenden Merkmalgruppen vorgenommen? Bitte tragen Sie diese ein. Sollten Sie die Extrempositionen (6, 0) vermieden haben (weniger als fünfmal), verwenden Sie die 5- beziehungsweise 1-Ankreuzwerte.

In der Merkmalgruppe 1
Persönlichkeit/Kommunikationsfähigkeit/soziale Kompetenz:
_____

In der Merkmalgruppe 2
Selbstständigkeit: _____

In der Merkmalgruppe 3
Entscheidungsverhalten: _____

In der Merkmalgruppe 4
Leistungsmotivation: _____

In der Merkmalgruppe 5
Selbstkontrollfähigkeit/Aktivitätspotenzial: _____

In der Merkmalgruppe 6
Systematisch-zielorientiertes Denken und Handeln: _____

In der Merkmalgruppe 7
Wichtige allgemeine Merkmale: _____

Nachdem Sie diese Liste bearbeitet haben, stellen Sie sich folgende Fragen: Gibt es Merkmale, die Sie vermissen oder die Ihnen noch einfallen und um die Sie die Liste ergänzen möchten? Würden diese neuen, von Ihnen beigesteuerten Fähigkeiten eher die Bewertung 6 oder 0 bekommen? Was fällt Ihnen zu einzelnen Fähigkeiten, was zu den Merkmalgruppen insgesamt ein? Wo liegen Ihre Stärken, wo Ihre Schwächen? Welche Botschaft lässt sich aus Ihren positiven Fähigkeiten für Ihren zukünftigen Arbeitgeber formulieren? Mit welchen Defiziten müssen Sie sich ernsthaft auseinandersetzen, wenn Sie Ihre Arbeitskraft (weiter) erfolgreich an den Mann bringen wollen? Welche Schwächen können Sie getrost vernachlässigen?

Eine weitere Nutzungsmöglichkeit der Liste: Markieren Sie mit verschiedenfarbigen Stiften die Qualifikationsmerkmale, von denen Sie glauben, dass Ihr Interviewpartner/Arbeitgeber sie sich von einem Idealkandidaten wünschen wird. Stellen Sie sich dazu folgende Fragen:

- Welche Eigenschaften sind wichtig für die Position, den Aufgabenbereich, um den ich mich bewerbe? Wie stellen sich Jobanbieter den idealen Stelleninhaber vor?
- Auf welche Eigenschaften und Fähigkeiten wird besonderes Augenmerk gelegt?

Gehen Sie die Adjektiv-Liste unter diesem Aspekt ein zweites Mal durch und kreuzen Sie (mit einem farbigen Stift) die Eigenschaften an, die für den von Ihnen angestrebten Arbeitsplatz aus Arbeitgebersicht besonders wichtig sind. Wenn Sie nun Ihr Selbstbild, die Fremdbeurteilung und das Anforderungsprofil miteinander vergleichen, erhalten Sie weitere Hinweise für Ihr Verhalten in der konkreten Bewerbungssituation.

www. Erstellen Sie von Ihrer Merkmalliste Kopien (oder laden Sie die Liste aus dem Internet unter *www.berufsstrategie-plus.de* herunter) und bitten Sie ausgewählte Personen, Sie einzuschätzen. Sie können diesen Personen aber auch die Arbeit erleichtern, indem Sie ihnen eine Liste geben, die nur aus Fähigkeiten besteht, die Sie mit 6, 0 und 3 gekennzeichnet haben. Erneut wird der Vergleich beider Profile (Selbst- und Fremdbild) mit Sicherheit zahlreiche Denkanstöße geben.

Die Bearbeitung der Merkmallisten führt zu einem verbesserten Selbstbewusstsein über die eigenen Fähigkeiten und ermöglicht gezieltes Arbeiten an den im Selbst- oder Fremdbild offenbar gewordenen Defiziten. Sie sind nun besser in der Lage, etwa fünf positive und auch einige defizitäre Merkmale zu benennen, die Ihr Können und Nichtkönnen zutreffend beschreiben.

Tipp! | Sollten Sie die Extrempositionen (6, 0) in Ihren Ankreuzungen vermieden haben (weniger als 5-mal), verwenden Sie die 5- beziehungsweise 1-Ankreuzwerte.

Der Vorteil der Bearbeitung dieser Qualifikations-Merkmal-Liste besteht wie bei der ersten Liste in einer gesteigerten Wahrnehmung der eigenen Fähigkeiten. Sie kennen die eigenen Fähigkeiten genauer und haben nun die Möglichkeit, an Ihren im Selbst- oder Fremdbild sichtbar gewordenen Defiziten zu arbeiten. So sind Sie anschließend in der Lage, etwa fünf positive, aber auch drei bis fünf defizitäre Merkmale zu benennen, die Ihre Fähigkeiten, Ihr Können und auch Ihr Nichtkönnen zutreffend beschreiben.

All dies geschieht in Hinblick auf Ihr Ziel: Wie können Sie einem potenziellen Arbeitgeber Ihre persönlichen und fachlichen Qualitäten so prägnant und so eindrucksvoll wie möglich in einer zusammenfassenden Botschaft vermitteln?

Dies ist nicht einfach. Für eine fremde Sache oder andere Person können wir uns häufig viel besser engagieren. So versagen auch nachweislich erfolgreiche Führungskräfte, wenn es darum geht, die eigenen Qualitäten und Leistungen in der Prüfungssituation »Bewerbung« auf den Punkt zu bringen und überzeugend darzustellen.

Daher: Beschäftigen Sie sich intensiv mit sich selbst und nutzen Sie dafür die vorgestellten Listen!

Verwandeln Sie Ihre Schwächen in Stärken!

Wenn Sie sich Gedanken über Ihre Stärken und Schwächen machen, sind Sie auf unangenehme Fragen vorbereitet. Denken Sie über Ihre Schwächen nach, damit Sie erkennen, woran Sie an sich arbeiten müssen: Selbstkontrolle, Weiterbildung, Hilfe von außen zulassen können etc. Doch behalten Sie immer das Motto »Nobody is perfect« im Kopf.

Dennoch sollten Sie vorab überlegen, welche eher harmlose Schwäche Sie im Vorstellungsgespräch zugeben könnten. Wenn es nicht um einen Arbeitsplatz in einer technischen Branche geht, könnten Sie z. B. unter der Rubrik »Schwächen« anführen, dass Sie nicht dazu in der Lage sind, Ihr Auto zu reparieren. Oder dass Sie Mühe haben, Kompositionen von Mozart und Chopin richtig zuzuordnen. Auch sind Sie mit Ihren Italienischkenntnissen unzufrieden, obwohl Sie schon x-mal dort Urlaub gemacht haben. Vielleicht kocht Ihr bester Freund besser als Sie, was Sie beschämt usw. Diese Beispiele sollen für Sie eine Anregung sein, in entsprechend harmloser Richtung nachzudenken.

Zudem ist alles eine Frage der Interpretation: Vermeintliche Schwächen sind häufig nichts anderes als übertriebene Stärken. In der folgenden Tabelle können Sie sehen, wie nah Stärken und Schwächen oft beieinander liegen.

Stärken	Schwächen
strebt nach guter Leistung	verlangt Perfektion
bescheiden	stellt sein Licht unter den Scheffel
Führungsqualitäten	kommandiert herum
schnell	impulsiv
geht Risiken ein	ist ein Spieler
sparsam	geizig
beharrlich	anmaßend
gut im Verhandeln	geht viele Kompromisse ein
achtet auf Details	zwanghaftes Verhalten

Umdenken ist also angesagt, verwandeln Sie Ihre Schwächen in Stärken!

3. Was will ich?

Auch wenn derzeit vielleicht existentieller Druck auf Ihnen lastet und Sie die Frage kurz mit »Ich muss Arbeit finden, um meinen Lebensunterhalt zu verdienen« beantworten möchten – die Beschäftigung mit Ihren ganz persönlichen Zielvorstellungen ist sinnvoll. Nur so werden Sie langfristig zufrieden sein und Ihre privaten und beruflichen Zukunftsaussichten verbessern.

Zum Einstieg in die Thematik empfehlen wir Ihnen zunächst, sich mit den zehn Leitsätzen zur Arbeitssuche zu befassen, die David Maister, ein amerikanischer Arbeitsforscher, aufgestellt hat.[6]

1. Sie können sich nicht wirklich darüber klar werden, was Sie von Ihrem Berufsleben erwarten, wenn Sie nicht wissen, was Sie von Ihrem Leben erwarten.

2. Suchen Sie sich keinen Arbeitsplatz, bevor Sie nicht darüber nachgedacht haben, was Erfolg für Sie bedeutet.

3. Bestimmen Sie zuerst, was Sie im Leben erreichen wollen, und machen Sie sich erst dann auf den Weg zu Ihren Zielen.

4. Man kann schnell einer (Selbst-)Täuschung anheimfallen, wenn es um die Frage geht: Was erwarte ich vom Leben?

5. Viele Leute um Sie herum sagen Ihnen, was Sie vom Leben erwarten sollten: Ihre Eltern, Lehrer, ältere Geschwister, Freunde. Sie müssen die Ratschläge anderer Menschen für sich nicht akzeptieren. Gehen Sie Ihren eigenen Weg.

6. Versuchen Sie, einen sinnvollen, für Sie tragbaren Kompromiss zwischen Ihren Idealvorstellungen und den Angeboten und Möglichkeiten der Realität zu finden.

7. Die meisten Menschen sind permanent bemüht, andere Menschen zu beeindrucken. Finden Sie heraus, wen Sie beeindrucken wollen und warum.

8. Man kann nicht alle Menschen gleichermaßen von sich überzeugen. Manche lassen sich durch Geld, andere durch Status, Intellekt, Charakter oder Fertigkeiten beeindrucken. Weshalb wollen Sie bewundert werden und von wem? Wir wünschen uns Beachtung und Wertschätzung. Die Frage ist nur, in wessen Augen und auf welche Weise.

9 Keiner spricht gerne offen von seinen Wünschen, beispielsweise steinreich zu werden, immer im Mittelpunkt des Interesses zu stehen, von allen bewundert zu werden oder Macht ausüben zu können. Überwinden Sie sich, und gestehen Sie sich schonungslos ein, was Sie anderen gegenüber nicht so gerne zugeben würden. Es hilft Ihnen, herauszufinden, worum es Ihnen wirklich geht.

10. Sorgen Sie sich nicht, ob Sie eine berufliche Aufgabe gut lösen können. Wenn sie die richtige Herausforderung für Sie ist, wenn Sie Spaß daran haben und Erfüllung darin finden, werden Sie diese erfolgreich bewältigen.

---

6 Zitiert in Anlehnung an R. N. Bolles: *Job Hunting.* München 1970

Denken Sie intensiv über die zehn Punkte nach; auch die weiteren Fragen sollen Ihnen bei Ihrer Zielfindung behilflich sein:

Zur persönlichen Situation

- Was haben Sie bisher in Ihrem Leben erreicht?
- Was haben Sie bisher trotz guter Vorsätze nicht erreicht und warum?
- Was missfällt Ihnen an Ihrer gegenwärtigen persönlichen Situation?
- Was möchten Sie diesbezüglich am schnellsten ändern, und was kann noch warten?
- Wie sieht Ihre Partner- bzw. familiäre Situation aus? Wo gibt es größere Probleme?
- Wer fördert oder behindert Sie in Ihrer persönlichen Entwicklung?
- Welchen Einfluss auf Ihre persönlichen Zielvorstellungen und Entscheidungen haben Ihr(e) Partner(in), Ihre Kinder, Freunde und andere Bezugspersonen?
- Welche Ihrer persönlichen Eigenschaften und Fähigkeiten sind für Ihre Mitmenschen besonders wertvoll und wichtig?
- Welchen Einfluss hat die von Ihnen angestrebte Berufstätigkeit vermutlich auf Ihr Privatleben?
- Und umgekehrt: Welchen Einfluss hat Ihr Privatleben auf Ihr Berufsleben?
- Welche persönlichen Gründe sprechen gegen einen Arbeitsplatz-, Branchen- und/oder Berufswechsel?
- Welche persönlichen Gründe sprechen gegen einen Ortswechsel?
- Welche persönlichen Schwierigkeiten sehen Sie in der Zukunft für sich?
- Fühlen Sie sich einer deutlichen Veränderung des Arbeitsplatzes und des Berufs- und Lebensumfeldes gewachsen?

Zur beruflichen Situation

- Was haben Sie bisher beruflich erreicht?
- Was haben Sie bisher trotz Ihrer Vorsätze beruflich nicht erreicht und warum?
- Was lässt bei Ihnen – sowohl generell als auch konkret – berufliche Zufriedenheit/Unzufriedenheit entstehen?
- Was missfällt Ihnen an Ihrer jetzigen beruflichen Situation?
- Was möchten Sie an Ihrer jetzigen beruflichen Situation am schnellsten ändern, und was kann noch warten?
- Welche Ihrer beruflichen Kenntnisse und Fähigkeiten sind für Ihren zukünftigen Arbeitgeber und Ihre Kollegen besonders wertvoll und wichtig?

- Fühlen Sie sich in beruflicher Hinsicht zurzeit eher über- oder unterfordert, und worin ist dies begründet?
- Wie kommen Sie mit Ihren Vorgesetzten bzw. Kollegen aus?
- Welche beruflichen Förderer haben Sie?
- Wer sind in Ihrem Fall die »Steine-in-den-Weg-Leger«?
- Wer könnte das jeweils in Zukunft sein?
- Wie sehen Ihre beruflichen Ziele bezogen auf Position und Verdienst aus?
- Welche Chancen für Entwicklung und Aufstieg haben Sie an Ihrem jetzigen Arbeitsplatz?
- Wie sind die generellen Zukunftsaussichten an Ihrem Arbeitsplatz (in Ihrer Branche, in Ihrem Beruf)?
- Welche beruflichen Schwierigkeiten sehen Sie in der Zukunft für sich?
- Sind Sie mit den Leistungen (Bezahlung, Sozialleistungen, Extras etc.) Ihres jetzigen Arbeitgebers zufrieden?
- Welchen Einfluss auf Ihre beruflichen Zielvorstellungen und Entscheidungen haben Ihr(e) Partner(in), Ihre Kinder, Freunde und andere Bezugspersonen?
- Welche Gründe sprechen für einen beruflich begründeten Ortswechsel? Sind Sie diesbezüglich flexibel?
- Trauen Sie sich zu, eine völlig neue berufliche Aufgabe zu übernehmen?

Versuchen Sie, aus der schriftlichen Beantwortung jeder einzelnen Frage jeweils bestimmte Schlüsselworte zu entwickeln, die Ihr Ziel möglichst kurz und prägnant beschreiben. Abstrahieren Sie dabei ruhig, verkürzen und vereinfachen Sie gegebenenfalls, und bringen Sie die für Sie ganz persönlich wichtigen Dinge auf den Punkt.

Eine Rangfolge der Zielvorstellungen hilft Ihnen, Prioritäten zu erkennen und Schwerpunkte zu bilden. Eine solche persönliche und berufliche Situationsanalyse verschafft Ihnen Klarheit und hilft Ihnen bei der Abwägung von Gründen für oder gegen einen Arbeitsplatz, auch wenn er völlig andere Aufgaben als die derzeit von Ihnen bewältigten beinhaltet.

4. Was ist möglich?

Jeder Mensch neigt dazu, in einer persönlichen und beruflichen Übergangs- bzw. Krisensituation seinen Handlungsspielraum und seine Gestaltungsmöglichkeiten zu unterschätzen. Die Schere im Kopf beschneidet uns in so einer Situation unnötigerweise in unserer Aktivität. Doch es geht um nichts Geringeres, als um die Verwirklichung Ihrer individuellen beruflichen Identität. Daher: Bewahren Sie Ihre Träume und Visionen, versuchen Sie jedoch, diese mit der möglichen Realität in Balance zu bringen.

> Die Erkenntnisse aus der ersten, zweiten und dritten Situationsanalyse (Was für ein Mensch bin ich? Was kann ich? Was will ich?) müssen mit der Realität (Was ist möglich?) in Einklang gebracht werden. Dabei sollten Sie auch andere Personen und deren Blick für die Tatsachen und Möglichkeiten einbeziehen. Gespräche mit dem Lebenspartner, mit Freunden, Bekannten, Fachberatern (Arbeitsamt, Personalberatungsunternehmen etc.) bis hin zu Berufskollegen können dabei sehr hilfreich sein.

Tipp!

Selbstmarketing

Am Arbeitsplatz verbringen die Menschen die meiste Zeit ihres Lebens. Doch Engagement und Sorgfalt bei der Suche nach dem richtigen Arbeitsplatz stehen in einem krassen Missverhältnis zur zentralen Bedeutung von Arbeit in unserem Leben. Dabei hängt so viel von der Art der Arbeitsaufgaben und der Qualität der zwischenmenschlichen Beziehungen am Arbeitsplatz ab. Gibt es hier Probleme, so haben diese in der Regel massive Auswirkungen auf den privaten Bereich, insbesondere auf die Beziehung zum Lebenspartner. Deshalb ist eine professionelle Arbeitsplatzsuche und anschließende Jobwahl von essentieller Bedeutung.

Wenn Sie sich verändern wollen und überlegen, wer etwas für Sie tun könnte, sollten Sie zunächst an eine Person denken: An sich selbst. Überlegen Sie zuerst, was gerade *Sie* speziell für ein Unternehmen wertvoll machen könnte.

Analysieren Sie die aktuellen Bedürfnisse des Arbeitsmarkts und bringen Sie Ihre Beobachtung in Relation zu Ihrem Angebot an Qualifikation und Kompetenz. Die Basis dafür kennen Sie bereits – es sind Ihre Überlegungen und Antworten zu dem Fragenkomplex: Wer bin ich, was kann ich, was will ich, was ist möglich?

Kontaktmanagement

Das Gebot der Stunde heißt daher: Recherchieren. Sammeln Sie so viele Informationen wie möglich, nutzen Sie das Internet, persönliche Beziehungen sowie Nachschlagewerke. Besuchen Sie Messen und Tagungen und machen Sie sich ein detailliertes Bild von Ihrer Branche und potenziellen Arbeitgebern.

Methoden für die Kontaktaufnahme mit Unternehmen oder wie Sie ...

- klassische Stellenanzeigen (in Print- oder Online-Medien) richtig analysieren
- den Internet-Stellen- und Bewerbungsmarkt effektiv nutzen
- eigene Stellengesuche verfassen
- Jobbörsen vergleichen und testen
- Ihre Spuren im Internet prüfen
- Kurzbewerbungen gestalten

- sich initiativ bewerben

- die Bundesagentur für Arbeit nutzen

- sich von Jobcoach und Karriereberater helfen lassen

- Out- und Newplacement in Anspruch nehmen

- Personalberatungsgesellschaften von sich überzeugen

- Headhunter für sich suchen lassen

- das Telefon effektiv einsetzen

- Networking betreiben

… all dies erfahren Sie in den folgenden Kapiteln, in denen wir Ihnen die einzelnen Möglichkeiten ausführlich vorstellen werden.

Stellenanzeigen richtig analysieren

Bringen Sie zunächst in Erfahrung, in welchen regionalen und überregionalen Tages- oder Wochenzeitungen sowie Fachzeitschriften Sie interessante Stellenanzeigen für Ihr Fachgebiet finden können. Hauptquellen sind die Wochenendausgaben der großen überregionalen Tageszeitungen *Frankfurter Allgemeine Zeitung, Süddeutsche Zeitung, Die Welt, Der Tagesspiegel, Frankfurter Rundschau* sowie *Handelsblatt, Die Zeit* und dergleichen.

Bei Anzeigen mit Stellenangeboten gibt es drei Varianten:

1. Anzeigen, die eine direkte Kontaktaufnahme mit dem potenziellen Arbeitgeber ermöglichen

2. Anzeigen, bei denen ein direkter Kontakt nicht möglich ist, weil der Adressat inkognito bleiben will und nur unter einer Chiffrenummer erreicht werden kann

3. Anzeigen einer Personalberatungsfirma, die die Bewerberauslese im Auftrag eines Arbeitgebers wahrnimmt, der selbst zunächst nicht in Erscheinung tritt (häufig bei Führungspositionen)

Eine Stellenanzeige, egal ob in einer Zeitung, Zeitschrift oder im Internet, ist für ein Unternehmen auch eine Form der Selbstdarstellung. Es wirbt um Aufmerksamkeit und um Mitarbeit.

Üblicherweise gliedert sich eine Stellenanzeige in folgende Punkte:

1. Wer sucht? Die Firma stellt sich selbst dar.

2. Für welche Tätigkeit? Die zu besetzende Stelle wird beschrieben.

3. Mit welcher Erwartung? Hier geht es um die Wunschqualifikation, oftmals ein bis zwei Jahre Berufserfahrung und nicht selten lange Anforderungslisten an Fachkompetenz, Leistungsmotivation und Soft Skills.

4. Zu welchen Bedingungen? Eventuell wird auf Vergütung, Einstellungsdatum, Aufstiegschancen, Arbeitszeiten usw. hingewiesen.

5. Art der gewünschten Kontaktaufnahme: vollständige Bewerbungsunterlagen, E-Mail-Bewerbung etc.

Diese Gliederung wird nicht in allen Anzeigen so klar. Lassen Sie sich davon nicht irritieren: Die eine Firma bringt mehr oder weniger präzise zum Ausdruck, was für einen Bewerber sie sucht und was sie anzubieten hat, eine andere schreibt blumig und nebulös oder gar unrealistisch.

Lassen Sie sich weder von den guten noch von den schlechten Anzeigen zu sehr beeinflussen; Sie selbst können beurteilen und auswählen, was Sie interessiert. Seien Sie also weder zu optimistisch noch zu pessimistisch. Ein mangelhafter Text bedeutet nicht automatisch eine schlechte Firma oder Aufgabe. Umgekehrt ist ein guter Text keine Garantie, dass die Arbeitswirklichkeit auch so aussieht. Da verhält es sich ganz ähnlich wie auf Bewerberseite: Eine sehr gute Bewerbung bedeutet nicht immer ein exzellenter Kandidat.

Es kann sein, dass Ihnen auf den ersten Blick viele Stellenanzeigen attraktiv erscheinen – oder dass Ihnen die gestellten Anforderungen nahezu unerreichbar vorkommen. Gehen Sie deshalb beim Auswählen der Stellenangebote, die für Sie in Frage kommen, systematisch vor. Nach den folgenden Fragen können Sie den Analyse- und Auswahlprozess steuern.

1. Die Firma

- Um was für ein Unternehmen handelt es sich (Kleinere GmbH, Mittelständler, Konzern, öffentlicher Dienst)?
- Wie stellt sich das Unternehmen dar (modern, international, konservativ)?
- Was wird über die Produkte oder Dienstleistungen ausgesagt?

Ist eine Unternehmensphilosophie erkennbar?

2. Der Job

- Können Sie mit der Aufgabenbeschreibung, dem zukünftigen Tätigkeitsfeld etwas anfangen?
- Sind die beruflichen und persönlichen Anforderungen an den Bewerber klar zu identifizieren?

Wird zwischen den fachlichen und persönlichen Anforderungen unterschieden?

3. Die Anforderungen

- Wird nach Muss-, Soll- und Kann-Anforderungen unterschieden?
- Werden berufliche Spezialkenntnisse verlangt?
- Werden besondere Persönlichkeitsmerkmale angesprochen?
- Welche Anforderungen (fachlich wie persönlich) erfüllen Sie?
- Welche Anforderungen werden Sie in naher Zukunft erfüllen können?

Welche Anforderungen erfüllen Sie nicht und warum?

4. Die Bedingungen und Leistungen

- Was wird dem zukünftigen Mitarbeiter geboten?

- Wie sind diese Kriterien geregelt: Erfahrung, Mindest- oder Höchstalter, Arbeitszeit, Mobilität, Fortbildung, Entwicklungschancen?

- Und diese: Bewerbungsfrist, Bezahlung, Eintrittstermin, Einarbeitung?

Die Anforderungen lassen sich in sogenannte Muss- und Soll-Kriterien unterteilen. Muss-Kriterien werden im Stellenangebot so formuliert: »Voraussetzung ist …« oder »Erwartet wird …«. Hier sollte das Profil des Bewerbers nicht weit vom Geforderten abweichen (Sie sollten diese Anforderungen in absehbarer Zeit zu etwa 70 bis 80 Prozent erfüllen).

Auf Soll-Kriterien wird mit Formulierungen wie »Haben Sie außerdem noch …« hingewiesen. Das heißt: »Wir bevorzugen Bewerber, die dieses Kriterium erfüllen.« Für Sie bedeutet das, Ihre Chancen steigen deutlich, wenn Sie auch diese Anforderungen erfüllen. Allerdings können Sie sich auch dann bewerben, wenn das nicht der Fall ist.

Grundsätzlich fordern die meisten Unternehmen sogenannte *Hard* wie auch *Soft Skills*. Hard Skills sind z. B. spezielles Fachwissen, eine besondere Berufserfahrung, Kenntnisse in der Mitarbeiterführung, Auslandserfahrung, Sprachen, EDV-Kenntnisse.

Zu den Soft Skills (soziale Kompetenzen) gehören etwa Kommunikationsfähigkeit, Motivationstalent, Organisationsgeschick, Stressresistenz, emotionale Intelligenz, diplomatisches Geschick, Überzeugungsfähigkeit.

Überlegen Sie aufgrund Ihrer eigenen Berufserfahrung, wie Sie mit der Stellenanzeige umgehen.

- Wie wirkt die Anzeige auf Sie (Format, Gestaltung, Text)?

- Können Sie sich eine Bewerbung für diese Stelle/Position vorstellen?

- Können Sie sich (auch) eine Mitarbeit in diesem Unternehmen vorstellen?

- Was könnten Sie dem Unternehmen für diese Position zusätzlich sowohl in fachlicher als auch in persönlicher Hinsicht anbieten?

- Was wissen Sie bereits über das Unternehmen, und wo können Sie noch mehr in Erfahrung bringen?

- Sind in der Anzeige Ansprechpartner, Adresse, Telefon, Homepage benannt?

- Verspüren Sie Lust und hat es Sinn, sich mit der Anzeige und weiteren Recherchen dazu zu beschäftigen? Warum ja, warum nein?

- Erfüllt auch der Arbeitsplatzanbieter Ihre Anforderungen und Erwartungen an eine neue Position?

Entscheidend für Sie als Bewerberin oder Bewerber ist die Frage: Passe ich mit meinem Profil auf die ausgeschriebene Position und zu dem Unternehmen?

Tipp!

Schreiben, mailen oder telefonieren Sie nicht bereits gleich am Montag, wenn Sie am Wochenende eine für Sie wichtige Anzeige entdeckt haben. Aus der Position einer inneren Ruhe und Gelassenheit haben Sie genügend Zeit, alles zu überdenken. Nehmen Sie erst nach drei bis sieben Tagen Kontakt auf (zunächst telefonisch, dann schriftlich). Eine zu schnelle Kontaktaufnahme könnte Ihrem Gegenüber eine berufliche »Notsituation« signalisieren, aus der heraus Sie sich verändern wollen oder müssen, und das würde – so die Regel – Ihren Wert am Arbeitsmarkt schmälern.

Mit Chiffre-Anzeigen professionell umgehen

Chiffre-Anzeigen haben die Funktion, die Identität des Inserenten zunächst nicht preiszugeben, um diesen zu schützen. Dies geschieht in der Regel aus folgenden Gründen:

- Das Unternehmen möchte nicht, dass durch ein frühzeitiges Bekanntwerden der Anzeige unter den Mitarbeitern, aber auch unter Mitbewerbern am Markt, Unruhe und Spekulationen entstehen.
- Die Konkurrenz soll von der geplanten Personalveränderung nichts erfahren.
- Das Unternehmen hat einen unbedeutenden Namen oder ein beschädigtes Image und versucht auf diese Weise, eine mögliche Bewerbungshemmschwelle zu umgehen.

Wenn Sie Bedenken haben, dass Sie sich ungewollt und unwissentlich beim eigenen Unternehmen bewerben könnten, nutzen Sie einen sogenannten Sperrvermerk: Die Bewerbungsunterlagen für die Chiffre-Anzeige kommen in einen Umschlag, der wie folgt beschriftet wird: »Für die Chiffre-Anzeige XXX in der Zeitung XXX vom XXX«. Diesem Umschlag fügen Sie ein kurzes Begleitschreiben an die Anzeigenabteilung der betreffenden Zeitung bei. In Ihrem Anschreiben bitten Sie darum, die Bewerbungsunterlagen in dem separaten Umschlag nur dann weiterzuleiten, wenn es sich bei dem Anzeigen-Auftraggeber nicht um die Firma bzw. Firmen X, Y, Z handelt. Andernfalls bitten Sie um Rücksendung Ihrer Unterlagen mit dem Zusatz »Porto zahlt Empfänger« und bereiten auch dafür einen Umschlag vor.

Auf Chiffreanzeigen können Sie mit einer Kurzbewerbung antworten. Sie enthält nur das Bewerbungsanschreiben und eventuell einen kurzen Lebenslauf (eine Seite) mit Foto. Die weiteren Unterlagen reichen Sie erst nach, wenn dies gewünscht wird. Weisen Sie in Ihrem Anschreiben darauf hin, dass Sie dazu jederzeit gern bereit sind.

Den Internet-Stellen- und Bewerbungsmarkt effektiv nutzen

Die meisten Unternehmen nutzen das Internet, um Stellenangebote zu veröffentlichen. Auf der eigenen Website werden vakante Stellen präsentiert; zusätzlich inserieren viele Firmen in digitalen Jobbörsen.

Fünf Situationen, in denen Sie das Internet für Ihre Bewerbung gezielt nutzen können:

- Suche nach Informationen über Arbeitgeber
- Suche nach Stellenangeboten der Zeitungen und Internet-Jobbörsen
- Suche nach Stellenangeboten auf den Homepages der Firmen
- Platzierung der eigenen Bewerbung auf virtuellen Arbeitsmärkten und Businessplattformen
- gezielte Kontakt- und Nachfassaktionen

Virtuelle Stellenbörsen

Virtuelle Stellenbörsen bieten in den meisten Fällen eine klar strukturierte Seite, auf der über eine Suchmaske schnell und unkompliziert geeignete Positionen ermittelt werden können. Dabei kann gleichzeitig nach Branchen, Regionen, Art der Stelle und Hierarchiewünschen mit Führungsposition oder ohne gesucht werden. Mit Hilfe eines Onlineformulars können Sie sich in der Regel direkt auf interessante Positionen bewerben.

Viele Stellenbörsen liefern mittlerweile erweiterte Dienstleistungen, die über die eigentliche Funktion des Vermittelns zwischen Arbeitgeber und Arbeitnehmer hinausgehen. In Kooperation mit Experten (wie z. B. dem *Büro für Berufsstrategie*) liefern diese ihren Besuchern Wissenswertes rund um die Bewerbung – beispielsweise zu den Themen Berufswahl, Lebenslauf, perfektes Anschreiben, Vorstellungsgespräch etc. Sie können Ihr Bewerberprofil hinterlegen, so dass potenzielle Arbeitgeber Zugriff auf Ihre Daten haben und sich mit Ihnen in Verbindung setzen können. Ferner können Sie Newsletter abonnieren und erhalten so Stellenangebote, die zu Ihrem Profil passen.

Tipp!

> **Achten Sie bei Ihrem eingestellten Bewerberprofil stets auf Aktualität – alle positiven Veränderungen in Ihrer beruflichen Vita (wie z. B. der Erwerb eines Weiterbildungszertifikats) erhöhen Ihre Chancen. Und vergessen Sie nicht, die eingegebenen Daten zu sichern oder auszudrucken, falls Sie danach im Vorstellungsgespräch gefragt werden.**

Da die steigende Akzeptanz des Internets für die Stellensuche immer mehr Stellenbörsen auf den virtuellen Markt lockt, ist es vorab sinnvoll, zu analysieren, bei welcher Stellenbörse Sie sich registrieren lassen sollten. Doch welcher Arbeitgeber nutzt welche Stellenbörse, wo sollten Sie als Führungskraft schauen? Die jährliche Studie von Professor Christoph Beck[7] von der Fachhochschule Koblenz liefert dazu folgende Ergebnisse:

---

7 siehe http://www.fh-koblenz.de/Prof-Dr-Christoph-Beck.beck.0.html

Welcher Arbeitgeber nutzt welche Stellenbörse?

- DAX-Unternehmen suchen am häufigsten bei *www.jobware.de* nach neuen Mitarbeitern (23,1 Prozent).

- Nicht-DAX-Unternehmen bei *www.monster.de* (68,1 Prozent).

- Zeitarbeitsunternehmen bevorzugen *www.jobscout24.de* (26,9 Prozent) und die Jobbörse der Arbeitsagentur, *www.arbeitsagentur.de* (21,9 Prozent).

- Personalberatungen sind am häufigsten auf *www.stellenanzeigen.de* und ebenfalls auf *www.arbeitsagentur.de* vertreten (45,9 bzw. 41,6 Prozent).

www.

Branchenspezifische Ergebnisse

- Technische Berufe und Stellen des Ingenieurswesens werden am häufigsten auf *www.arbeitsagentur.de* ausgeschrieben.

- Fachleuten aus der Telekommunikationsbranche und der Informationstechnologie bietet *www.stepstone.de* die größte Auswahl.

- Jobs aus Marketing, Vertrieb und Medien sind am ehesten auf *www.jobpilot.de* und auf *www.monster.de* zu finden.

- Wer Stellen im Bereich der Business Administration sucht, ist am besten bei *www.stellenanzeigen.de* und auf *www.jobscout24.de* aufgehoben.

- Finanzdienstleister sollten auf *www.jobpilot.de* und *www.monster.de* suchen.

- Im Bereich Consulting/Ausbildung/Training hat *www.jobware.de* am meisten Auswahl zu bieten.

Neben diesen großen Stellenbörsen haben sich viele Stellenbörsen etabliert, die ausschließlich branchenbezogen arbeiten.

- Für Ingenieure: *www.ingenieurkarriere.de*

- Für Berater: *www.consultants.de*

- Für Führungskräfte und Akademiker: *www.jobware.de*

- Für Gastronomie und Hotelfach: *www.hotel-jobguide.de*; *www.gast-job.de*; *www.hotel-career.de*

- Für den Handel: *www.jobs-im-handel.de*

- Für medizinische Berufe: *www.medizinische-berufe.de*

- Für den ökologischen Bereich: *www.greenjobs.de*

Suche nach Qualifikationen

- Für Führungspositionen: *www.jobware.de* und *www.stepstone.de*

- Für Spezialisten: *www.jobware.de*, gefolgt von *www.stellenanzeigen.de* und *www.stepstone.de*

- Für Sachbearbeiter: *www.jobscout24.de*, gefolgt von *www.jobpilot.de* und *www.monster.de*

- Für Facharbeiter: *www.arbeitsagentur.de*

Metasuchmaschinen

 www.

Da es eine unüberschaubare Zahl an Stellenbörsen gibt, existieren auch sogenannte Meta-Suchmaschinen – diese filtern die interessantesten Suchmaschinen heraus. Dazu gehören z. B. *www.stellenboersen.de* und *www.cesar.de*. Letztere durchsucht 20 deutschsprachige Suchmaschinen, verfügt über ein Job-Link-Verzeichnis zu den Themen Jobs für Selbstständige, Stellenbörsen der Behörden, Verbände und Institutionen, Jobs für Freelancer und für Projektarbeit, für Medien, aber auch für sogenannte Xtra-Jobs wie Testeinkäufer, Skilehrer und so weiter.

Auch Menschen mit Behinderungen können auf eine auf ihre Belange zugeschnittene Suchmaschine zurückgreifen – unter *www.kein-handicap.de*.

Die Arbeitsagentur unterhält eine branchenbezogene Metasuchmaschine: Unter *www.arbeitsagentur.de/nn_25266/zentraler-Content/A04-Vermittlung/A042-Vermittlung/Allgemein/Berufs-und-branchenspezifische-Stellenboerse.html#d1.9* gibt es für alle Branchen von A bis Z Links zu den entsprechenden Stellenbörsen.

In Zeiten akuten Fachkräftemangels fällt eine Stellenbörse durch ihre Vermittlungsmethode besonders auf. *www.jobleads.de* ist eine Jobbörse für akademische Führungskräfte. Der besondere Clou – die Aufnahme von Mitgliedern erfolgt erst nach eingehender Prüfung des Interessenten. Aufnahmebedingungen sind eine sehr gute, möglichst akademische Ausbildung, ein karriereorientierter Lebenslauf und ein gutes Netzwerk. Unternehmen, die ihre Jobs dort einstellen, müssen durch Mitglieder empfohlen worden sein. Erfolgreiche Tippgeber werden mit Prämien von 2000 bis 20 000 Euro honoriert.

Eigene Stellengesuche verfassen

Wer in die Offensive geht und selbst ein Stellengesuch in die Zeitung oder ins Internet setzt, signalisiert Leistungsbereitschaft und Motivation. Dies ist insbesondere bei einer Platzierung in den Printmedien mit einer finanziellen Investition verbunden und kann schnell einen Monatsnettolohn kosten.

Umso mehr überrascht es, dass die meisten Stellengesuche eintönig, geradezu langweilig und wenig aussagekräftig formuliert sind. Das, was die Inserenten ihren potenziellen Arbeitgebern anbieten, bleibt oft farblos und austauschbar. Die Folge: Die Anzeige löst bei den meisten Personalentscheidern eher ein Achselzucken aus als den Wunsch, mit dem Inserenten Kontakt aufzunehmen. Ausgangspunkt und Basis der Gestaltung eines erfolgreichen Stellengesuchs (unabhängig davon, ob es sich dabei um das Internet oder ein Printmedium handelt) sind vor allem kurze und prägnante Antworten auf die Ihnen schon bekannten Fragen: Was bin ich? Was kann ich? Was will ich?

Ihr Weg zur wirksamen Stellenanzeige

Schritt 1: Suchen Sie ein geeignetes Medium.

Schritt 2: Nehmen Sie Stellengesuche wie -angebote im ausgewählten Medium gründlich unter die Lupe.

Schritt 3: Formulieren Sie einen Text mit dichtem Informationsgehalt.

Schritt 4: Formulieren Sie eine Überschrift.

Schritt 5: Versetzen Sie sich in die Lage eines Personalleiters, der am Sonntagmorgen beim Frühstück die Stellengesuche überfliegt.

Schritt 6: Veröffentlichen Sie Ihr Gesuch mehrfach; gegebenenfalls auch als Chiffre.

Zunächst studieren Sie die Anforderungsprofile auf Arbeitgeberseite. Wer genau wird gesucht? Dann analysieren Sie das Umfeld für Ihr künftiges Stellengesuch. Dazu schauen Sie sich die Anzeigen anderer Jobsuchender an. Beurteilen Sie die einzelnen Stellengesuche nach folgenden Kriterien:

- Was gefällt Ihnen spontan an der Anzeige und was nicht?
- Wird klar gesagt, was der Inserierende zu bieten hat und was seine wichtigsten Qualifikationen sind?
- Geht aus dem Text eindeutig hervor, was gesucht wird?
- Werden Allgemeinplätze und Selbstverständlichkeiten vermieden?
- Ist die Anzeige insgesamt aussagekräftig?
- Würden Sie sich als Personalchef angesprochen fühlen?
- Ist die Größe des Stellengesuches angemessen, über- oder unterschätzt sich der Stellensuchende?

Wenn Sie diese Fragen für jede der Anzeigen kurz beantworten, finden Sie schnell heraus, welche Fehler Sie bei Ihrer Anzeige vermeiden müssen, um sich positiv von Mitbewerbern abzuheben. Bevor Sie mit dem Texten anfangen, gilt es, drei Fragen zu beantworten:

- Was ist Ihr Kommunikationsziel?
- Welche Botschaften wollen Sie vermitteln?
- Mit welchen Argumenten können Sie überzeugen?

Wir beschäftigen uns mit diesem wichtigen Dreierschritt ausführlich ab Seite 56. Bitte lesen Sie unbedingt auch das Kapitel Überzeugen (Seite 179), bevor Sie mit dem Texten Ihrer Anzeige beginnen. Ihr Stellengesuch muss generell zwei Bedingungen erfüllen:

1. Die Überschrift/Betreffzeile muss bereits beim Überfliegen fesseln und neugierig machen.

2. Der gesamte Text muss eine hohe Zahl von relevanten Informationen transportieren und damit den Leser für Sie einnehmen.

Folgende Informationen sollten enthalten sein:

- eine präzise Angabe, was Sie suchen

- Ihre wichtigsten fachlichen Qualifikationen

- Ihre beruflichen Erfolge

- Ihr Alter und Geschlecht

- eine Angabe zu Ihrer Mobilität

Die Überschrift ist der prominenteste Ort Ihrer Anzeige. Denken Sie daher bei der Formulierung nicht so sehr daran, was Sie suchen, sondern welche Qualifikation Sie anbieten.

Damit der anspruchsvolle Leser ausgerechnet an Ihrer Anzeige hängenbleibt, müssen Sie bei der Formulierung von Überschrift und Text diese Zielgruppe genau im Auge behalten. Prüfen Sie immer wieder: Wird meine Wortwahl Personalentscheider dazu bringen, mit mir Kontakt aufzunehmen?

Die meisten Stellengesuche werden unter Chiffre aufgesetzt, um Anonymität zu wahren (z. B. wegen noch bestehender Arbeitsverträge). Ob Sie nun Ihre Adresse oder Chiffre angeben, in beiden Fällen empfiehlt es sich, zusätzlich Ihre Telefon- und Faxnummer anzubieten. Sie müssen es dem potenziellen Arbeitgeber so leicht wie möglich machen, sich mit Ihnen in Verbindung zu setzen.

Das virtuelle Stellengesuch

Ebenso wie im Print-Bereich ist es auch online lohnenswert, Ihre Anzeige in mehreren Stellenbörsen zu schalten. Oft können Sie sogar kostenfrei ein Stellengesuch aufgeben.

Informieren Sie sich vorher, welche Stellenbörse für Ihren Berufszweig die von Arbeitgebern am meisten frequentierte ist. Studieren Sie die Anzeigen vor allem auf ihr Einstelldatum hin. Sind sie aktuell, legt die betreffende Stellenbörse Wert auf Aktualität und Verlässlichkeit.

Achten Sie darauf, dass Ihnen Anonymität garantiert wird. Ihre Daten sind ausschließlich für Sie und die Betreiber der Stellenbörse gedacht. Selbst der interessierte Arbeitgeber erfährt sie nicht. Er muss sich an die Stellenbörse wenden, die Ihnen wiederum eine E-Mail mit dem Stellenprofil des Arbeitgebers und seinen Kontaktdaten zuschickt. Sie entscheiden dann, ob Sie sich melden wollen.

Zum guten Ton gehört es, der Stellenbörse mitzuteilen, wenn Sie eine geeignete Stelle gefunden haben. Ihr Gesuch wird dann gelöscht.

Um positiv aufzufallen, sollten Sie sich auch hier an die Kriterien halten, die wir für Printmedien aufgelistet haben. Ihr Stellengesuch sollte

- so knapp wie möglich,

- so informativ wie möglich und

- so ansprechend wie möglich sein.

Die Überschrift beinhaltet in den meisten Fällen Ihre momentane berufliche Position (bzw. die der letzten Arbeitsstelle oder die generelle Berufsbezeichnung).

Der Text enthält Ihre Qualifikationen, Ihre für den Job wichtigsten Eigenschaften, Ihre Erfahrungen und Ihre Vorstellung von Ihrem nächsten Job. Eine Formulierung wie »Wenn Sie auf der Suche nach einem … sind, haben Sie in mir jemanden gefunden, der genau das seit sechs Jahren mit ungebrochener Begeisterung betreibt – und gerne auch für Sie!« bringt Ihre Qualifikationen auf eine unkonventionelle und doch seriöse Art zur Geltung. Ein Verweis auf Ihre Bewerber-Homepage (siehe Seite 169) kann die Attraktivität Ihrer Anzeige noch steigern. Mit einem Klick kann sich der Personaler davon überzeugen, ob sein erster Eindruck auch den Tatsachen entspricht.

Kontrollieren Sie Ihre Anzeige auf Rechtschreibung und Grammatik. Auch im Onlinebereich gilt die Sorgfaltspflicht; Tippfehler lassen darauf schließen, dass Sie nicht gründlich gearbeitet haben.

Sobald Sie das Gesuch veröffentlichen, sollten Sie Ihre Unterlagen bereithalten. So können Sie auf die eingehenden Angebote schnell reagieren. Denn oft wollen Personalentscheider – Internet hin oder her – eben doch noch gern die üblichen Bewerbungsunterlagen in bekannter Form, sprich: auf Papier, haben.

Kurzbewerbungen gestalten

Schnell zur Sache kommen Sie mit einer Kurzbewerbung. Entscheidendes Merkmal: Die Kürze und damit Schnelligkeit, mit der der Leser informiert wird. Insbesondere auf Chiffre-Anzeigen können Sie mit einer solchen Kurzbewerbung reagieren.

Sie enthält ein prägnantes Bewerbungsanschreiben mit den wichtigsten Fakten und Argumenten zu Ihrer Qualifikation und Bewerbungsmotivation und dem Hinweis, dass Sie auf Wunsch gerne die ausführlichen Bewerbungsunterlagen nachreichen. Bis auf einen eventuell beigefügten Lebenslauf (Kurzfassung) mit Foto werden keine weiteren Unterlagen hinzugefügt.

Sowohl bei der Formulierung der eigenen Chiffre-Anzeige als auch bei Kurzbewerbungen können Sie Ihren aktuellen Arbeitgeber umschreiben, anstatt ihn konkret zu nennen. Es kommt darauf an, deutlich zu machen, seit wann, in welcher Funktion und mit welchen Aufgabenstellungen Sie tätig sind.

Beispiel: Sie sind beim »Metallbau Müller & Sohn KG« in Gelsenkirchen tätig und formulieren: »Ich bin seit 200X Abteilungsleiter (Verkauf) in einem mittelständischen Metallbauunternehmen mit über 100 Angestellten in einer größeren Stadt im Ruhrgebiet.«

Sie können in Ihrem Bewerbungsanschreiben aber auch die Bitte aufnehmen, alle Angaben strikt vertraulich zu behandeln. Bewerber, die sich bereits in einer Führungsposition befinden, vermeiden es damit, ihre Veränderungsabsichten dem gegenwärtigen Arbeitgeber unangemessen früh zu offenbaren. Eventuelle Nachfragen durch den potenziellen neuen Arbeitgeber (»Wie sind Sie denn mit Herrn/Frau XY zufrieden, Herr Kollege?«) könnten erhebliche Nachteile für den Bewerber an seinem Noch-Arbeitsplatz zur Folge haben.

Eine Kurzbewerbung kann auch bei einer Initiativbewerbung (siehe folgendes Kapitel) angemessen sein. In diesem Fall dient sie beiden Seiten dazu, schnell abzuklären, wie die Chancen für ein weiterführendes Bewerbungsverfahren stehen.

Arbeitsmarkt und Netzwerke

Sich initiativ bewerben

Bei Initiativbewerbungen, auch als Blind- oder Direktbewerbung, kalte, aktive oder unaufgeforderte Bewerbung bezeichnet, nimmt der Bewerber auf eigene Initiative Kontakt mit einem potenziellen Arbeitgeber auf. Dies ist für Kandidaten bis knapp 100 000 Euro im Jahr noch vorstellbar, darüber ist es unüblich.

Die Initiativbewerbung erfordert viel Fingerspitzengefühl, da Sie einen Bedarf ja erst wecken wollen. Sie müssen in aller Kürze deutlich machen, warum Sie sich gerade für *dieses* Unternehmen interessieren und was Sie Besonderes zu bieten haben. Denken Sie dabei an gute TV- oder Printwerbung, die Sie neugierig gemacht oder zum Ausprobieren verleitet haben, und werben Sie entsprechend für sich.

Gut formuliert und ansprechend präsentiert, haben Sie mit der unaufgeforderten Bewerbung durchaus gute Chancen. Experten gehen davon aus, dass etwa 15 bis 20 Prozent aller Arbeitsplätze über eine Initiativbewerbung besetzt werden. Personalchefs interpretieren diese Form des Vorgehens als Hinweis auf eine starke Motivation und zielorientiertes, aktiv-dynamisches, erfolgsorientiertes Handeln. Wenn es die Stellensituation zulässt, werden daher solche Bewerber bevorzugt.

Außerdem gehen Sie mit Ihrer Bewerbung nicht wie bei einer Stellenanzeige in der Masse von Kandidaten unter, sondern genießen den Vorteil einer geringen Bewerberzahl.

Nur gut vorbereitet und zielgerichtet treffen Sie ins Schwarze. Eine Initiativbewerbung ist umso erfolgversprechender, je mehr Sie von der Branche und den Bedürfnissen des Unternehmens wissen. Eine sorgfältige Beobachtung des Marktes, Kenntnisse der Unternehmenssituation sowie die Kenntnis eines konkreten Ansprechpartners im Unternehmen sind in jedem Fall von Vorteil.

Tipp!

Viele Blindbewerbungen, die von Arbeitssuchenden verschickt werden, tragen nicht zu Unrecht die Vorsilbe »blind«. Mag sein, dass auch ein blindes Huhn ein Korn findet, die meisten dieser Aktionen sind jedoch Blindgänger und erhöhen nicht nur unnötig die Ausgaben (Papier-, Mappen-, Portokosten), sondern auch die Frustration wegen der negativen Resonanz.

Bei der Initiativbewerbung können Sie zwischen einer Kurz- und einer Langversion wählen. Die Letztere enthält alle Bestandteile einer Bewerbung; eine Kurzbewerbung dagegen besteht aus dem Bewerbungsschreiben mit allen oben dargestellten wichtigen Fakten und Argumenten zu Ihrer Qualifikation und Bewerbungsmotivation und wird – eventuell bis auf einen Lebenslauf mit Foto – ohne weitere Unterlagen versendet. Dabei sollten Sie im Anschreiben erwähnen, dass Sie auf Wunsch gern die ausführlichen Bewerbungsunterlagen nachreichen.

Ob Sie einer Kurzbewerbung oder einer ausführlichen Bewerbungsmappe den Vorzug geben, ist eher eine Frage des Aufwandes. Die Kurzbewerbung wird häufig genutzt, um schnell abzuklären, wie die Chancen für ein weiterführendes Bewerbungsverfahren aussehen. Für Führungskräfte empfehlen wir jedoch die ausführliche, gut strukturierte Bewerbungsmappe.

Auch die Bundesagentur für Arbeit nutzen

 Sich durch die Arbeitsagentur vermitteln zu lassen, gilt leider für Führungskräfte noch immer als ein Fauxpas. Das Image dieser Behörde ist bei Gehaltsempfängern von über 40 000 Euro im Jahr nicht gut. Um dieses behördliche Negativimage zu verbessern, wurde die Zentrale Auslands- und Fachvermittlung (ZAV) in Bonn (mit Zweigstellen in vielen Städten) als Sondereinrichtung der Bundesanstalt für Arbeit ins Leben gerufen. Sie vermittelt weltweit Fach-, Führungs- und Nachwuchskräfte (*www.ba-auslandsvermittlung.de*).

Personalberatungsgesellschaften sind zwar immer noch deutlich stärker frequentiert, in letzter Zeit wird das Frankfurter Spezialbüro jedoch häufiger von kleineren Firmen mit der Suche nach Führungskräften beauftragt. Diese Stellenangebote können Sie unter der Anwendung von Sperrvermerken durchaus in Betracht ziehen. Hier liegen direkte Aufträge zugrunde, und Ihre Unterlagen werden nicht gestreut.

Sich von Jobcoach und Karriereberater helfen lassen

Hauptaufgabe eines Karriereberaters ist es, Sie individuell bei Ihrem beruflichen Vorankommen zu beraten. Ein professioneller Karriereberater berechnet im Schnitt zirka 100 bis 200 Euro pro Beratungsstunde. Eine lohnende Investition, wenn Sie dafür den Wunschjob mit 80 000 Euro und mehr erhalten.

Wichtig: Überlegen Sie sich genau, was der Karriereberater für Sie tun soll und klären Sie im Vorfeld, was dies kostet. Bitten Sie um Referenzen und prüfen Sie vorher, wem Sie sich anvertrauen.

Out- und Newplacement in Anspruch nehmen

Soll ein besetzter Arbeitsplatz freigemacht werden – Experten sprechen unschön von »Entsorgung« – und kann der Arbeitgeber dies nicht ohne Weiteres tun, wird ein Outplacer, eine Art Scheidungsanwalt, bemüht. Er findet Mittel und Wege, den Arbeitnehmer aus dem Unternehmen zu lösen und ihm bei seinem weiteren beruflichen Lebensweg behilflich zu sein.

Outplacement fand in den 60er Jahren das erste Mal in der Wirtschaft Anwendung. Damals standen bei Standard Oil und in der US-Luftfahrtindustrie umfangreiche Entlassungen an, und man versuchte mit Hilfe eines Outplacements, für die Gekündigten Wege zu einer neuen Beschäftigung zu finden. So entstand dann auch der etwas charmantere Begriff des Newplacement.

In der Out-Newplacement-Beratung verschwimmen die Konturen zwischen Personalberatung, Headhunting und Karriereberatung. Der Hintergrund ist jedoch in der Regel für alle Beteiligten meist ein recht unangenehmer, besonders aber für den betroffenen Arbeitnehmer. Er sollte sich zusätzlich an einen Fachmann seines Vertrauens (z. B. Rechtsanwalt, Karriereberater) wenden, bevor endgültige Entscheidungen getroffen werden.

Personalberatungsgesellschaften von sich überzeugen

Viele Firmen beauftragen bei der Besetzung wichtiger Schlüsselpositionen Personalberatungsgesellschaften, da sie so anonym bleiben, Zeit sparen und die Kompetenz der Berater nutzen
können. Kosten für diese Dienstleistung: etwa 15 bis 40 Prozent des Jahreseinkommens der zu
besetzenden Stelle (plus Spesen). Dafür berät die Personalberatungsfirma den Auftraggeber bei
der Besetzung der Stelle, formuliert und schaltet Anzeigen und trifft eine Vorauswahl bei den
Bewerbern.

Wer sich auf ein Inserat einer Personalberatungsgesellschaft bewirbt, durchläuft in der Regel
ein Bewerbungsverfahren wie bei einem realen Arbeitgeber. Es können Tests gemacht und intensive Gespräche geführt werden, ehe man den eigentlichen Auftraggebern vorgestellt wird.

Die Vor- und Nachteile einer Bewerbung über eine Personalberatungsgesellschaft: Auch wenn
Sie nicht ausgewählt werden, lohnt es sich, einen positiven Eindruck zu hinterlassen. Personalberater haben ein gutes Gedächtnis und wissen, wer zu wem passen könnte, wenn wieder jemand
gesucht wird. Die intensiven Gespräche mit diesen Profis haben eine ganz besondere Qualität,
die der wechselseitigen Verpflichtung sowohl dem Auftraggeber als auch dem Bewerber gegenüber geschuldet ist. Wenn Sie erfolgreich an den Auftraggeber vermittelt werden, erhält der
Personalberater dafür seine Provision. Wenn es allerdings bereits beim Arbeitsstart Probleme
geben sollte, kann der Arbeitgeber das gezahlte Vermittlungshonorar zurückfordern.

> **Vergessen Sie als Bewerber in keiner Minute, dass Ihnen der Personalberater als Agent des Auftraggebers gegenübersteht.**

Tipp!

Headhunter für sich suchen lassen

Sie erhöhen Ihre Chancen erheblich, wenn Sie einen Headhunter für sich suchen lassen. Dies
empfiehlt sich jedoch nur, wenn Sie zumindest der gehobenen unteren Führungsetage ange-
hören (ab etwa 60 000 Euro im Jahr). Dass Headhunter lediglich Top-Positionen vermitteln, ist
mittlerweile eine überkommene Vorstellung. Headhunter selbst haben darunter sehr zu leiden,
da immer noch genug Personaler bei Besetzung einer Stelle in den »niederen« Hierarchiestufen
gar nicht auf die Idee kommen, einen Headhunter zu beauftragen.

Eine genaue Unterscheidung zwischen Personalberatung und Headhunter ist sehr schwierig.
Einerseits gibt es Headhunter, die sich von Personalberatern distanzieren und umgekehrt; andererseits findet man auf nicht wenigen Personalberater- und Headhunterwebseiten den Begriff
des Headhunters mit der Bezeichnung Personalberater erklärt.

Doch wie der Name schon sagt arbeitet der Headhunter als »Jäger« eher aktiv, der Personalberater als »Berater« eher passiv. Genau genommen unterscheiden sich die beiden Berufsgruppen
durch den Einsatz der Direktansprache. Headhunter sprechen geeignete Kandidaten direkt auf zu
vermittelnde Stellen an. Personalberater schalten Stellenanzeigen, suchen also anstelle des Auf-
traggebers auf konventionelle Weise. Sie beraten den Auftraggeber bei der richtigen Besetzung

der Stelle und nehmen ihm die Arbeit ab, Anzeigen zu formulieren und zu schalten sowie unter den eingehenden Bewerbungen die Vorauswahl zu treffen.

Zur Arbeitsweise von Headhuntern

Experten schätzen, dass in der Wirtschaft 30 000 Positionen pro Jahr (Tendenz steigend) mit Hilfe von Headhuntern vermittelt werden. Während 1980 noch 80 Prozent aller Führungspositionen durch Suchauftrag per Anzeige in den großen Tageszeitungen besetzt wurden, sind es mittlerweile nur noch 10 Prozent (Tendenz weiter abnehmend). Immer häufiger werden potenzielle Kandidaten von Headhuntern gezielt angesprochen und auf ihre Wechselbereitschaft hin befragt.

Ein guter Headhunter lebt von seinen hochwertigen Kontakten: erstklassige Kandidaten und renommierte Unternehmen. In der Regel arbeitet er seriös, diskret und genau, denn nur so erhält er wertvolle Kontakte und Insiderwissen. Dabei konzentrieren sich viele Headhunter auf eine bestimmte Branche.

Der erste Schritt eines Headhunters beim Besetzen einer Position ist das sogenannte Profiling. Er klärt mit dem entsprechenden Unternehmen das genaue Profil des optimalen Kandidaten ab. Dabei lässt er sich das künftige Arbeitsumfeld, Karrierechancen, Gehaltsvorstellungen etc. genau beschreiben. Idealerweise findet dies im Unternehmen selbst statt. So kann der Headhunter einen Eindruck vom Unternehmen gewinnen und seine Eindrücke an die Kandidaten weitergeben. Je besser er ein Unternehmen kennt und je weitreichender seine Kontakte dorthin sind, desto eher weiß er über bevorstehende Änderungen Bescheid und kann so schnell zum Vorteil von Unternehmen und Bewerber agieren.

Im zweiten Schritt identifiziert er mögliche Kandidaten. Seine Quellen sind seine Datenbanken und ein möglichst eng gestricktes Kontaktnetzwerk zu Unternehmen, ehemaligen Bewerbern und Bekannten, die über ein ausgezeichnetes Branchenwissen verfügen. Die Datenbanken bestehen aus den Profilen bereits vermittelter Kandidaten, ehemalig abgelehnter, aber in Frage kommender Kandidaten, und aus Bewerbern, die eigeninitiativ ihre Unterlagen geschickt haben. Ferner recherchiert er nach weiteren geeigneten Personen, z. B. auf Businessplattformen wie XING oder LinkedIn (mehr dazu auf Seite 51). Besonders interessant sind dabei Kandidaten, die im Berufsleben stehen, aber wechselwillig sind. Der Headhunter informiert sich in der Branche über ihren Ruf und ihre berufliche Vorgeschichte. Schließlich präsentiert er dem Unternehmen eine Vorauswahl an Kandidaten und einigt sich in Absprache auf diejenigen, die angesprochen werden sollen.

In einem dritten Schritt kommt es zur Direktansprache, meist über einen Anruf am Arbeitsplatz (»Guten Tag, ich bin auf Sie aufmerksam geworden …!«). Dieser Anruf erfordert Fingerspitzengefühl. Lehnt der Angesprochene ab, fragt der Headhunter in der Regel nach möglichen Alternativen aus dessen Bekanntenkreis. Dieser Vorgang kann sich – je nach Position – lange hinziehen. Auf dem steinigen Weg zum Erfolg gewinnt ein Headhunter jedoch wertvolle Kontakte für die Zukunft.

Je nach Vereinbarung mit dem Unternehmen und seiner Arbeitsweise übernimmt der Headhunter auch die ersten Gespräche mit den Kandidaten und führt gegebenenfalls sogar Assessment Center durch.

Ein Headhunter erhält den Hauptteil seines Honorars nach erfolgreicher Vermittlung. Sollte sich der ausgewählte Kandidat während der Probezeit als ungeeignet erweisen, bietet der Headhunter eine erneute (meist kostenlose) Suche an oder muss im ungünstigsten Fall sein Honorar zurücküberweisen.

Wie Sie Headhunter auf sich aufmerksam machen

Werden Sie nicht persönlich angesprochen, können Sie auch eigeninitiativ einen Headhunter kontaktieren und sich bewerben. Machen Sie den für Ihre Zwecke und für Ihre Branche geeignetsten Headhunter ausfindig und bewerben sich mit gut durchdachten, strukturieren Unterlagen.

Hilfreich ist die Website des Bundeverbandes Deutscher Unternehmensberater (BDU) unter *www.bdu.de* und die der Vereinigung Deutscher Executive Search Berater *(www.vdesb.de)*. Hier finden Sie Ihren richtigen Ansprechpartner und können überprüfen, ob ein Headhunter, der Sie angesprochen hat, in dieser Datenbank zu finden ist. Doch nicht jeder Headhunter ist dort gelistet. Sie finden jedoch auf der Seite des BDU eine Auswahl an Kriterien, die ein seriöser Ansprechpartner erfüllen sollte. Sie gelten sowohl für Sie als Bewerber als auch für den Personaler, der einen Berater oder Headhunter für sein Unternehmen sucht. Zu den Kriterien gehören z. B. der Erfahrungsschatz des Personalberatungsunternehmens (beim BDU sind nur Personalberater gelistet, die seit fünf Jahren ihrer Tätigkeit nachgehen), die Qualität der überprüfbaren Referenzen, Sympathie, Problemverständnis sowie ein fundiertes und sachgerechtes Angebot.

Für eine langfristige Karriereplanung können Sie sich auch in der Lebenslaufdatenbank eines Headhunters führen lassen oder e-Recruiting-Portale wie z. B. die Jobbörse Experteer *(www.experteer.de)* nutzen. Auf diese Weise werden Sie von Headhuntern oder interessierten Unternehmen aktiv angesprochen, sobald es eine Position zu besetzen gilt, deren Profil Sie erfüllen. Gerade in Zeiten des Fachkräftemangels gewinnt diese Art der Bewerbersuche an Beliebtheit.

Beachten Sie auch hier die Auswahl eines geeigneten Headhunters. Dieser sollte sich möglichst auf Ihr Fachgebiet oder Ihre Branche spezialisiert haben und so ein genaues Matching liefern können.

Suchen Sie sich den Headhunter aus, der am besten zu Ihrer eigenen Lebensphilosophie passt. Denn es ist wahrscheinlich, dass dieser auch mit Unternehmen zusammenarbeitet, die über eine entsprechende Firmenkultur verfügen. Haben Sie Ihren Lebenslauf in einer Jobbörse wie Experteer hinterlegt, werden Sie auch dort von Headhuntern gefunden, die Einblick in den »verdeckten Stellenmarkt« haben.

Eine weitere Möglichkeit, Headhunter auf sich aufmerksam zu machen, ist, sich in Business-Plattformen wie XING oder LinkedIn zu präsentieren. Ein interessantes Profil, treffende Aussagen in der Rubrik »Über mich« und Äußerungen zu bestimmten Themen in fachlich orientierten Gruppen sind oft der Anlass, sich eine Person näher anzuschauen. Aber auch Blogs oder Hinweise auf Vorträge, Veröffentlichungen in Fachmagazinen oder Internetportalen können das Interesse von Headhuntern wecken. Sie können das Interesse durchaus steuern, indem Sie sich genau überlegen, wie Sie sich im Internet präsentieren.

www.

Tipp!

Tipps für den Umgang mit Headhuntern

- Bleiben Sie bei der ersten Kontaktaufnahme sehr zurückhaltend. Informieren Sie sich zunächst über den Headhunter oder die Personalberatungsfirma. Denn es soll sogar Firmen geben, die ihr eigenes Führungspersonal durch Headhunter auf Loyalität überprüfen.

- Vermeiden Sie beim ersten Anruf die Frage: »Wie sind Sie denn auf mich gekommen?« Das wirkt unprofessionell.

- Bleiben Sie auch im weiteren Verlauf der Verhandlungen mit dem Headhunter gelassen. Lassen Sie sich nicht anmerken, dass Sie dringend einen neuen Job brauchen. Wer zu starke Freude und Narzissmus zeigt oder gar von seiner großen Chance spricht, gilt als schwacher Kandidat. Understatement ist gefragt.

- Recherchieren Sie gründlich, welcher Arbeitgeber und welche Position hinter der Anfrage steckt. Auch wenn eine Anfrage schmeichelhaft ist – gesunde Vorsicht ist angebracht.

- Wenn Sie momentan nicht wechseln wollen, zeigen Sie sich dennoch interessiert und kooperativ, um in der Headhunter-Kartei zu bleiben.

Vorsicht: Mit einem Headhunterangebot den eigenen Vorgesetzten unter Druck setzen zu wollen, kann leicht schiefgehen. Am Ende sind alle enttäuscht: der Headhunter, weil Sie gar nicht wechseln wollen, Ihr Vorgesetzter, weil Sie ihn quasi erpresst haben, und Sie, weil sich Ihre Taktik auf die ein oder andere Art rächen wird.

Das Telefon effektiv einsetzen

Viele Bewerber unterschätzen die Chancen, die der gezielte Einsatz des Telefons als Bewerbungsinstrument birgt. Lediglich zehn Prozent greifen während ihrer Stellensuche zum Hörer. Die schweigende Mehrheit pirscht sich schriftlich an die begehrten Arbeitsplätze heran, da sie vermutlich Angst hat, nicht die richtigen Worte zu finden.

Unsere Erfahrungen aus dem *Büro für Berufsstrategie* beweisen, dass dies ein strategischer Fehler ist. Durch ein gut vorbereitetes Telefonat können Sie sich bereits im Vorfeld einer Bewerbungsprozedur positiv von anderen Kandidaten abheben. Sie können Ihre Kommunikationsfähigkeit beweisen und Interesse wecken. Wenn es Ihnen dann noch gelingt, sympathisch auf den Angerufenen zu wirken, haben Sie bereits gewonnen.

Wann und wozu telefonieren?

- **Marktanalyse/Unternehmensrecherche**: Beginnen Sie in der Telefonzentrale. Lassen Sie sich ein Profil, eine Pressemappe, Broschüren oder Mitarbeiterzeitungen zusenden. Finden Sie heraus, wer der Ansprechpartner für die Bewerbung ist (Personalabteilung, Abteilungsleiter, Geschäftsführer o. Ä.).

- **Initiativ bewerben**: Fragen Sie als Erstes, ob Ihr Gesprächspartner gerade Zeit für Sie hat. Wenn nicht, schlagen Sie eine alternative Anrufzeit vor und verabreden Sie möglichst einen festen Termin.

Beispiel:

Bewerber: »Guten Tag, Herr Weber, mein Name ist Wolfgang Schmidt. Ich rufe Sie aus Köln an. Ich bin Volljurist, kenne mich gut aus im Bereich der kommunalen Müllentsorgung und habe bereits neun Jahre bei der Stadtverwaltung in diesem Bereich erfolgreich gearbeitet.
Haben Sie einen Augenblick Zeit, oder passt es Ihnen besser, wenn ich Sie morgen früh gegen 10 Uhr noch einmal anrufe?«

Personalchef: *etwas ungeduldig*
»Worum geht es denn?«

Bewerber: »Herr Weber, es geht darum, dass ich mich bei Ihnen als Leiter des Osteuropa-Projekts bewerben möchte. Sehen Sie da eine Chance?
Ich spreche Polnisch und Russisch, war fünf Jahren in Polen in leitender Position einer Umweltschutzorganisation tätig ….«
(Hier folgen weitere Werbeargumente in eigener Sache).

- **Informationen über einen konkreten Job**: Bevor Sie Ihre Bewerbungsunterlagen einsenden, sollten Sie auf jeden Fall bei dem in der Anzeige genannten Ansprechpartner anrufen. Ist keine Telefonnummer angegeben, hilft eine kurze Nachfrage bei der Auskunft. Zeigen Sie Interesse und nutzen Sie die telefonische Kontaktmöglichkeit, um einen ersten positiven Eindruck zu hinterlassen. Ziel dieser ersten telefonischen Kontaktaufnahme ist es, Interesse zu wecken und den Personalentscheider neugierig auf Ihre Bewerbungsunterlagen zu machen. Zudem erleichtert dies die Formulierung Ihres Bewerbungsanschreibens, was dann beginnen könnte mit: »Vielen Dank für das informative Telefonat vom 1. August. Das Gespräch hat mich weiter darin bestärkt, mich bei Ihnen um eine Stelle als Senior-Produktmanager zu bewerben …« Sollten Sie den wichtigen Entscheidungsträger/Geschäftsführer/Personalchef etc. nicht persönlich sprechen und (nur) mit seinem Referenten oder der Sekretärin telefoniert haben, ist dennoch der Hinweis im Einleitungssatz Ihres Bewerbungsanschreibens sinnvoll: »Nach einem Telefonat mit Ihrem Mitarbeiter, Herrn …/Ihrer Sekretärin, Frau …« Oft informiert sich der Adressat in einem solchen Fall über Ihren Anruf und lässt sich den persönlichen Eindruck schildern.

Auch im weiteren Verlauf des Bewerbungsverfahrens bleibt das Telefon ein wichtiges und leider unterschätztes Kontaktmedium:

- **Aktiv nachfragen**: Wenn Sie zwei bis drei Wochen nach Versand Ihrer Bewerbungsunterlagen noch nichts gehört haben, sollten Sie telefonisch (alternativ E-Mail) aktiv werden und nachfragen, wie der Stand der Bewerberauslese ist. Das signalisiert Einsatzbereitschaft.

- **In Erinnerung bringen**: Nutzen Sie das Telefon (ebenso wie die E-Mail), um mit Ihrem Wunsch-Arbeitgeber in Verbindung zu bleiben. Fragen Sie regelmäßig nach, wie der Stand der Dinge ist, ob es etwas Neues gibt. Verdeutlichen Sie Ihr Interesse und bringen Sie sich in Erinnerung, möglichst ohne Ihr Gegenüber zu nerven – eine Gratwanderung, die ein Gespür für Ihren Telefonpartner verlangt.

- **Grund der Absage erfahren**: Auch wenn Sie nach einem Vorstellungsgespräch eine Absage erhalten, sollten Sie zum Telefon greifen und freundlich nach einem persönlichen Tipp für Ihre weiteren Bewerbungen fragen. So bekommen Sie vielleicht wertvolle Ratschläge und zeigen zudem soziale Kompetenz in einer für Sie schwierigen Situation.

Wie telefonieren?

Sich unvorbereitet in eine telefonische Bewerbungssituation zu begeben, ist leichtsinnig. Sie müssen vor dem Telefongespräch wissen, was Sie wollen, was das Ziel Ihres Anrufs ist und wie Sie Ihr Vorhaben am besten realisieren. Berücksichtigen Sie, dass Sie sich bei Ihrem Telefonanruf bereits in einer Vorstellungs- und Prüfungssituation befinden. Ihr Gegenüber gewinnt einen ersten Eindruck von Ihnen, macht sich ein Bild und hält dieses nicht selten schriftlich fest. Dies alles trägt dazu bei, dass man sich Ihre Unterlagen interessierter anschaut, eventuell wohlwollender prüft. Entscheidend ist, ob es Ihnen gelingt, zwischen Ihnen und Ihrem Gesprächspartner eine Brücke zu bauen und Sympathie zu mobilisieren.

Auch Personalentscheider greifen während der Bewerberauslese zum Telefon. Sie rufen ohne Vorwarnung bei Kandidaten an, um sich einen ersten Eindruck zu verschaffen. Wie reagiert der Bewerber auf diese unerwartete Situation? Mit wem lebt er zusammen, und welchen Eindruck macht sein privater Hintergrund? Manche Anrufer ziehen daraus Schlüsse und entscheiden so, wen sie zum Vorstellungsgespräch einladen. Stellen Sie sicher, dass Ihre Mitbewohner informiert sind, sich adäquat melden und die Gespräche richtig dokumentieren. Veranstalten Sie eine kleine Schulung mit allen, die möglicherweise Ihr Telefon abheben! Sprechen Sie außerdem eine freundlich-verbindliche, professionell klingende Ansage auf Ihren Anrufbeantworter, und verabschieden Sie sich von launigen akustischen Visitenkarten.

Tipp!

> Halten Sie immer eine Kopie Ihrer Bewerbungsunterlagen griffbereit neben dem Telefon oder auf dem Bildschirm. So wissen Sie auch nach 20 Bewerbungen genau, was Sie dieser Firma geschrieben haben. Seien Sie darauf vorbereitet, Ihre Gehaltsvorstellung angeben zu können. Antworten Sie auf eine solche Frage nicht direkt, sondern streichen Sie heraus, dass Sie inhaltlich motiviert sind und Geld zwar eine wichtige, aber nicht die entscheidende Rolle spielt. Bei weiteren Nachfragen benennen Sie eine Spanne, also z. B. 70 bis 80 000 Euro Jahresgehalt. Sprechen Sie keinesfalls über ein Monatssalär.

Empfehlungen für professionelles Telefonieren:

- Stehen Sie auf, wenn Sie telefonieren. Das gibt Ihrer Stimme Kraft und vermittelt einen dynamischen Eindruck.

- Zum Telefonieren müssen Sie sich zwar nicht in Ihre Gala-Garderobe kleiden, aber in Jogging-anzug oder Bademantel, unrasiert und zusammengesunken in einer Sofaecke werden Sie andere nur schwer überzeugen.

- Versuchen Sie zu lächeln. Lächeln, nicht grinsen! Sie werden sehen: Das wird Ihre Ausstrahlung am Telefon positiv beeinflussen. Suchen Sie sich für das Telefongespräch mit Ihrem möglichen Arbeitgeber eine ruhige Umgebung. Sorgen Sie dafür, dass Ihr Partner oder die Mitbewohner nicht mit Geschirr klappern, der Hund nicht bellt, die Katze nicht das Telefon herunterreißt und die Kinder (falls vorhanden) die neueste Benjamin-Blümchen-CD nicht auf volle Laut-stärke drehen. Schotten Sie, wenn möglich, Ihre Türklingel akustisch ab.

- Vermeiden Sie es, umgeben von Bürolärm zu telefonieren. Das könnte den Eindruck vermit-teln, Sie telefonierten auf Kosten Ihres gegenwärtigen Arbeitgebers – ein Fauxpas, den Sie nicht wiedergutmachen können. Falls Sie zu einem für Sie unpassenden Moment angerufen werden, bitten Sie den Anrufer um Verständnis und erklären Sie: »Ich bedaure, jetzt nicht mit Ihnen sprechen zu können. Darf ich Sie bitte zurückrufen …«

- Bereiten Sie sich auch inhaltlich vor: Fertigen Sie vor dem Gespräch ein Skript mit den für Sie wichtigsten Punkten an. Schreiben Sie auf, was Sie sagen wollen. Sie können dafür die AIDA-Formel (Seite 64) benutzen.

- Notieren Sie sich den Namen des gewünschten Gesprächspartners und erkundigen Sie sich gegebenenfalls vorher nach der korrekten Aussprache. Sprechen Sie Ihren Gesprächspartner am anderen Ende der Leitung hin und wieder mit seinem Namen an. Egal in welcher Phase Ihrer Bewerbung Sie anrufen: Sie müssen stets den Eindruck vermitteln, dass Sie wirklich etwas zu sagen oder zu fragen haben. Personalchefs sprechen gern über ihre Firma, vor allem über die Größe des Unternehmens und die Zahl der Mitarbeiter. Zeigen Sie deutliches Interesse an dem Umfeld des von Ihnen angestrebten Arbeitsplatzes. Viele Menschen sind unsicher, wie ihre Stimme am Telefon wirkt. Machen Sie mit einem Freund oder Bekannten ein Rollenspiel und üben Sie so den Ernstfall. Nehmen Sie sich dabei auf und überlegen Sie, wie Sie noch besser ankommen.

- Führen Sie wichtige Telefongespräche möglichst ausgeschlafen, gut gelaunt und voller Taten-drang. Nutzen Sie Ihren Biorhythmus; ein Morgenmuffel sollte eher später telefonieren als die frühe Lerche. Morgens zwischen 7 Uhr und 8.30 Uhr und abends nach 17 Uhr werden Sie am ehesten den gewünschten Entscheidungsträger sprechen können oder erreichen. Versuchen Sie es daher auch zu ungewöhnlichen Zeiten!

Auch beim Telefonieren gilt: Übung macht den Meister! Melden Sie sich probeweise bei Unternehmen, an denen Sie weniger interessiert sind. Sie bekommen dadurch die nötige Routine. Und vielleicht erwartet Sie bei solch einem lockeren Probelauf sogar eine positive Überraschung und Sie finden dort unvermutet doch Ihren Traumjob!

Tipp!

Networking betreiben

Die persönliche Beziehungspflege im und für Ihren Job ist ein absolut wichtiger, vielleicht sogar ein entscheidender Bestandteil Ihres beruflichen Erfolges. Gute persönliche Kontakte zu anderen, egal ob Vorgesetzte, Kollegen oder sogar Kunden, fungieren als Sicherheitsnetz in unsicheren Zeiten. Aber auch Bekannte, Nachbarn, Freunde und Verwandte zählen potenziell zu Ihren Unterstützern. Dabei ist es mit dem Networking wie mit dem Erlernen vieler anderer Fertigkeiten auch: Es ist mit Arbeit, Fleiß und permanentem Üben verbunden.

Benefit Network

Kontakte zu knüpfen und zu nutzen liegt in der menschlichen Natur. Das Bilden von Interessensgemeinschaften zieht sich durch die Geschichte – angefangen beim frühen Tauschhandel. Bestes Beispiel der neueren Geschichte sind die Kaufmannsgilden, die Zünfte oder die Hanse. Auch die Freimaurerlogen, Zirkel und Salons sind Netzwerke. Immer schon waren sie Regeln unterworfen. Je nach Zielrichtung und Zusammensetzung wurde auch der Zutritt streng geregelt.

Netzwerke der heutigen Zeit haben viele Gesichter. Sie sind regional oder überregional, offen oder geschlossen, real oder virtuell. Schon der Name eines Netzwerks sagt Ihnen einiges über dessen Sinn, Zweck und Ziel. Weist er einen regionalen Bezug auf, geht es um das Aktivieren und Bündeln beruflicher Energien in der betreffenden Region, vielleicht sogar ausschließlich für eine bestimmte Berufsgruppe. Ein Alumni-Netzwerk spricht ehemalige Absolventen einer bestimmten Hochschule an, der Bund Junger Unternehmer richtet sich ausschließlich an junge Unternehmer etc. Ebenso lässt sich an einem Namen oft erkennen, ob die Kontakte deutschland-, europa- oder weltweit verstreut sind.

Offene Netzwerke bieten meist Informationen für Interessenten unabhängig von Branche und/oder Region, wie z. B. Handelskammern, gemeinnützige Organisationen etc. Dort erhalten Sie beispielsweise Tipps, Ratschläge und Veranstaltungstermine, um weitere Kontakte zu knüpfen. Offene Netzwerke arbeiten auch daran, eine Lobby für ein bestimmtes Interesse oder Thema zu schaffen. Allerdings sind sie häufig sehr groß, das Kontaktepflegen sollte nur auf einen kleinen Teil der Mitglieder beschränkt werden.

Wesentlich sensibler sind geschlossene Netzwerke. Sie haben sehr strenge Zutrittsregelungen – konkrete Aufnahmebedingungen wie die Zugehörigkeit zu einem bestimmten Berufsstand, einem Geschlecht oder einem sozialen Status, einen Verhaltenskodex oder einen Mitgliedsbeitrag zum Schutz ihrer Mitglieder und ihres Fach- und Insiderwissens vor allzu großer öffentlicher Anteilnahme. Einige Netzwerke genießen einen so exklusiven und fachlich ausgezeichneten Ruf in der Geschäftswelt, dass eine Mitgliedschaft bereits den eigenen beruflichen Stellenwert aufwertet. Die Aufnahme in solche Netzwerke erfolgt nur über Antrag oder die Empfehlung eines Mitglieds. Der positive Bescheid richtet sich häufig danach, wie hoch die Mitglieder Ihren Wert für das Netzwerk ansehen – durch Ihre berufliche Position oder Ihr eigenes Kontaktnetzwerk.

Virtuelle Netzwerke – »Social Networking«

Jedes Netzwerk, ob offen oder geschlossen, wird moderiert. So soll ausgeschlossen werden, dass Daten der Mitglieder oder die Plattform selbst für widerrechtliche Aktivitäten missbraucht oder Beleidigungen ausgesprochen werden. Auch in Business-Plattformen wie XING kommt der »social« Faktor nicht zu kurz. Dort können Gruppen sowohl zu Berufs- als auch Freizeitthemen gegründet werden. Die jeweiligen Moderatoren sind frei in ihrer Entscheidung, ihre Gruppe als offenes oder geschlossenes »Netzwerk im Netzwerk« zu gestalten.

Virtuelle Kontakte sollten Sie möglichst auch parallel im realen Leben pflegen – eine persönliche Begegnung wird Sympathie verstärken oder falsche Eindrücke korrigieren. Außerdem birgt ein persönliches Gespräch mehr Möglichkeiten, Details über den anderen zu erfahren. Dinge wie Stimme, Mimik und Gestik, das Auftreten und das Verhalten anderen Menschen gegenüber sind unerlässlich, um einen Menschen einschätzen zu können und eine Vertrauensbasis aufzubauen.

Kennzeichen eines stabilen effektiven Netzwerks ist die Ausgewogenheit im Geben und Nehmen. Jeder sollte einen Nutzen davon haben. Es geht darum, sich gegenseitig zu helfen und im Rahmen der jeweiligen Möglichkeiten seinen beruflichen Zielen näherzukommen. Je intensiver Sie sich in Ihrem Netzwerk beteiligen, desto eher können Sie sich mit Ihrem Wissen profilieren, werden selbst zum begehrten Ansprechpartner – z. B. von potenziellen Kunden. Haben Sie ein Anliegen, können Sie in Ihrem Netzwerk effektiv dafür werben. Sie können sich auch nach außen empfehlen durch die Übernahme von Ämtern wie z. B. der Moderatorentätigkeit oder der Bereitschaft, »echte« Treffen zu organisieren.

Weitere Vorteile Ihres virtuellen Netzwerks: Sie sparen kostbare Zeit, die Sie ansonsten investieren müssten, um sich im realen Leben Kontakte zu suchen. Außerdem können Sie Ihre soziale Kompetenz schnell unter Beweis stellen: Gelten Sie als hilfsbereit und zuverlässig, profitieren Sie davon, wenn Sie selbst Hilfestellung brauchen. Außerdem erhalten Sie neue berufliche Impulse und Anregungen, können gar einen neuen Job oder neue Aufträge akquirieren.

Ihre Spuren im Internet prüfen

Viele Ihrer Aktivitäten im Netz hinterlassen Spuren, die auch in Bewerbungssituationen interessant werden können. Auch Personalchefs nutzen zunehmend das Internet, um Details über potenzielle Mitarbeiter zu erfahren. Um herauszufinden, mit wem man es zu tun hat, prüft jeder vierte Personalentscheider, was über den Bewerber im Internet zu finden ist. Oft genügen ein paar Klicks, um sich ein Bild zu machen. Und genau darin liegt das Problem: Viele Menschen breiten sich in der Internet-Community aus und wissen nicht, welche Spuren sie dort hinterlassen. Selbst alte »Sünden«, Texte, Fotos und Videos können noch nach Jahren gefunden werden.

Seien Sie also vorsichtig, wenn Sie sich im Netz bewegen. Ein positives Image im Netz könnte eines Tages eine positive berufliche Entscheidung beeinflussen, ein negatives heute Ihre Bewerbungsaktivitäten erheblich behindern.

Ihren Musik-, Film- oder Büchergeschmack erfährt der interessierte Personaler womöglich über die Wunschliste bei Amazon. Google Maps verrät ihm, wo und in welchem sozialen Umfeld Sie leben. Findet er Sie in einer Community wie Facebook oder Flickr, weiß er, in welchen Kreisen

Sie verkehren. Auf dem Pinnbrett liest er Ihre Kommentare und nebenbei kann er auf Ihren Fotos sehen, wie Sie so Ihre Freizeit verbringen. Beteiligen Sie sich an Diskussionen, kann er etwas über Ihr Gruppenverhalten erfahren: Sind Sie eher der Vermittler oder provozieren Sie gerne? Wie ist Ihre Ausdrucksweise? Chat-Programme wie ICQ, AIM, Skype oder MSN-Messenger sind sehr beliebt. Bei XING können Sie Ihre entsprechenden Nummern und Adressen sogar im Profil angeben. Gechattet wird meist schnell und spontan. Gehört ein Personalchef – vielleicht »undercover« – zu Ihren Kontakten, sagen ihm unüberlegte Äußerungen, Gefühlsausbrüche und Ihre Meinung zu bestimmten Themen viel über Ihre Persönlichkeit.

Übrigens muss sich der Personalchef keine sonderlich große Mühe geben, Sie zu finden. Suchmaschinen wie *www.123.people.de* oder *www.yasni.de* sparen ihm viel Zeit, indem sie ihm auf einen Blick alle Einträge liefern, die im Netz über Sie zu finden sind.

Tipp!

> Googeln Sie Ihren Namen, und wenn es diesen öfter gibt – wie beispielsweise Stefan Meier –, ist es schon wichtig herauszufinden, mit wem man Sie verwechseln könnte. Denn ist ein Stefan Meier in krumme Geschäfte verwickelt und der Personalchef glaubt, diesen in Ihnen vor sich zu haben, könnte das schlecht für Sie ausgehen. Sich dagegen zu wehren, ist schwierig. Kommt im Vorstellungsgespräch das Gefühl auf, die Fragen Ihres künftigen Chefs beziehen sich auf diese »falsche« Person, können Sie die Verwechselung gezielt aufklären.

Nutzen Sie die Merkfähigkeit des Internets zu Ihrem Vorteil. Dazu gehören Mitgliedschaften in beruflichen Netzwerken, fachlich interessante Beiträge in Foren, vielleicht ein eigener Blog oder eine Bewerberhomepage, das Engagement in sozialen Einrichtungen etc. Zeichnen Sie von sich das Bild des engagierten, interessierten Fachmanns mit Herz für seine Umgebung, betreiben Sie Ihr eigenes »Branding«.

www.

Mehr zu diesem Thema finden Sie auf unserer Internetseite unter *www.berufsstrategie-plus.de*.

Persönliche Empfehlungen nutzen

Eine persönliche Empfehlung ist ein guter Weg zum Job – das setzt voraus, dass Sie mit Leuten bekannt sind, die sich für Sie einsetzen und die bereit sind, Sie zu fördern. Nutzen Sie z. B. Kontakte zu Firmen, Personalabteilungen, Interessenvertretungen, Bewerbungs- und Personalberatungsunternehmen bis hin zur ZAV in Frankfurt am Main (siehe Seite 42). Auch andere Personen, die bereits in der angestrebten Branche, in der jeweiligen Position oder bei dem Wunsch-Arbeitgeber tätig sind, können Ihnen wertvolle Informationen liefern. Sichern Sie sich auch bei Ihren Verwandten, Freunden, Bekannten und Ex-Kollegen Unterstützung. Je gezielter Sie Ihr Networking betreiben, desto erfolgreicher werden Sie sein.

Bestehende Kontakte

Zunächst erstellen Sie ein Netzwerkorganigramm. Schreiben Sie alle Menschen auf, die Sie kennen und mit denen Sie bereits zu tun hatten. Ordnen Sie sie nach beruflichen Kriterien und Positionen. Nun suchen Sie systematisch nach den Personen, die Sie im oder für Ihren Job voraussichtlich am besten unterstützen können.

Wer kann Sie unterstützen?

- Aktuelle oder ehemalige Führungskräfte, Kollegen, Ausbilder

- Projektleiter, Kunden

- Mitarbeiter der Personalabteilung

- Chefsekretärinnen

- Mitarbeiter mit einem gut funktionierenden Beziehungsnetzwerk

- Verwandte, Freunde, Bekannte

Machen Sie einen roten Kreis um den Namen dieser Personen. Prüfen Sie nun nochmals jeden einzelnen Kontakt und suchen Sie nach denen, die Ihnen sympathisch sind und von denen Sie vermuten oder wissen, dass sie Sie ebenso mögen. Kennzeichnen Sie diese Namen mit einem Textmarker.

Schreiben Sie jeden markierten Namen auf eine Karteikarte / einen Ordner oder in einen separaten Networking-Ordner in Ihrem PC. Hier notieren Sie alles, was Sie über die Person wissen: Name, Telefonnummer, E-Mail, Abteilung, Position, vorherige Tätigkeit, Werdegang, gegebenenfalls Adresse/Wohnort, ungefähres Alter, Geburtstag, Familie/Kinder, Hobbys, Urlaubsziele, aber auch berufliche Dinge wie Position oder fachliche Schwerpunkte.

Egal wie gut Ihr Gedächtnis ist – aktualisieren Sie diese Karteikarte um all das, was Sie im Laufe der Zeit neu erfahren. Jede Information, die Sie erhalten, kann früher oder später wichtig für Sie werden.

Neue Kontakte

Wenn Sie Ihr Netzwerk aus bekannten Personen aufgebaut haben, können Sie sich nun der Aufgabe widmen, Ihr Organigramm zu erweitern. Ergänzen Sie es um Personen, die Sie voraussichtlich in Ihrem Job unterstützen können, die Sie aber noch nicht kennen. Machen Sie einen blauen Kreis um diese Personen und legen Sie für sie Karteikarten oder Ordner an. Versuchen Sie auch hier genauso gezielt Informationen zu sammeln, vor allem aber, diese Personen aktiv kennenzulernen.

Fragen Sie Ihre bisherigen Kontakte, ob jemand diese für Sie »wichtigen« Leute kennt und Sie ihnen vorstellen kann. Finden Sie heraus, wo sich die Personen üblicherweise aufhalten. Sammeln Sie alle Informationen, die Sie bekommen können. Dabei sind Kontakte zu externen Geschäftspartnern nicht zu unterschätzen. Diese bewegen sich in Ihrem Jobumfeld, kennen Sie und Ihre Arbeit und können so vielleicht Referenzen aussprechen und Sie auf diese Weise direkt weiterempfehlen.

Nutzen Sie jede Gelegenheit, neue Kontakte zu knüpfen. Nehmen Sie an Projektmeetings teil, gehen Sie in die Betriebssportgruppe, lassen Sie keine Feier aus. Bewegen Sie sich im Zentrum der Macht. Überall, wo sich eventuell Führungskräfte aufhalten und Sie freien Zutritt haben, sollten auch Sie unbedingt auftauchen. Gehen Sie zu Vorträgen, wo Unternehmenschefs auftreten und versuchen Sie, in der Diskussion oder hinterher mit ihnen ins Gespräch zu kommen.

Falls Sie ein neues Berufsfeld außerhalb Ihrer jetzigen beruflichen Tätigkeit ansteuern, stellen Sie eine Liste mit Fragen zum neuen Fachgebiet zusammen. Wenn Sie dann mit Kontaktpersonen aus diesem Bereich sprechen, bekommen Sie schnell einen guten Überblick über aktuelle Trends, Probleme und Chancen in der von Ihnen angestrebten Position.

Mögliche Fragen

- Wie fanden Sie den Einstieg in Ihr Berufsfeld, in diese spezielle Position?
- Was gefällt Ihnen an Ihrem Beruf am besten?
- Was stört Sie am meisten an Ihrer Arbeit?
- Würden Sie sich wieder für Ihren Tätigkeitsbereich entscheiden und warum?
- Mit wem, der ebenfalls in diesem Bereich arbeitet, sollte ich noch reden?

Konkrete Unterstützung

Bevor Sie Ihr Beziehungsnetzwerk aktiv nach beruflicher Unterstützung fragen, müssen Sie selbst genau wissen, was Sie erreichen wollen. Nur so können Sie gezielt vorgehen. Falls Sie z. B. in einer anderen Firma tätig werden möchten, muss zu erkennen sein, welch großes Interesse und welche Vorkenntnisse Sie für den angestrebten Job mitbringen. Niemand kann es sich leisten, seinen eigenen Ruf dadurch aufs Spiel zu setzen, dass er Leute empfiehlt, die für bestimmte Positionen ganz einfach nicht geeignet sind.

Überlegen Sie genau:

- Was ist Ihr Ziel?
- Wie sollte die Unterstützung aussehen?
- Was erwarten Sie von Ihren Allianzen?
- Was sind Sie selbst bereit dafür zu geben?

Es bedarf ein wenig Fingerspitzengefühl, um eine solche Form der Unterstützung zu erbitten. Wenn Sie Ihr berufliches wie privates Netzwerk gut pflegen und anderen auch einmal gerne einen Gefallen tun, wird es sicherlich Personen geben, die sich auch für Sie einsetzen. Wichtige Voraussetzung: Dieser Fürsprecher ist Ihnen gegenüber wohlwollend eingestellt und kann glaubwürdig eine positive Botschaft über Ihre Kompetenz, Leistungsfähigkeit und Ihre Wesensart abgeben. Drängen Sie aber niemanden dazu!

Besprechen Sie mit der jeweiligen Person recht genau, wie sie sich (mündlich oder schriftlich) über Sie äußern soll und auf welche Punkte es Ihnen besonders ankommt. Ihre Kommunikationsziele müssen also im Vorfeld klar sein. Natürlich ist es hilfreich, wenn Ihr Fürsprecher Ihre spezielle Zielperson (z. B. einen potenziellen Arbeitgeber) kennt oder sogar in einer besonderen Beziehung zu dem Menschen steht, gegenüber dem er sich positiv über Sie äußern soll. Das ist sicherlich leichter, als von sich aus auf jemanden gezielt zuzugehen und eine Empfehlung auszusprechen.

Network-Pflege

Zeigen Sie Ihren Mitmenschen, wie wichtig diese für Sie sind, und nehmen Sie sich Zeit. Stellen Sie sicher, dass Ihre Network-Kontakte nicht das Gefühl bekommen, von Ihnen nur als nützliche Ratgeber instrumentalisiert und ausgenutzt zu werden. Suchen Sie in regelmäßigen Abständen den Kontakt. Nicht immer ist ein persönliches Treffen möglich und nötig. Selbst mit kurzen Telefonaten oder E-Mails können Sie Ihr Gegenüber bestens auf dem Laufenden halten.

Ihr Beziehungsnetzwerk wird längerfristig nur funktionieren, wenn auch andere von Ihren Fähigkeiten und Ihren Kontakten profitieren. Überlegen Sie daher, was Sie wiederum für andere Personen tun können, womit Sie Ihrem Netzwerk nutzen. Sind Sie in der Lage und willens, Arbeiten zu übernehmen? Haben Sie Informationen oder Kontakte, die für andere wichtig sind? Überlegen Sie auch außerhalb der Arbeitswelt, wie Sie sich für einen Gefallen revanchieren können: Vielleicht mit einem Reiseführer für den anstehenden Urlaub oder mit einer Kontaktadresse für den dringend benötigten Kindergartenplatz? Anregungen dazu finden Sie in Ihren Karteikarten-Notizen.

Knigge für gutes Networking:

- Wählen Sie einen geeigneten Zeitpunkt, um Ihr Anliegen vorzutragen. Ist Ihre Kontaktperson selbst im Stress oder entspannt?

- Gehen Sie stets gut vorbereitet in Networking-Gespräche, damit die entscheidenden Punkte in kurzer Zeit angesprochen und durchgearbeitet werden können. Drei bis vier Sätze rund um die Angelegenheit, in welcher Sie um Unterstützung bitten, dann sollten Sie das Thema wechseln (es sei denn, der Gesprächspartner fragt weiter nach).

- Passen Sie Ihre Kleidung an Ihren Gesprächspartner an, das ermöglicht eine Unterhaltung auf gleicher Augenhöhe. Haben Sie einen Termin mit einer eher leger gekleideten Führungskraft, die Sie zu einer Zusammenarbeit bewegen möchten, sollten Sie vielleicht nicht Ihren teuersten Anzug anziehen und können die Manschettenknöpfe getrost zu Hause lassen. Schlichte Eleganz wäre hier empfehlenswert.

- Lassen Sie dem anderen Zeit zum Überlegen, schlagen Sie z. B. vor: »Ich melde mich nächste Woche wieder bei Ihnen, vielleicht ist Ihnen bis dahin eine nette Kontaktperson eingefallen, die in der Abteilung XY arbeitet.«

- Melden Sie sich in jedem Fall zum vereinbarten Zeitpunkt wieder und verdeutlichen Sie so, wie ernst Ihnen diese Anfrage ist.

- Bedanken Sie sich stets umgehend bei Ihren Unterstützern. Berichten Sie, warum gerade die Gespräche mit Frau X und Herrn Y so wichtig für Sie waren. So zeigen Sie, dass Sie sich über die Hilfe wirklich gefreut haben und erhöhen die Chance, auch zukünftig weitere Unterstützung zu bekommen.

Was sich Arbeitgeber wünschen

Worauf wird insbesondere bei der Auswahl von Führungskräften geachtet, was sind die persönlichen und beruflichen Anforderungen, die es zu erfüllen gilt?

Kompetenz, Leistungsmotivation, Persönlichkeit

Unsere langjährige Forschungs- und Beratungstätigkeit zur speziellen Thematik Bewerbung hat als Quintessenz drei Faktoren ergeben, die bei einer Bewerbung von entscheidender Bedeutung sind: **KLP**:

- **K**ompetenz
- **L**eistungsmotivation
- **P**ersönlichkeit

Das bedeutet:

1. Verfügt der Kandidat über die erforderlichen generellen wie fachlichen Qualifikationsmerkmale (Ausbildung/Berufserfahrung)?

2. Was bewegt den Bewerber? Was sind seine Motive für die Wahl dieses Arbeitsplatzes und dieser Aufgabe? Ist er motiviert, Außerordentliches zur Verwirklichung von Unternehmens- bzw. Institutionszielen zu leisten?

3. Mobilisiert der Bewerber Sympathiegefühle? Kann man sich mit ihm wohlfühlen? Passt er zum Team, zum Unternehmen/zur Institution?

Während Sympathie (wie auch Antipathie) bei einer ersten Begegnung sofort spontan affektiv spürbar ist, werden die Schlüsselmerkmale Leistungsmotivation und Kompetenz zunächst einmal attribuiert. Es sind Merkmale, die sich nicht unmittelbar affektiv mitteilen und sich nicht so schnell offenbaren wie das zentrale, auf die Persönlichkeit bezogene und auch durch unbewusste Faktoren mitgesteuerte Sympathiegefühl.

Aus Bewerbersicht muss es Ziel sein, diese drei Essentials (Persönlichkeit, Leistungsmotivation und Kompetenz – diese Reihenfolge ist nicht zufällig gewählt) während des gesamten Bewerbungsverfahrens als Signale so auszusenden, dass sie beim Arbeitgeber deutlich ankommen.

Sie erinnern sich an die intensive Auseinandersetzung mit den vier Fragen zu Ihrer Standortbestimmung: Wer bin ich? Was kann ich? Was will ich? Was ist möglich? Die dabei ermittelten Eigenschaften können Sie jetzt in den Fokus Ihrer Bewerbung stellen.

Am wichtigsten ist Ihre Persönlichkeit, Ihre Wesensart. Kann man Ihnen vertrauen, etwas zutrauen? Dann folgt die Frage nach Ihrer Leistungsmotivation: Was bewegt Sie und wie stark ist Ihre Antriebskraft? Wie sehen Ihre Ziele aus, und was setzen Sie ein, um sie zu erreichen? Was haben Sie in der Vergangenheit geleistet, und welche Prognosen kann man daraus für die Zukunft ableiten?

Deutlich hinter diesen beiden Aspekten folgt der Kompetenzfaktor. Adäquate Ausbildung und einschlägige Berufserfahrung als Komponenten der fachlichen Qualifikation sind Basis und werden vorausgesetzt.

Die drei entscheidenden Faktoren für Ihren Bewerbungserfolg kennen Sie jetzt. Worauf achten Personalentscheider nun aber im Einzelnen, worauf kommt es bei der Persönlichkeit, der Leistungsmotivation und der Kompetenz detailliert an?

Anforderungsprofile

Persönlichkeit

Hier zählt nicht allein, was Sie wissen und können (Kompetenz) oder was Sie wollen und dafür zu tun bereit sind (Motivation), sondern wie Sie sich geben, wie Sie wirken, was Sie ausstrahlen und wie Sie prinzipiell in der Lage sind, Ihnen gestellte Aufgaben zu erfüllen. Die Grenzen zu Kompetenz und zu Motivation sind dabei fließend:

1. Wie ist es um Ihr Interaktionsverhalten (Ihre Fähigkeit/die Art und Weise des Zusammenwirkens mit anderen) bestellt? Dabei geht es unter anderem um
   - Kontakt- und Kommunikationsfähigkeit
   - Kooperationsfähigkeit und Verhandlungsgeschick
   - Durchsetzungsfähigkeit und Durchhaltevermögen
   - Einfühlungsvermögen und Motivationsfähigkeit
   - Konfliktfähigkeit und Friedfertigkeit
   - Glaubwürdigkeit und Zuverlässigkeit
   - Offenheit und Informationsbereitschaft
   - Lern- und Konzentrationsfähigkeit

2. Wie selbstständig sind Sie? Das wirft einen Blick auf
   - Zielstrebigkeit
   - Selbstbewusstsein
   - Verantwortungsbewusstsein und -bereitschaft
   - Kritikfähigkeit
   - Frustrationstoleranz

3. Wie entscheiden Sie? Interessant sind vor allem Ihre
   - Risikobereitschaft und
   - Entscheidungskompetenz

4. Sind Sie bereit und fähig, Aufgaben zu delegieren? Und: Wie machen Sie das? Wie gehen Sie mit anderen um? Wie wirken Sie dabei?

5. Wie belastbar sind Sie? In diesem Zusammenhang interessiert vor allem Ihre

- Stresstoleranz und Vitalität

6. Wie flexibel sind Sie?

7. Sind Sie in der Lage, etwas (eine Aufgabe, ein Ergebnis, die Firma, einen Lebensstil) zu repräsentieren?

Das ist es vor allem, was bei einer Bewerbung unter dem Gesichtspunkt der Persönlichkeit von Interesse sein wird. Und auch Sympathie und Antipathie, also Mögen und Nichtmögen spielen eine Rolle, wie überall im menschlichen Leben. Kein Grund jedoch, bei der Arbeitsplatzsuche an diesem Punkt nervös zu werden. Wie etwas zwischen verschiedenen Menschen funktioniert, hängt manchmal von recht unwägbaren Bestimmungen ab. Eine Formel dafür gibt es nicht. Und ob die Chemie zwischen Ihnen und Ihrem künftigen Arbeitgeber stimmen wird, hängt sicher nur zu einem Teil von Ihnen ab. Steuern Sie das Ihre dazu bei, um einen möglichst guten Eindruck zu erwecken, und hoffen Sie, dass auch der Faktor Chemie für Sie sprechen wird.

Leistungsmotivation

Bei diesem Aspekt wird bei den Bewerbern darauf geachtet, wie motiviert diese sind. Dabei geht es vor allem um folgende Fragen:

1. Wie zielstrebig sind Sie? Hier geht es um

- Durchhaltevermögen
- Durchsetzungsvermögen
- Frustrationstoleranz
- Erfolgsorientierung
- Vitalität

2. Wie ausgeprägt ist Ihre intrinsische Motivation? Dabei wird man sich primär für

- Idealismus und
- Identifikationsbereitschaft mit Unternehmens-/Institutionszielen
interessieren.

3. Wie sind Sie extrinsisch motiviert bzw. motivierbar? Hier steht im Mittelpunkt, inwieweit Ihr Handeln auch von einem gesunden Materialismus bestimmt ist: Ich will etwas leisten, und dafür will ich mir dann etwas gönnen.

4. Wie ist es um Ihre physische Fitness bestellt? Ihr Interviewer hat ein Interesse daran, dass Sie gesund sind. Darüber hinaus wird auch ein Augenmerk darauf gelegt, ob Sie den Eindruck von Wohlbefinden vermitteln.

5. Wie sieht es mit Ihrer psychischen Konstitution aus? Hier geht es für Ihren künftigen Arbeitgeber vor allen Dingen darum, dass sein potenzieller Mitarbeiter eine weitgehend unneurotische Persönlichkeitsstruktur hat.

6. Sind Sie fähig zur Selbstkontrolle? Man achtet auf Ihre
   - Autonomie
   - Zuverlässigkeit
   - Selbstdisziplin

7. Sind Sie den Anforderungen an eine systematische Arbeitsorganisation gewachsen? Das heißt beispielsweise: Sind Sie in der Lage, Ziele zu definieren, effizient zu arbeiten und ein im Betriebsinteresse wünschenswertes Kosten-Nutzen-Bewusstsein zugrunde zu legen?

Kompetenz

Bei der positionsbezogenen Kompetenz handelt es sich vor allem um folgende Aspekte:

1. Bildungsanforderungen
   - Schulbildung
   - berufliche Grundausbildung
   - Fremdsprachenkenntnisse
   - Lern- und Weiterbildungsbereitschaft

2. Berufsspezifische Anforderungen (soweit zu erfüllen)
   - beruflicher Werdegang
   - Berufserfahrung
   - Branchenkenntnisse
   - Produktkenntnisse

3. Aufgabenspezifische Anforderungen
   - Routineresistenz
   - Kreativität
   - Planungs- und Organisationsfähigkeit
   - Koordinationsfähigkeit
   - Problembewusstsein
   - Problemlösungsfähigkeit
   - Ausdrucksfähigkeit (verbal/schriftlich)
   - technisches Verständnis
   - künstlerische Begabung
   - manuelles Geschick

4. Unternehmensspezifische Anforderungen
   - Normsystem/Unternehmenskultur
   - sozial-gesellschaftliche Normen
   - religiös
   - politisch

- familiär
- gesetzlich
- unternehmenspolitisch
- Führungsstil
- mitarbeiterorientiert
- unternehmenszielorientiert

Es wird deutlich, dass Persönlichkeit, Leistungsmotivation und Kompetenz nicht isoliert voneinander betrachtet werden können. Wenn Sie z. B. ein kompetitiver (also auf Wettbewerb ausgerichteter) Mensch sind, steuert das Ihre Leistungsmotivation und hat Einfluss auf Ihre Wesensart (Ehrgeiz bis hin zu Verbissenheit oder Egoismus).

Hauptziel Ihrer Bewerbung ist es, transparent zu machen, was Sie bezüglich dieser Anforderungen anzubieten haben, welche Eigenschaften Sie für die angestrebte Stelle qualifizieren. Konzentrieren Sie sich dabei auf konkrete Ergebnisse Ihrer bisherigen Laufbahn: Ist es Ihnen beispielsweise gelungen, den Umsatz Ihrer Abteilung im Laufe von fünf Jahren um über 50 Prozent zu steigern? Haben Sie erfolgreich verhandelt und konnten Sie den Einkaufsrabatt von 10 auf 20 Prozent erhöhen? Von welcher Ihrer Schlüsselqualifikationen kann Ihr Gegenüber zukünftig ganz konkret profitieren?

Vermitteln Sie selbstbewusst und schlüssig Ihr berufliches und persönliches Profil. Dabei sollten sich Ihre Botschaften wie ein roter Faden durch Ihre gesamte Bewerbung (Anschreiben, Foto, Lebenslauf, Zeugnisse) und Ihren beruflichen Werdegang (Schule, Berufswahl, Ausbildung, Praxis) ziehen.

Soft Skills – die Vier Arbeits-Ebenen/Themen

Galt bis vor etwa 10 Jahren die fachliche Qualifikation als *der* entscheidende Weichensteller für eine Karriere, so sind es heute die sozialen Komponenten, die Persönlichkeit und die Art des Umgangs mit den Mitmenschen. Es ist die soziale, emotionale oder auch Erfolgsintelligenz, die über berufliche Leistung, Zufriedenheit und Erfolg entscheidet. Wichtigster Untersuchungsgegenstand in einer Bewerbungssituation ist daher Ihre persönliche Verhaltensweise insbesondere im Umgang mit anderen Menschen.

Neben der KLP-Formel (Kompetenz, Leistungsmotivation und Persönlichkeit) sollen insbesondere folgende vier Untersuchungsebenen Ihre persönliche Eignungsvoraussetzung – schlicht und einfach: Ihre Persönlichkeit – zum Vorschein bringen. Diese Ebenen sind im **Vier Arbeits-Ebenen/Themen-Modell** schlüssig zusammengefasst:

Ihre persönliche berufliche Orientierung
Hier wird Ihr Macht- und Leistungsanspruch, Ihre Führungs- und strategische Kompetenz beurteilt. Was für berufliche Ziele haben Sie? In welcher Liga, auf welcher Ebene wollen Sie spielen?

Es geht um Ihre:

- Führungsmotivation: Wie muss man sich die bei Ihnen vorstellen?

- Gestaltungsmotivation: Welcher Grad der Ausprägung?

- Leistungsmotivation: Wie stark ausgeprägt?

- Durchsetzungsfähigkeit: Wie deutlich, wie geschickt?

Ihr persönliches Arbeitsverhalten

Man beurteilt Ihre Arbeitsweise und Ihre Problemlösungskompetenz. Wie ist Ihr Arbeitsstil? Wie gehen Sie an Aufgaben heran? Hier werden folgende Kriterien einer Wertung unterzogen:

- Handlungsorientierung: Mehr Theoretiker oder Hands-on-Mentalität?

- Flexibilität: In welchem Maß vorhanden?

- Gewissenhaftigkeit: Wie stark ausgeprägt?

- Einfallsreichtum: Wie kreativ sind Sie wirklich?

Ihr persönliches Verhalten (soziale Kompetenz)

Im Zentrum des Interesses steht Ihre Sozialkompetenz. Wie gehen Sie mit anderen um? Wie kommen Sie mit anderen klar? Man beurteilt Ihre:

- Teamfähigkeit: Können Sie sich auch noch anpassen, ggf. sogar unterordnen?

- Kontaktfähigkeit: Wie gehen Sie auf andere zu?

- Verträglichkeit: Können Sie konstruktiv streiten oder sind Sie ausgesprochen streitlustig?

- Einfühlungsvermögen: Wie deutlich ausgeprägt?

Ihre psychische Konstitution (Stabilität)

Hier interessiert Ihr gesamter Seelenzustand. Wie normal, wie stabil, wie gesund sind Sie? Folgende Persönlichkeitsmerkmale interessieren besonders:

- Selbstbewusstsein: Wie stark vorhanden?

- emotionale Stabilität: Wie gut sind Ihre Nerven?

- Belastbarkeit: Haben Sie Steher-Qualitäten oder kippen Sie schnell um?

- Sympathie-, Vertrauensmobilisierungsfähigkeit: Gewinnen Sie leicht und schnell Menschen für sich oder müssen Sie sie besiegen?

Ihre Ausgangsbasis sollte daher ein gutes Maß an **Selbstvertrauen** ein. Das bedeutet:

- Sie verfügen über ein Bewusstsein dafür, wie wichtig es ist, sich immer wieder selbst und andere motivieren zu können.

- Sie haben ein Gespür dafür, wie man Sympathien gewinnt und überzeugt.

- Sie haben ein Bewusstsein dafür, wie wichtig Kundenorientierung ist.

- Und Sie können ein bewusst ziel- und erfolgsorientiertes Handeln, das auf die richtigen Prioritäten setzt, zeigen.

Neben diesen vier Hauptaspekten Ihrer Wesensart (Persönlichkeit) aus arbeitspsychologischer Sicht treten dann die drei folgenden Kompetenzaspekte beinahe in den Hintergrund. Sie werden aber immer wieder von Personalberatern abgefragt. Mindestens eine davon (die erste) beinhaltet jedoch schon wieder hauptsächlich Persönlichkeitsanteile. Es geht um folgende Prüfungsfragen:

- Über welche Führungskompetenzen verfügen Sie?

- Welche Problemlösungskompetenzen haben Sie?

- Welche strategischen Kompetenzen können Sie nachweisen?

Auf Fragen dieser Art sollten Sie unbedingt vorbereitet sein! Wir vertiefen dies im Kapitel »Das Vorstellungsgespräch« (Seite 201).

Bausteine der schriftlichen Bewerbung

Mit der schriftlichen Bewerbung geben Sie eine Art Visitenkarte ab, eine erste Arbeitsprobe. Doch selbst erfolgreiche Menschen mit bestechendem Bildungshintergrund und jahrelanger Berufserfahrung scheitern oft kläglich, wenn es darum geht, die eigene Person in schriftlicher Form angemessen zu präsentieren. Das führt zu dem erschreckenden Ergebnis, dass selbst bei höheren Positionen 80 Prozent der eingegangenen Bewerbungen wegen formaler Fehler aussortiert werden – ohne Berücksichtigung der inhaltlich-qualitativen Aspekte.

So rücken Sie sich ins rechte Licht

In Ihrer Werbeaktion in eigener Sache können Sie sich Ihre schriftlichen Bewerbungsunterlagen als »Verkaufsprospekt« vorstellen, bestehend aus:

- Anschreiben
- Lebenslauf
- Foto
- Arbeitszeugnisse
- Ausbildungszeugnisse

Wir empfehlen Ihnen, weitere Komponenten zu berücksichtigen und Ausgewähltes (bitte nicht alles!) in die eigene Mappe aufzunehmen:

- Deckblatt
- Inhaltsübersicht
- Einleitungsseite
- Seite mit persönlichen Daten
- eine Profil-Seite
- eventuell eine Dritte Seite (nicht bei Kandidaten über 100 Tsd. p.a.)
- eventuell Handschriftenprobe
- möglicherweise Referenzen/Empfehlungen
- ggf. Auslandsaufenthalte
- ggf. Arbeitsproben
- Anlagenverzeichnis

Nicht ohne Grund haben wir hier an erster Stelle das Anschreiben genannt. Gut formuliert sollte es Aufmerksamkeit und Interesse wecken. Wir behandeln es jedoch erst, nachdem alle anderen Unterlagen, insbesondere der Lebenslauf, fertig gestellt sind.

Bevor wir aber im Detail auf Ihre schriftlichen Bewerbungsunterlagen eingehen, wollen wir Sie mit einigen Grundlagenfakten der Werbepsychologie vertraut machen. Um bereits mit Ihren Bewerbungsunterlagen einen ersten guten Eindruck zu erzielen, können Sie sich der AIDA-Formel bedienen. Sie steht für:

A **attention**
Aufmerksamkeit für Ihre Bewerbung erzeugen

I **interest**
Interesse an Ihrer Person wecken

D **desire**
Wunsch entstehen lassen, Sie kennenzulernen

A **action**
die Handlungsaktivität „**Einladung**" provozieren

Tragen Sie prägnant und gut formuliert alle wichtigen Argumente vor, die für Sie sprechen und zu einer Einladung führen können. Der Leser soll neugierig gemacht werden auf jede neue Seite, die er in Ihrem Verkaufsprospekt aufschlägt, und damit natürlich auf Ihre Person. Es sollte der Wunsch entstehen, Sie kennenzulernen.

Neben den später ausgeführten wichtigen formalen Regeln sollten Sie bei Ihren Bewerbungs-unterlagen vor allem das alte Sprichwort »In der Kürze liegt die Würze« berücksichtigen und nicht mehr als fünf bis acht Seiten produzieren. Hinzu kommen Ihre Anlagen (etwa vier bis maximal zehn Seiten).

Für die erste schnelle Durchsicht Ihrer Bewerbungsmappe werden, je nach Temperament des Personalentscheiders, eine bis maximal fünf Minuten Lese- und Bearbeitungszeit einkalkuliert. Diese Zeit wird primär auf die beruflichen Daten verwandt (Ausgangsposition, Ergebnisse, Entwicklung, Ausbildungshintergrund etc.) und deutlich weniger auf das begleitende Anschreiben.

Zur Dramaturgie Ihrer Bewerbungsunterlagen

Im Folgenden zeigen wir Ihnen verschiedene Bewerbungsvarianten in Form von Skizzen. Angefangen beim Anschreiben bis hin zu den Anlagen wie Zeugnisse. Betrachten Sie diese Vorschläge als Anregung. Entscheiden Sie selbst, welche Seitenabfolge Sie wählen und was Sie wie auf den einzelnen Seiten präsentieren möchten. Dabei gilt: Je differenzierter Sie jede einzelne Seite planen, desto leichter fällt Ihnen die Umsetzung. Ein vorher entwickeltes Konzept hilft, Zeit zu sparen. Wie umfangreich Ihre Unterlagen werden, bestimmen Sie. Versetzen Sie sich dabei in die Rolle der Personalentscheider: Diese haben wenig Zeit und möchten sich nicht durch dicke Bewerbungsmappen quälen. Daher: Weniger ist oft mehr, nicht alles, was Sie zu bieten haben, gehört in die Unterlagen!

Diese Variante kennen Sie: Das Anschreiben auf einer Seite, außergewöhnlich das Extra-Deckblatt. Dann folgt auf einer oder zwei Seiten der Lebenslauf, anschließend die Anlagen, wie Arbeits- und Ausbildungszeugnisse etc. In den folgenden Beispielen lassen wir das Anschreiben und die Anlagen weg (also: nicht vergessen).

Nach dem Anschreiben und Deckblatt folgt vor den Lebenslaufdaten (1 bis 3 Seiten) eine Seite mit den persönlichen Daten, Ihrem Foto und gegebenenfalls einem Resümee.

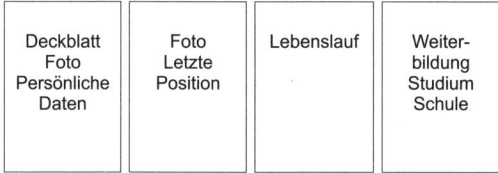

Besonders die Einleitungsseiten (Deckblatt, Inhaltsübersicht, Einleitungsseite, erste Botschaften) bis hin zum Lebenslauf sind je nach persönlichem Geschmack ausführlicher oder knapper zu gestalten, möglicherweise auch komplett einzusparen.

Deckblatt Foto Persönliche Daten	Resümee Fähigkeiten Ausgangs- situation Ziel	Lebenslauf Seite 1	Lebenslauf Seite 2	Ausbildung Hobbys Interessen Engagement

Bereits auf dem Deckblatt wirbt der Kandidat mit seinem Foto und den Sozialdaten. Dann folgt ein Überblick über die Fähigkeiten und die Ausgangssituation sowie die beruflichen Ziele, um auf den beiden folgenden Seiten den beruflichen Werdegang (Lebenslauf) zu präsentieren. Die Ausbildungsdaten sowie Interessen/Hobbys kommen zum Schluss.

Inhalt Übersicht	Persönliche Daten Foto Spezial- angaben	Lebenslauf Seite 1	Lebenslauf Seite 2	Weiterbildung Ausbildung	Anlagen- verzeichnis

Das Inhaltsverzeichnis hat hier Deckblattfunktion, die folgende Seite trägt Foto und Sozialdaten sowie eine Aufführung beruflicher Spezialangaben beziehungsweise Qualifikationen. Dann folgen Seiten des beruflichen Werdegangs. Die Ausbildungsdaten, Interessen/Hobbys kommen wieder zum Schluss. Nicht zu vergessen: eine Extraseite mit dem Anlagenverzeichnis.

Deckblatt Persönliche Daten	Foto Lebenslauf	Lebenslauf Ausbildung	Sonstige Interessen Hobbys	Dritte Seite	Anlagen- verzeichnis

Hier enthält das Deckblatt wichtige Sozialdaten des Bewerbers. Auf der nächsten Seite zuerst das Foto, dann Lebenslaufdaten über zwei Seiten inklusive der Ausbildung am Ende der Dritten Seite. Auf der vierten Seite, eventuell nur halbvoll mit »Sonstige Kenntnisse« und »Hobbys«, könnten Sie bereits unterschreiben. Die neue »Dritte Seite« – hier eigentlich die fünfte – enthält eine spezielle Botschaft für den Leser. Das Anlagenverzeichnis rundet die ganze Sache ab.

Die Abfolge der Unterlagen

Neben dem Anschreiben, das lose auf Ihre Bewerbungsmappe kommt, geht es inhaltlich um:

- eventuell Deckblatt oder Profil
- Lebenslauf/beruflicher Werdegang (eventuell Foto, besser auf Extraseite)

- eventuell Dritte Seite / Handschriftenprobe

- eventuell Anlagenübersicht

- Diplom-/Magister- bzw. Bachelor-/Master-Urkunde, Abschlusszeugnis (selbstverständlich nur in Kopie)

- Arbeitszeugnisse als Kopien in chronologischer Reihenfolge, mit dem neuesten Arbeitszeugnis beginnend

- Schul- und Ausbildungszeugnisse, Abschlüsse usw. (Schulzeugnisse nur beilegen, wenn Sie jünger sind! Es wäre unpassend, wenn ein 50-Jähriger sein Abiturzeugnis beilegen würde)

- weitere Unterlagen (s. o.)

Gestaltungsregeln

Von der äußeren Form Ihrer Bewerbung schließt der Personalentscheider auf deren Inhalt und auf Sie als Kandidat. Sie sollten die Möglichkeiten nutzen, sich durch eine besondere Gestaltung von der Masse der konventionellen Bewerbungen abzuheben. Doch auch dabei gilt es, Regeln zu beachten.

Die Maße

Das Fensterfeld (bei Verwendung von Fensterumschlägen) beginnt auf einem DIN-A4-Blatt bei 4 Zentimetern (von oben gerechnet) und geht bis 9 oder 9,5 Zentimeter.

Ihr Briefkopf sollte sich an diesen Maßen orientieren, egal ob nun auf Mitte, rechts oder linksbündig gesetzt oder im oberen beziehungsweise unteren Teil des Briefpapiers.

Bei 10,5 Zentimeter sitzt die Falzmarkierung zum Falten des Blattes.

Oben und unten sollten mindestens 1 bis 1,5 Zentimeter Abstand zum Papierrand bleiben, links ca. 2 bis 2,5 und rechts mindestens 1 bis 1,5 Zentimeter.

Die Satzart des Textes

Sie sollten Ihren Text linksbündig als Flatter- oder Blocksatz setzen. Anschreiben und Lebenslauf sollten gleich formatiert sein. Bleiben Sie einer Satzart treu, es wirkt in sich logischer, strukturiert und ästhetisch harmonischer.

Die Schrift

Es werden drei Schriftfamilien unterschieden:

- **Antiquaschriften** sind erkennbar an den Serifen, das heißt den kleinen Haken an den Buchstaben (wie z. B. Times). Diese Schriften werden hauptsächlich im Buch- oder Zeitungsdruck verwendet. Sie sind klassisch, konservativ und gediegen und eignen sich für Briefbögen, die dieses Image transportieren sollen.

- Die **Groteskschriften** sind erkennbar an klassisch geraden Linien (wie z. B. Helvetica oder Arial). Diese Schriften werden in der Werbung und in Illustrierten verwendet. Sie sind modern und neutral. Wenn Ihre Bewerbung so wirken soll, entscheiden Sie sich für diese Schriftart. Vorteil dabei: Sie sind durch ihr klares Schriftbild von allen Schriften am besten lesbar.

- *Die Schreibschriften sind erkennbar an geschwungenen Linien, wie mit Feder oder Pinsel geschrieben (wie z. B. Monotype). Sie sind eher künstlerisch und verspielt und eignen sich für Schreiben, die ein solches Image transportieren sollen.*

Viele dieser Schriften können Sie variieren, indem Sie sie **fett** (z. B. zur Betonung), *kursiv* (wirkt dynamisch) oder auch g e s p e r r t setzen.»Gesperrt« bedeutet mit größerer Laufweite oder einfach mit je einem Leerzeichen zwischen den einzelnen Buchstaben. Beim Wortzwischenraum geben Sie entsprechend mehr manuelle Leerzeichen ein.

Schriftgrößen

- **Grundtexte**, wie z. B. Anschreiben, Lebenslauf und sonstige schreibt man meist in 11 bis 13 Punkt Größe.

- **Überschriften**, z. B. innerhalb des Lebenslaufs, ca. 2 bis 3 Punkt größer als den Grundtext, also 13 bis eventuell 16 Punkt und fett.

- **Fensterzeilen** (Absender) in 8 oder 7 Punkt, kleiner ist schwer lesbar.

Antiqua- und Schreibschriften sind oft bei gleicher Punktgröße kleiner als z. B. die Helvetica. Hier korrigieren Sie die Schriftgröße nach oben, bis sie Ihnen groß und lesbar genug erscheint.

Abstände

Die Abstände zwischen Überschrift und Grundtext sollten möglichst immer dieselben sein. Sie können die Zeilenumbrüche einfach mitzählen. Auch Abstände zwischen gegliederten Textabschnitten im Lebenslauf, zu Linien oder zum Papierrand sollten einheitlich sein. So wirkt die Struktur Ihrer Unterlagen durchdacht und harmonisch.

Der Aufbau

Der Aufbau Ihrer Texte sollte möglichst ein und demselben Schema folgen. Wenn Sie Ihren Text beispielsweise von oben immer auf gleicher Höhe beginnen, ziehen Sie dies über die ganze Bewerbungsmappe durch.

Übersichtlichkeit

Verwenden Sie nie mehr als zwei verschiedene Schriftarten innerhalb einer Bewerbung, weil dies die Übersichtlichkeit und Harmonie beeinträchtigt. Es ist besser, Sie variieren innerhalb einer Schriftfamilie. Dort gibt es (wie z. B. bei der Helvetica) neben der Grundschrift meist noch eine fette, eine kursive und eine schmallaufende Variante.

Ihr Briefkopf

Wenn Sie sich einen eigenen Briefkopf gestalten wollen, sollten Sie die Punktgröße für den Namen nicht überdimensioniert groß wählen. Vorschlag: 12 bis 18 Punkt einer normalen Helvetica sind angemessen. Gängige Größen für Adress- und Telefonnummernblock liegen zwischen 10 und 14 Punkt.

Seit 2006 sind bestimmte Briefbestandteile wie z. B. Anschriftenfeld, Datum oder Telefonnummern nach der DIN-Norm 5008 aufzubauen, entsprechend den internationalen Gepflogenheiten. Anschrift: Erst der Name, dann die Straße und Hausnummer und eine Zeile weiter, der Ort beginnend mit der Postleitzahl; die Leerzeile, die früher gesetzt wurde, fällt weg. Beispiel:

Frau
Petra Becker
Mainstraße 17
70765 Beilhausen

Wichtige Schreibweisen

- **Datum**: Hier können Sie zwischen der numerischen oder der alphanumerischen Schreibweise wählen. Bei der numerischen existiert die numerisch nationale (26.04.2010) und die numerisch internationale Variante (2010-04-26). Bei einstelligen Tages- oder Monatsziffern ist dabei eine Null voranzustellen. Bei der alphanumerischen Schreibweise schreiben Sie den Monat in Buchstaben (26. April 2010).

- **Telefonnummern**: Diese werden in Ortsvorwahl und Anschluss gegliedert. Bei einem beruflichen Anschluss wird die Durchwahl durch einen Bindestrich von der Hauptwahl getrennt: 0511 1234-567.
  Bei einer internationalen Nummer wird die Landesvorwahl, z. B. +49, vorangestellt und die Null der Ortsvorwahl weggelassen, also: +49 511 1234-567.
  Bei Ihrer privaten Telefonnummer könnte es dann so aussehen: +49 511 1234567.

- Prozentzeichen oder das kaufmännische »und« werden nicht direkt an die Zahl geschrieben, sondern haben ein Leerzeichen dazwischen. Denn diese Zeichen vertreten ein Wort, also 16 Prozent, Mayer & Sohn.

Papier: Stärke, Farbe & Design

Kreative Bewerber spielen gern mit Farbe und Design: Dabei gehen sie entweder nach ihrem persönlichen Geschmack oder sie orientieren sich an den Hausfarben (Logo, Gesamtauftritt) der Firmen, bei denen sie sich bewerben. Wenn Sie diese Möglichkeit für sich nutzen wollen, gehen Sie mit viel Fingerspitzengefühl vor.

Entscheiden Sie sich für eine haptisch angenehme Papiersorte (nicht zu dünn, ca. 90 g/m²) und angemessene Farben. Dabei können Sie die Anlagen in einer anderen Papiersorte und Farbe präsentieren als beispielsweise das Anschreiben und den Lebenslauf. Sie können auch farbige Zwischenblätter nutzen, um so die unterschiedlichen Anlagen schnell auffindbar zu machen (Arbeits-, Ausbildungszeugnisse, Weiterbildungsnachweise, Referenzen etc.).

Der Lebenslauf oder besser: Ihr beruflicher Werdegang

Der Lebenslauf ist eines der wichtigsten Argumente für oder gegen einen Bewerber. Die Darstellung Ihres beruflichen Werdegangs stellt die entscheidende Weiche für eine Einladung zum Vorstellungsgespräch. Eine von uns durchgeführte Befragung der Personalabteilungen führender Unternehmen zeigte: Für 90 Prozent aller Personalentscheider ist die Analyse des Lebenslaufs entscheidendes, erstes Auswahlkriterium. Planen Sie deshalb für die sorgfältige Konzeption und Ausformulierung dieses Bewerbungsmosaiksteins mehrere Stunden ein.

Tipp!

> Es gibt nicht den einen, unumstößlich feststehenden Lebenslauf, den Sie für alle Arten von Bewerbungen einsetzen. Passen Sie Ihren Lebenslauf jeweils an die besonderen Aufgaben und Anforderungsmerkmale der von Ihnen angestrebten Position an!

Form und Inhalt

Die wichtigen Informationen und Argumente, die für Sie als idealen Kandidaten sprechen, müssen in Ihrem Lebenslauf klar und übersichtlich geordnet sein. Sie sind sowohl in der Länge als auch in der grafischen Gestaltung relativ frei, jedoch sollte Ihr Lebenslauf nicht zu umfangreich sein und drei Seiten möglichst nicht übersteigen.

Computergeschriebene Lebensläufe sind die Regel, eine bis (in Ausnahmefällen) auch vier Seiten sind ausreichend. Handgeschriebene Lebensläufe sind nur auf ausdrückliche Aufforderung hin einzureichen, es sei denn, Sie wollen verblüffen und haben eine schöne, gut leserliche Handschrift.

Der Leser entnimmt Ihrem Lebenslauf, ob Sie sowohl in Ihrer fachlichen Kompetenz, aufgrund Ihrer Berufserfahrung und Beschäftigungssituation, als auch in Ihrer Persönlichkeit für die angebotene Position geeignet sind. Gestaltung und Inhalt des Lebenslaufs lassen Rückschlüsse darauf zu, wie Sie Ihr Leben anpacken: gezielt planerisch oder eher gleichgültig, sorgfältig bis zwanghaft oder mutig und ungewöhnlich. Seien Sie also darauf gefasst, und geben Sie negativen Interpretationen keine Chance.

Personaler klopfen Ihren Lebenslauf gern auf mögliche Lücken und Schwächen ab. Sie erstellen eine Zeitfolge- und eine Positionsanalyse, um Ihren beruflichen Werdegang nachzuvollziehen.

Die **Zeitfolgeanalyse** wird erstellt, um Lücken in Ihrer Biographie auf die Spur zu kommen. Hinter »weißen Stellen« vermutet der Leser Ungutes. Genauer unter die Lupe nimmt der Betrachter auch die Zahl der Arbeitsplätze in einem bestimmten Zeitraum: Findet ein Arbeitsplatzwechsel in zu kurzen Abständen statt (d. h. deutlich unter fünf Jahren), deutet das auf Schwierigkeiten oder mangelndes Durchhaltevermögen hin. Bei jüngeren Bewerbern sieht dies anders aus als bei älteren. Wer jung ist, darf ausprobieren. Hier gilt ein Wechsel des Arbeitsplatzes nach zwei bis drei Jahren als vertretbar. Wer jedoch erst nach zehn oder fünfzehn Jahren wechselt, dokumentiert Ängstlichkeit und mangelnde Flexibilität.

Die **Positionsanalyse** untersucht Auf- und Abstieg, Berufs- und Arbeitsgebietswechsel. Der Personalentscheider fragt sich: Ist Ihre Biographie geradlinig und logisch nachvollziehbar? Kann man in ihr eine Lebens- oder sogar Laufbahnplanung entdecken? Haben Sie ziellos im Leben mal dieses, mal jenes gemacht? Sind Sie planvoll und konsequent vorgegangen oder eher ein Hansdampf in allen Gassen?

Folgendes klassische Schema soll Ihnen zur Anregung und als Ausgangsbasis für eine individuelle Weiterentwicklung dienen:

1. Persönliche Daten

- Vor- und Zuname
- Berufsbezeichnung
- Anschrift, Telefon/Handy/E-Mail (besser auf dem Deckblatt, siehe Seite 122)
- Geburtsdatum und -ort
- Religionszugehörigkeit (nur bei Bewerbungen in religiösen Einrichtungen)
- Familienstand und ggf. Zahl und Alter der Kinder
- eventuell Name und Beruf des Ehepartners
- Staatsangehörigkeit (nur erforderlich, wenn Sie nicht aus Deutschland kommen oder einen Namen haben, der nicht darauf schließen lässt, hier geboren zu sein)

2. Berufstätigkeit

- Arbeitgeber mit Ort- und Zeitangaben
- Positionen, eventuell Kurzbeschreibung
- Verantwortung, Ergebnisse, Ziele
- Abschluss/Berufsbezeichnungen
- Art der Berufsausbildung
- Ausbildungsfirma/-institution (mit Ortsangabe)

3. Berufliche Weiterbildung

- alles, was Bezug zur Berufspraxis hat

4. Außerberufliche Weiterbildung

- bei Kursen gilt: Fremdsprachen: Ja; psychologische oder astrologische Kurse an der VHS: Nein. Denken Sie daran, welches Bild Sie von sich entwerfen!

5. ggf. Hochschulstudium

- Fach oder Fächer
- Universität
- Schwerpunkte
- ggf. Thema der Examensarbeit (wenn nicht länger als fünf bis zehn Jahre zurück)
- ggf. Promotion
- Abschlüsse

6. Schulausbildung

- besuchte Schulen (Typen)
- Schulabschluss

7. Besondere Kenntnisse

- Fremdsprachen, EDV, Führerschein, andere Scheine und Qualifikationen

8. Hobbys und Interessen, ggf. berufliches Engagement

- künstlerische Tätigkeit
- ehrenamtliches, soziales Engagement
- Sport

9. ggf. Sonderinformationen

- etwa über Auslandsaufenthalte, Praktika
- Hier könnten Sie auch eine zusätzliche Erklärung unterbringen, warum Sie diesen Arbeitsplatz wünschen.

10. Ort, Datum und Unterschrift

Verzichten Sie auf Erklärungen, Versicherungen und so weiter. Angaben über Ihre Glaubensrichtung, Ihre politische Orientierung und entsprechende Aktivität (Ausnahme: Bewerbungen bei politischen, weltanschaulichen oder religiösen Tendenzunternehmen), über Ihre Vermögensverhältnisse und Ihren Gesundheitszustand gehören nicht in den Lebenslauf. Ferner sind viele Angaben im Lebenslauf »Kann-Bestimmungen«. Die Angabe des Familienstandes beispielsweise ist nicht zwingend notwendig. Abzuraten ist von Selbstbeschreibungen wie »geschieden« oder »wiederverheiratet« – schreiben Sie besser »verheiratet« oder »unverheiratet«. Besonders Frauen sollten sich davor hüten, das Alter der Kinder oder gar deren Namen zu nennen. Es kann allerdings von Vorteil sein, das Alter der Kinder anzugeben, wenn diese aus den betreuungsintensiven Jahren (von 0 bis 12) bereits heraus sind. Auf diese Weise können Sie eventuelle Arbeitgeberängste entkräften, dass Sie wegen Ihrer Kinder nicht immer voll einsatzfähig sind.

11. Foto

Ein professionelles Foto (siehe Seite 93) z. B. oben rechts auf den Lebenslauf oder besser auf das Deckblatt kleben. Bitte nicht klammern oder heften!

Checkliste: Aussagen in Ihrem Lebenslauf

☐ Leitfaden sind die Keywords: Kompetenz, Leistungsmotivation, Persönlichkeit.

☐ Konzentrieren Sie sich auf Leistungen (Ergebnisse), Fähigkeiten und Persönlichkeitsmerkmale, die Sie vor- und beweisen können.

☐ Schreiben Sie möglichst nichts, was Sie nicht auch beweisen könnten.

☐ Je weiter Sie in der Zeit zurückgehen, desto weniger Einzelheiten sollten Sie nennen. Zeigen Sie dem Arbeitgeber Ihre jüngsten Erfolge, die sich unmittelbar auf die aktuellen Anforderungen des Arbeitsmarktes beziehen. Wenn Sie vor zehn Jahren ein EDV-Experte waren, interessiert das heute niemanden mehr.

☐ Ihr Lebenslauf muss leicht zu lesen sein. Achten Sie deshalb auf Abstände und Ränder und vermeiden Sie Überfüllung.

☐ Gebrauchen Sie Abkürzungen nur, wenn Sie eindeutig sind. Seien Sie klar und präzis.

☐ Belegen Sie Erfolge nach Möglichkeit mit Zahlen.

☐ Orientieren Sie sich gern an unseren Beispielen, aber entwickeln Sie auch eigene Ideen.

☐ Vermeiden Sie Übertreibungen und nichtssagende Ausdrücke.

☐ Manche Bewerber nennen in ihren Lebensläufen die genauen Daten oder Monate, in denen sie ein Studium oder eine Arbeit aufnahmen. Besser ist es jedoch, nur das Jahr anzugeben. Wenn Sie während Ihrer Tätigkeit für einen Arbeitgeber befördert wurden, können Sie den entsprechenden Monat in Klammern hinter die einzelnen Berufs- bzw. Kompetenzbezeichnungen setzen.

☐ Liefern Sie nur so viele Informationen, dass das Interesse des Lesers geweckt wird; verlieren Sie sich nicht im Detail.

☐ Den Arbeitgeber interessiert, ob Sie über die Kenntnisse verfügen, die er braucht. Wenn aus Ihrem Lebenslauf nicht deutlich die entsprechende Kompetenz hervorgeht, wird es keine Einladung zum Vorstellungsgespräch geben.

☐ Testen Sie Ihren Lebenslauf, bevor Sie ihn losschicken. Bitten Sie Freunde um ihre Eindrücke, nutzen Sie Ihr Beziehungsnetzwerk. Achten Sie darauf, wie Ihr Lebenslauf ankommt. Vermittelt er eine überzeugende Botschaft? Tritt Ihre Aussage deutlich genug hervor? Ist Ihr Lebenslauf interessant? Hat er die Kraft, auf Sie neugierig zu machen?

☐ Ihr Lebenslauf ist wie ein Foto von Ihnen. Sie müssen sich mit ihm als »Werbemittel« wohlfühlen. Wenn er Sie nicht von Ihrer besten Seite zeigt, überarbeiten Sie ihn so lange, bis dieses Ziel erreicht ist.

☐ Mit jedem Kompromiss verschwenden Sie Zeit und Geld, geben Sie sich daher bei der Erstellung Ihrer Unterlagen größte Mühe!

Gliederung

Grundsätzlich können Sie Ihren Lebenslauf auf zwei Arten gliedern. Am meisten verbreitet ist die chronologische Variante, bei der sie Ihre Eckdaten in Zeitfolge darstellen. Dabei haben Sie die Auswahl, ob Sie mit der Gegenwart beginnen und auf der Zeitachse zurückgehen wollen (amerikanische Form) oder ob Sie die Ereignisse nacheinander bis zum heutigen Zeitpunkt berichten wollen (deutsche Form). Gebräuchlicher ist, mit der aktuellen Tätigkeit anzufangen und von da aus über frühere Tätigkeiten bis hin zu Ausbildungs- und Schulabschlüssen zurückzugehen.

Die andere Variante des Lebenslaufs arbeitet mit Oberbegriffen. Sie gliedern dabei Ihren Werdegang nach Themenschwerpunkten und nicht nach der zeitlichen Abfolge. Diese Variante ist jedoch nur eingeschränkt zu empfehlen, da sie eher unübersichtlich wirkt und der Leser zwischen den einzelnen Stationen hin- und herspringen muss, um zu erkennen, was Sie wann gemacht haben.

Die Abschnitte des tabellarischen Lebenslaufs

Es besteht kein Zwang, die einzelnen Abschnitte Ihres Lebenslaufs in einer bestimmten Reihenfolge zu gestalten. Wenn Sie die persönlichen Daten bereits an anderer Stelle ausführlich behandelt haben, können Sie durchaus mit der Berufstätigkeit beginnen, gefolgt von der beruflichen Weiterbildung und Ihren besonderen Kenntnissen. Die Schulausbildung und sonstige erwähnenswerte Interessen bilden dann den Abschluss.

> Ziel bei der Gestaltung Ihres Lebenslaufes ist es, dem Leser schnell einen guten Über-
> blick über die von Ihnen als wichtig erachteten Informationen zu liefern. Solange Sie
> sich darüber im Klaren sind, welche Botschaft Sie vermitteln wollen, haben Sie völlige
> Freiheit in der Gestaltung der Reihenfolge. So ist beispielsweise nach den persönli-
> chen Daten die Präsentation besonderer Hobbys, Kenntnisse und Ehrenämter vorstell-
> bar oder die Mitgliedschaft in bestimmten Einrichtungen und Institutionen, wenn
> diese bewerbungsbezogen zum Persönlichkeitsbild beitragen.

Tipp!

Persönliche Daten

Vor- und Zuname, die Berufsbezeichnung, Geburtsdatum und Geburtsort, der Familienstand,
(wenn gegeben) die Zahl und (wenn opportun) das Alter der Kinder, die komplette Anschrift mit
Telefonnummer, E-Mail und eventuell Faxnummer (Vorwahl nicht vergessen), eventuell Name
und Beruf Ihres Ehepartners (nicht zwingend), möglicherweise Ihre Religionszugehörigkeit (für
Bewerbungen bei Tendenzbetrieben) und, falls erforderlich, die Staatsangehörigkeit. In den ab
Seite 79 aufgeführten Beispielen sind vielfältige Varianten der Gestaltung demonstriert. All diese
persönlichen Daten haben auch Platz auf dem Deckblatt oder der ersten Seite und können da wie
dort durch das Foto sinnvoll flankiert werden. Sollten Sie sich entschließen, den Schwerpunkt
dieser Daten an anderer Stelle zu setzen, reicht die Namensnennung und das Geburtsdatum, um
dann die nächste Rubrik zu eröffnen.

Schulbildung

Halten Sie diese Angaben kurz und knapp: Glatte Jahreszahlen reichen aus, und wann genau Sie
das Abitur mit welcher Durchschnittsnote absolviert haben, spielt bei Bewerbern ab 35 Jahren
keine Rolle. Zweiter Bildungsweg und Abendgymnasium sind wichtige Kennzeichen Ihrer besonderen Leistungs- und Lernmotivation und sollten deshalb angemessen Erwähnung finden.

Wehr- oder Zivildienst, Freiwilliges Soziales Jahr

Diese Zeit sollte in jedem Fall erwähnt werden, denn ob Sie als Funker bei der Marine oder in
einem Kinderheim Ihren Zivildienst absolviert haben, kann je nach Arbeitgeber unterschiedlich interpretiert werden. Zur Zeitangabe reicht die Nennung von Monat und Jahr, wenn länger
zurückliegend auch die Jahresangabe.

Berufs- und Hochschulausbildung

Bei Fach- und Hochschulabsolventen sind die Fachhochschule oder die Universität mit Ortsangabe, die Studienfächer und die Abschlüsse differenziert darzustellen – eventuell ergänzt durch
den Hinweis auf Studienschwerpunkte, bekannte Professoren und das Thema der Abschluss-
arbeit bzw. Dissertation. Die Noten für diese Arbeiten können ebenso aufgeführt werden wie
Ihre Gesamtabschlussnote.

Liegt kein Hochschulabschluss vor, nennen Sie alle relevanten Daten bis auf den fehlenden
Abschluss. Ehrenerklärungen brauchen Sie auch in diesem Fall nicht abzugeben.

Die Berufsausbildung erfordert lediglich die Angaben zum Ausbildungsfach und -betrieb mit entsprechender Zeitangabe. Das Nennen der Abschlussnote ist, wenn die Ausbildung länger als fünf Jahre zurückliegt, eher unüblich.

Berufstätigkeit

Diese Rubrik ist von zentraler Bedeutung für das Bild, das sich der Leser Ihrer Bewerbungsunterlagen von Ihnen und Ihrer beruflichen Kompetenz macht. Zeigen Sie an dieser Stelle, womit Sie glänzen können. Wenn ein gestandener Berufsvertreter, der fünf Jahre lang eine Maschinenfabrik erfolgreich als Geschäftsführer geleitet hat, in seinem Lebenslauf mit den einfachsten Diensten beginnt (vom 01. 01. 1980 – 31. 12. 1983: Feinblechner bei der Firma XY), vertut er eine Chance, seinen potenziellen Arbeitgeber schnell zu beeindrucken. Deshalb besser mit der aktuellen Position beginnen.

Die aufgeführten Arbeitgeber können unterschiedlich ausführlich beschrieben werden. Das gilt auch für die Darstellung der ausgeübten Position, ihre besonderen Aufgabenstellungen, Verantwortlichkeiten und Erfolge. Die jüngeren Daten sind wichtiger und erfordern mehr Informationen als die weiter zurückliegenden. Orts- und Zeitangaben sollten zumindest für die letzten fünf bis zehn Jahre angegeben werden.

Berufliche und außerberufliche Weiterbildung

Alle Maßnahmen, die Ihre Kenntnisse und Fähigkeiten unter beruflichem Aspekt vorangebracht haben, sollten Sie hier aufführen, vom Erlernen der japanischen Sprache bis hin zum Persönlichkeitsentwicklungsseminar. Manche Kandidaten führen an dieser Stelle auch die Besuche von Fachtagungen und Messen auf. Hier sind Orts- und Zeitangaben nicht bis ins letzte Detail notwendig, die Jahreszahl reicht aus.

Besondere Kenntnisse

Diese Rubrik ist nicht zwingend notwendig, da vieles bereits unter der vorigen Kategorie aufgeführt werden kann. Gleichwohl bietet sie eine gute Chance, auf bestimmte, für die aktuelle Bewerbung relevante Qualifikationen aufmerksam zu machen. Sprach- oder EDV-Kenntnisse und spezielle Zertifikate vom Führerschein bis zur Ausbilderlizenz haben hier – wie immer nach sorgfältiger Abwägung – ihren Platz.

Hobbys, Interessen, Engagement und Sonstiges

Es ist erstaunlich, wie viele Bewerber diese Rubrik in ihrer Vita weglassen, obwohl sie dem Leser interessante Informationen liefert. Dieser Abschnitt ist in besonderer Weise dazu geeignet, Sympathie zu mobilisieren und wichtige Anknüpfungspunkte für das Vorstellungsgespräch zu bieten.

Ob ehrenamtlicher Schöffe oder Mitarbeiter der Telefonseelsorge, Sie werden mit derlei Auskünften dazu beitragen, dass man sich ein Bild von Ihnen macht. Achten Sie dabei auf die Auswahl und überlegen Sie, ob das Hobby zu Ihrem Alter und der von Ihnen angestrebten Position passt. Semiprofessionelles Internet-Webdesign wird anders aufgenommen werden als leidenschaftliches (und gefährliches) Drachenfliegen. Wenn es Ihnen durch die Auswahl Ihrer Hobbys gelingt, Ihr Gegenüber zum Mitschwingen zu bringen, kann das Tür und Tor öffnen. Auch der eine oder andere Auslandsaufenthalt sollte hier unbedingt vermerkt werden.

Aktives Musizieren, besondere Sportarten, leidenschaftliches Kochen, Spezialreisen, Reptilienzucht – all das sind thematische Anknüpfungspunkte, die nicht ohne Wirkung bleiben werden.

Ort, Datum und Unterschrift

Sie können an dieser Stelle unterschreiben oder erst ein paar Seiten weiter (etwa auf der »Dritten Seite«, siehe Seite 123). Durch die Unterschrift wird die Aktualität des Dokuments betont. Dabei können Ort und Datum auch per PC geschrieben werden, die Unterschrift muss in jedem Fall per Hand erfolgen (möglichst mit blauer Tinte mit Vor- und Zuname).

Tipp!

Behalten Sie stets eine Kopie aller abgeschickten Unterlagen bei sich. Nur dann wissen Sie genau, was der Arbeitgeber schwarz auf weiß von Ihnen in Händen hält. Das Gedächtnis kann nach vier bis sechs Wochen trügerisch sein. Lesen Sie alle Details nach, bevor Sie zu Ihrem Vorstellungsgespräch gehen.

Checkliste: Überprüfung Ihres Lebenslaufs

Überprüfen Sie, ob Sie an alles gedacht haben:

☐ Überlegen Sie sich die Präsentation: mit oder ohne Deckblatt, Dritte Seite, Anlagenverzeichnis etc.

☐ Stimmt die Abfolge der Daten, sind Ihre Angaben vollständig?

☐ Achten Sie darauf, dass Ihre Daten möglichst lückenlos wirken.

☐ Fassen Sie die Daten in sinnvolle Themenblöcke zusammen: Berufstätigkeit, Ausbildung, sonstige Fähigkeiten, Interessen etc.

☐ Treffen Sie klare Aussagen bezüglich Ihres Könnens, Ihrer Leistungsnachweise, Erfolge und Ihrer persönlichen Wesensart.

☐ Führen Sie all Ihre wichtigen Kontaktdaten auf: Adresse, Handy, E-Mail.

☐ Stellen Sie Ihre verschiedenen Jobs gut und informativ dar; geben Sie dazu die wichtigsten Tätigkeiten an.

☐ Stellen Sie Ihre Erfolge, das, was Sie bewirkt haben, deutlich heraus.

☐ Haben Sie die beiden letzten beruflichen Stationen ausführlicher beschrieben?

☐ Haben Sie Veränderungen in Ihren Aufgaben innerhalb einer Firma berücksichtigt und gut dargestellt?

☐ Lassen Sie einen roten Faden in Ihrer beruflichen Ausbildung/Entwicklung erkennen.

☐ Geben Sie Daten zu Ihrer Weiterbildung an, z.B. Fachmessenbesuche, Kurse, Fachzeitschriften, Auslandsaufenthalte etc.

☐ Führen Sie sonstige Kenntnisse auf, z.B. EDV, Sprachen, Führerschein.

☐ Geben Sie etwas zu Ihren Interessen, Hobbys, Ihrem Engagement an.

☐ Nicht vergessen: Unterschrift, Ort und Datum!

☐ Finden Sie ein ansprechendes Design, eine schöne Form: gut lesbar, die Seite nicht zu voll (Schriftgröße 11 bis 13 Punkt). In Ihren Unterlagen zu blättern soll ein positives Gefühl vermitteln.

☐ Lassen Sie Ihren Lebenslauf kritisch und sehr sorgfältig gegenlesen.

Im Folgenden finden Sie einige gelungene Bewerbungsbeispiele.

Dipl.-Ing. Winfried Walters

Bewerbungsunterlagen für die

**Messeverwaltung
der Stadt Leipzig**

von Winfried Walters

Diplom-Ingenieur für EDV-Anlagen
Fritz-Hanschmann-Straße 3
04317 Leipzig
Tel./Fax: 0341 99999
E-Mail: walters@spot.net

Leipzig, 18. September 2011

Dipl.-Ing. Winfried Walters

LEBENSLAUF

Persönliche Daten

Winfried Walters
Diplom-Ingenieur für EDV-Anlagen
am 25.05.1956 in Leipzig geboren
verheiratet, zwei Kinder

Berufstätigkeit

seit 10.2004

Leiter der Filiale Leipzig
Promarkt 2000
Software und EDV-Datentechnik GmbH
Produkte und Leistungen
Verkauf und Service von Hard- und Software, komplette
Netzwerklösungen für Schulen, Behörden, Handwerksbetriebe
Umsatz
4,5 Mio. Euro
Personalverantwortung
11 Mitarbeiter

01.1990 – 09.2004

Geschäftsführer
Computersysteme GmbH Leipzig
Produkte und Leistungen
Verkauf und Service von Hard- und Software,
KHK-Softwarelösungen und Computernetzwerklösungen
Umsatz
1,5 Mio. Euro
Personalverantwortung
9 Mitarbeiter

Leipzig, 18. September 2011

Dipl.-Ing. Winfried Walters

01.1988 – 12.1989	**Direktor für Organisation und Datenverarbeitung**
	VEB Kombinat Luft- und Kältetechnik Leipzig
	8 Kombinatsbetriebe, 3500 Mitarbeiter
	Produkte und Leistungen
	Luft- und Kältetechnische Anlagen, insbesondere für die
	elektronische Industrie
	Umsatz
	150 Mio. Mark
	Personalverantwortung
	15 Mitarbeiter, 3 Abteilungsleiter

08.1986 – 12.1987
Direktor für Produktion und Organisation
VEB Ilka Leipzig
3 Betriebsteile, 2000 Mitarbeiter
Produkte und Leistungen
Klimatruhen sowie spezielle Klimatechnik
Umsatz
50 Mio. Mark
Personalverantwortung
15 Mitarbeiter

08.1983 – 07.1986
Bereichsleiter Motorenfertigung
VEB MOT Leipzig
3 Betriebsstätten, 1 Hauptabteilung Technik und Instandhaltung
Produkte und Leistungen
Herstellung von Elektromotoren kleiner Leistung
Umsatz
15 Mio. Mark
Personalverantwortung
350 Mitarbeiter, 4 Hauptabteilungsleiter

11.1981 – 07.1983
Assistent des Betriebsdirektors
VEB MLW Leipzig
5 Betriebsteile, 1 Berufsschule, 2200 Mitarbeiter
Produkte und Leistungen
Herstellung von Bohrmaschinen
weltweiter Service
Umsatz
250 Mio. Mark
Verantwortung
Produktionskontrolle
80 Mitarbeiter

03.1981 – 10.1981
Abteilungsleiter Vorschlags- und Patentwesen
VEB MLW Leipzig
Personalverantwortung
5 Mitarbeiter
Budgetverantwortung
0,25 Mio. Mark

Leipzig, 18. September 2011

Dipl.-Ing. Winfried Walters

08.1976 – 02.1981   **Sachbearbeiter** Vorschlagswesen
VEB MLW Leipzig
Verantwortung
MMM-Bewegung (Messe der Meister von morgen)
Budgetverantwortung
75.000 Mark

03.1974 – 07.1976   **Elektromechaniker** im Elektrobüro
VEB MLW Leipzig

Berufsausbildung/Weiterbildung

Juli 2010   Seminar Professionelle Lösungen mit Delphi
IHK Leipzig

Mai 2002 und April 2004   Seminare Marketing und Digitales Marketing
IHK Leipzig

April 1999 und März 2001   Seminare Netzwerktechnologie
IHK Leipzig

1986, 1988   5 mehrwöchige Intensivlehrgänge
für leitende Mitarbeiter der Wirtschaft
Institut für sozialistische Wirtschaftsführung des Ministeriums
für Leichtindustrie / für Bezirksgeleitete Industrie, Akademie
für sozialistische Wirtschaftsführung beim Wirtschaftsrat des Bezirkes
Leipzig

09.1976 – 07.1981   Abendstudium zum Ingenieur für EDV-Anlagen an der
Universität Leipzig
erfolgreicher Abschluss Juli 1981

09.1972 – 02.1974   Lehre zum Elektromonteur
VEB MLW Leipzig
erfolgreicher Abschluss Februar 1974

Schulbildung

09.1962 – 06.1972   Abschluss: mittlere Reife Polytechnische Oberschule Leipzig

Leipzig, 18. September 2011

Dipl.-Ing. Winfried Walters

Kenntnisse / Fähigkeiten

Fundierte Erfahrungen in der Führung und Leitung
von Unternehmen
kaufmännische Kompetenz

pädagogische Fähigkeiten

detaillierte Kenntnisse und praktische Erfahrung zur Planung,
Errichtung und Installation von Computernetzwerken

Beherrschung der Betriebssysteme und aller gängigen Standard-
und der wichtigsten Branchensoftware

Ausbilder- und Trainererfahrungen

Service an Computersystemen

Interessen

Mitglied im Automobil-Rennclub Leipzig

Video- und Bildbearbeitung mit speziell entwickelter PC-Technik

Meine Motivation

In meinem beruflichen Engagement bin ich stets von dem
Gedanken ausgegangen, dass kaum etwas so gut sein kann,
dass man es nicht jeden Tag ein bisschen besser, schneller,
effizienter, kurzum intelligenter machen könnte.

Als ständige persönliche Herausforderung sehe ich das schnelle
Erfassen von neuen Entwicklungen in Wirtschaft und Technik
und die nutzbringende Umsetzung und Anwendung in meinem
Verantwortungsbereich.

Fleiß, gesunder Menschenverstand und fachliche Kompetenz
halte ich für die wesentlichen Dinge bei der Motivation und
Führung mir anvertrauter Mitarbeiter.

Winfried Walters

Leipzig, 18. September 2011

Zum Lebenslauf von Winfried Walters

Bei den Unterlagen von Herrn Walters sehen wir zuerst das **Deckblatt** (mehr zum Deckblatt erfahren Sie auf Seite 122). Es ist interessant und ansprechend gestaltet und informiert gleichzeitig angemessen über die notwendigen Daten. Das ästhetische Layout setzt sich auf den folgenden Seiten des **Lebenslaufs** fort.

Ein geschickter Einstieg: Soziale Daten, kombiniert mit Foto und der aktuellen Berufstätigkeit, eröffnen die erste Seite. Es folgt eine gute, durchaus angenehm gegliederte Darstellung der beruflichen Entwicklung mit vielen Informationen. Die Hervorhebungen sind stringent durchgehalten und dienen wirklich der Übersichtlichkeit. Alle Rubriken sind interessant gestaltet, inklusive eines hier an traditionellen Maßstäben gemessenen ungewöhnlichen, aber durchaus praktikablen Blocks zum Thema Motivation.

Die Seiten sind im Layout großzügig angelegt, obwohl die Schrift relativ klein ist. Trotzdem macht das Blättern und Lesen Spaß. Die Beschreibung der Erfahrungsbasis des Bewerbers wird den Fachmann beeindrucken und bietet unserer Meinung nach angemessen viel Lesestoff.

MARC SANDER Dipl.-Inform. (FH) CURRICULUM VITAE	24103 Kiel Sophienblatt 103 Tel. 0431 993828 Marc-Sander@vdi.de

Hannover, CeBIT	17.03.2011

Derzeitige Beschäftigung in der militärischen Softwareentwicklung	**Resümee**

Derzeit Promotionsstudium und Wirtschaftsingenieurwesen

10 Weiterbildungen in den letzten fünf Jahren

10 Jahre Berufserfahrung als Offizier

Informatik-Studium (FH), Note »sehr gut«

Ab 2011 frei für Festanstellung

Ab 2010 frei für Trainee

Ortsungebunden

Verheiratet

30 Jahre

Ausführliche Informationen zu meiner Person finden Sie unter …

KOMMENTAR KÖNNEN KENNTNIS KOMPETENZ KULTUR	**Anlagen**

MARC SANDER

KOMMENTAR

»Hauptmann Sander ist ein sehr leistungsbereiter, bemerkenswert selbstbewusster, selbstständiger und im Denken unabhängiger Offizier, der sein breites Fachwissen geschickt mit neuen Ideen verknüpft.«

BRIGADEGENERAL SCHMIDTHAGEN

Anlässlich der Verleihung »Ehrenkreuz der Bundeswehr in Bronze«   2009 im März

»Hauptmann Sander ist aber nicht nur DV-Fachmann, sondern ein echter Allrounder, der sich in kürzester Zeit in jedes Arbeitsgebiet akribisch einarbeitet und jede nur denkbare Quelle ohne Berührungsängste zur Erfüllung seiner Aufträge anzapft.«

OBERST IM GENERALSTAB BARTNER

Anlässlich der Verleihung »Ehrenkreuz der Bundeswehr in Bronze«   2009 im März

»Die gewonnenen Erkenntnisse sind […] richtig und wahrscheinlich auf viele SAP-Einführungsprojekte anwendbar.«

OBERST IM GENERALSTAB GERTRAM

In der fachlichen Stellungnahme zum betrieblichen
Verbesserungsvorschlag »SAP-Einführung bei der Bundeswehr«   2008 im Oktober

»Es sei an dieser Stelle angemerkt, dass Männer seines Vermögens, seines Engagements und seiner Fachkenntnisse genau die Offiziere sind, die wir in der Verwendungsreihe Informationstechnik dringend benötigen, um das Heer und die Streitkräfte auf diesem Feld weiterzubringen.«

OBERST IM GENERALSTAB PAPEN

Anlässlich der Beurteilung   2008 im Mai

»Als Abteilungsleiter Führungsunterstützung und IT eine Idealbesetzung! Man weiß bei ihm jeden Auftrag in guten Händen.«

OBERSTLEUTNANT IM GENERALSTAB HADTKE

Anlässlich der Beurteilung   2008 im Mai

MARC SANDER

KÖNNEN

BERUF (BUNDESWEHR)

Forschung & Entwicklung	2008 bis heute	

IT-OFFIZIER FÜR SOFTWAREKONZEPTE
GRUPPE WEITERENTWICKLUNG

Zusammenarbeit mit der wehrtechnischen Industrie
Aufbau eines Wissensmanagementsystems für die Dienststelle
nebenamtlicher Presseoffizier der Dienststelle

Leitung | 2007

ABTEILUNGSLEITER FÜHRUNGSUNTERSTÜTZUNG UND IT
BATAILLONSSTAB HAMBURG

Aufbau eines Controllingsystems für die Dienststelle
Verantwortung für die SAP-Einführung in der Dienststelle
Assistenz des Dienststellenleiters

Ausland | 2006

PATROUILLENFÜHRER (7 FAHRZEUGE)
KFOR KOSOVO

Verantwortung für einen Bereich von 450 qkm
Zusammenarbeit mit internationalen Organisationen
Mitarbeit im amerikanischen Hauptquartier

Führung | 2004

GRUPPENFÜHRER (10 Mitarbeiter) und ZUGFÜHRER (30 Mitarbeiter)

Ausbildung zum Offizier | 2001

Wehrpflicht | 2000

Gymnasium in Berlin-Steglitz und Kieler Gelehrtenschule

Marc Sander

Kenntnis

STUDIUM

Promotionsstudium	2009 bis heute
DR.-ING. AN DER UNIVERSITÄT LÜBECK Lehrstuhl für Automatisierungstechnik	
Wirtschaftsingenieurwesen (FH)	
ONLINE-STUDIUM AN DER FACHHOCHSCHULE LÜBECK Aktuell 40 % der Leistungen abgeschlossen	2008 bis heute
Betriebswirtschaftslehre	
STUDIUM AN DER FERNUNIVERSITÄT IN HAGEN Grundlagen der Betriebswirtschaftslehre	2008 bis 2009
Informatik (FH)	
STUDIUM AN DER PRIVATEN FERNFACHHOCHSCHULE DARMSTADT Studienrichtung Informations- und Kommunikationsmanagement, Note »sehr gut«	2004 bis 2008

VERÖFFENTLICHUNGEN

Die SAP-Einführung bei der Bundeswehr	
Vieweg Verlag, Hamburg	2009

ETC.

Teilnahme am Wettbewerb **Software-Engineering-Preis** Ausrichtung durch die Ernst-Denert-Stiftung	2009
Mitglied im VDI	Seit 2009

MARC SANDER

KOMPETENZ

SOZIALKOMPETENZ

Rhetorik
GRUNDLAGEN DER RHETORIK · 2010
Volkshochschule Kiel, 5 Tage Vollzeit

Führung · 2008
MITARBEITERFÜHRUNG
Grone-Schule Kiel, 5 Tage Vollzeit

METHODENKOMPETENZ

Projektmanagement/Logistik · 2009
AUSBILDUNG ZUM PROJEKTMANAGER
FÜR RÜSTUNGSVORHABEN
Technische Schule des Heeres Aachen, 4 Wochen Vollzeit

Controlling · 2009
AUSBILDUNG ZUM CONTROLLER
Akademie für Wehrverwaltung und Wehrtechnik Berlin, 4 Wochen Vollzeit

Wirtschaftsinformatik · 2008
AUSBILDUNG ZUM BUSINESS ENGINEER
Prof. Scheer / Imc University Saarbrücken, 1 Jahr Fernstudium

Arbeitstechniken · 2008
SELBSTMANAGEMENT
AKAD Stuttgart, 3 Monate Fernstudium

Arbeitstechniken · 2008
EFFEKTIVE ARBEITSTECHNIKEN
Tempus Hamburg, 1 Tag Vollzeit

FACHKOMPETENZ

Software · 2010
MS PROJECT
ML Consulting Köln, 5 Tage Vollzeit

Software · 2008
MS EXCEL
Wehrbereichsverwaltung Kiel, 5 Tage Vollzeit

Software · 2007
JAVA
Moebius Kiel, 5 Tage Vollzeit

Software · 2005
MS OFFICE
Akademie für Technik Kiel, 5 Tage Vollzeit

Marc Sander

Kultur

ENGLISCH ————————————————————————

Wirtschaftsenglisch AKAD Stuttgart, 1 Jahr Fernstudium	2009 bis heute
Professional English 4 Semester im Informatik-Studium	2006 bis 2008

Zum Lebenslauf von Marc Sander

Auf dem **Deckblatt** sind viele sehr gelungene Ideen umgesetzt worden, die wir stichwortartig nennen wollen:

- Gute optische Aufteilung, unterstützt durch die vertikale Linie.

- Kapitälchen betonen den Namen des Bewerbers und den Begriff Curriculum Vitae (Lebenslauf).

- Nennung von Ort und Zeitpunkt bezieht sich auf das informelle Bewerbungsgespräch auf der Messe.

- Resümee enthält ästhetisch gestaltete, inhaltlich aussagefähige, wichtige Stichpunkte, die den Bewerber charakterisieren (Profil).

- Unten auf der Seite weist ein Satz darauf hin, dass gleich weitere Informationen über den Bewerber folgen. Sie stellen inhaltlich die Bestandteile seines beruflichen Werdeganges dar, sind sehr einprägsam und beginnen jeweils mit einem K.

- Ein interessantes Foto mit Fliege, sehr auffällig! Starker Anschnitt, starke Kontraste.

Auf allen folgenden Seiten nimmt die rechte Spalte die passenden Zeitabschnitte auf. Unter dem Titel »Kommentar« hat Herr Sander Zitate aus Beurteilungen durch seine Vorgesetzten geschickt platziert – sie unterstützen das Bild, das er von sich entwerfen will. Dabei sollten Sie jetzt nicht die Position des Zeugnisausstellers bewerten. Es geht hier ganz unabhängig von der Tätigkeit um die Form, die grundsätzliche Idee. Diese kann bei einem Vertriebler ebenso umgesetzt werden wie bei einem Oberarzt oder Ingenieur.

Die Seite »Können« beschreibt seinen beruflichen Werdegang. Die Reihenfolge baut Herr Sander nach amerikanischem Muster, also rückwärts auf. Der Bewerber hat seinen verschiedenen Positionen aussagekräftige Überschriften gegeben, die den Hauptaspekt der jeweiligen Tätigkeit hervorheben. Wichtig: die Zahl der Mitarbeiter, die er geführt hat. Zusätzlich Angaben über die Zeit des Übergangs von der Schule zum Beruf.

Unter dem Abschnitt »Kenntnis«, unterteilt in Studium, Veröffentlichungen und Sonstiges, finden wir seine akademische Bildung und weitere Zeugnisse seiner intellektuellen Fähigkeiten im IT-Bereich. Diese Aufbau-Idee lässt sich auch gut für andere Berufsvertreter verwenden, auch wenn man keine akademische Ausbildung vorweisen kann.

Die Seite »Kompetenz« gibt Auskunft über Weiterbildungen, die Herr Sander den drei wichtigen Schwerpunkten Sozial-, Methoden- und Fachkompetenz zuordnet. Wenn Sie sich an diesen Ideen orientieren wollen, müssen Sie keinesfalls jedes Stichwort, jede Rubrik, jede Seite für Ihre Gestaltung als Vorlage nehmen. Sie entscheiden, was am besten zu Ihnen und Ihrer Selbstdarstellung passt.

Die letzte Seite, betitelt »Kultur«, enthält nur Angaben über seine Englischkenntnisse. Hier wäre auch ein passender Ort für die Freizeitinteressen von Herrn Sander gewesen, vor allem wenn sie kultureller Art sind. Und nicht nur die Hobbys oder ein besonderes außerberufliches Engagement fehlen. Haben Sie es bemerkt? Unser Kandidat hat nicht unterschrieben! Natürlich nur, um Sie zu testen …

Insgesamt erfüllt dieser Lebenslauf die Bedingungen der übersichtlichen Strukturierung, des notwendigen Informationsgehalts und der besonderen Note. Herr Sander hat seinen beruflichen Werdegang so gestaltet, dass ein unverwechselbares Profil erkennbar ist. Und es hat sich für ihn gelohnt!

Das Foto
Die Macht der Bilder sollten Sie nicht unterschätzen; ein Foto weckt beim Betrachter auf Anhieb Sympathie – oder Antipathie. Daher ist gerade hier höchste Sorgfalt angezeigt. Denn eines ist sicher: Ihr Lichtbild findet in jedem Fall Aufmerksamkeit. Es wird vom Leser sorgfältig betrachtet und einer gründlichen Analyse unterzogen.

1. Die fotografische Qualität
Der Weg zum Fotografen lohnt sich; Passfotos aus dem Automaten sind wesentlich billiger, sehen aber auch so aus. Außerdem führen sie möglicherweise zu Rückschlüssen auf Ihre Persönlichkeit, denn ein unprofessionelles Porträtfoto und/oder ein falsch gewähltes Format werden als eine wenig ausgeprägte Leistungsmotivation, mangelndes Selbstwertgefühl oder Geiz interpretiert. Bitte verwenden Sie keine alten Fotos, Urlaubsbilder oder Schnappschüsse von der letzten Familienfeier.

2. Die Wahl von Bildausschnitt und Format
Ein ansprechendes professionelles Porträtfoto im Format 6 x 4,5 cm oder etwas größer ist ratsam. Bitte verzichten Sie auf Postkartengröße – sonst wird man Ihnen vielleicht Narzissmus und (Un-)Bescheidenheit unterstellen. Statt der typischen »Kopf und Kragen«-Fotos wie beim Passbild bietet sich die Möglichkeit an, Arme, Hände und Oberkörper mit aufs Bild zu bringen – unter Umständen sogar in einer Arbeitssituation. Interessante Gestaltungsideen finden Sie in Zeitschriften wie *manager magazin* oder *Capital*. Schauen Sie sich an, wie die sogenannten Wirtschaftsköpfe porträtiert werden. Übrigens: Wir empfehlen Schwarz-Weiß-Fotos, denn diese sind in der Regel dezenter und seriöser. In einer Untersuchung hat man herausgefunden, dass auf Schwarz-Weiß-Fotos präsentierte Personen von Betrachtern als sympathischer eingeschätzt wurden als die gleichen Personen in Farbe. Offenbar veranlassen Schwarz-Weiß-Fotos eher dazu, zu der abgebildeten Person eine positive gedanklich-emotionale Verbindung herzustellen. Man ist also eher dazu verleitet, sich die Person als sympathisch auszumalen und sich die fehlende Farbe (im doppelten Wortsinn) positiv und angenehm vorzustellen!

3. Die Kleidung, mit der Sie sich beim Fototermin präsentieren
Zum Fototermin sollten Sie berufsangemessene Kleidung tragen. Denken Sie daran, dass der Eindruck, den Sie auf dem Foto machen, gewertet und interpretiert wird. Vom offenen Hemdkragen ist daher ebenso abzuraten wie vom offenherzigen Dekolleté. Nehmen Sie sich eventuell mehrere Outfits mit, falls Sie sich für unterschiedliche Positionen bewerben. Der professionelle Fotograf kann dann beurteilen, was auf dem Foto am besten rüberkommt.

4. Ihre Frisur oder Ihr Make-up

Frauen sollten eher dezent geschminkt sein (ggf. Puder/Schminke mitnehmen!), Männer (wenn sie nicht Bartträger sind) gut rasiert, Haare, Frisur, Bart etc. gepflegt.

5. Ihre eventuell auf dem Foto sichtbaren Accessoires wie Brille oder Schmuck

Verzichten Sie auf viele Accessoires, die von Ihrem Gesicht ablenken, besonders, wenn Sie Brillenträger sind. Kette, Ohrringe, Haarspange und Tuch sind in jedem Fall zu viel; setzen Sie eher auf Qualität als auf Quantität.

Lassen Sie sich mehrmals (ggf. in verschiedenen Outfits, mit unterschiedlicher Frisur) fotografieren und legen Sie die Bilder einigen Freunden und Bekannten vor. Welchen/-s Bewerber/-foto würden diese wählen, wenn sie eine bestimmte Position zu vergeben hätten?

Tipp!

Kommen Sie ferner gut gelaunt, ausgeschlafen und nicht abgehetzt zum Fotoshooting! Sie vermitteln so auf dem Bild eine positive Grundstimmung. Kleben Sie das Foto (mit Ihrem Namen auf der Rückseite) auf die von Ihnen ausgewählte Seite (Deckblatt, Lebenslauf etc.). Nicht klammern oder gar heften! Einscannen bzw. als Bilddatei einfügen ist natürlich auch möglich!

1) Fast quadratisch, Kopf deutlich angeschnitten, sehr sympathisches Lächeln.

2) Ein interessantes breites Format, der Kopf auch hier angeschnitten. Dynamischer Bildaufbau. Der offene Blick und das gewinnende Lächeln erwecken Vertrauen.

3) Der Blick über die Schulter ist eine außergewöhnliche Pose bei klassischem Format; der Anschnitt und der offene Gesichtsausdruck bilden eine gelungene Kombination, wenn auch nicht für jeden Job geeignet.

4) Ein ungewöhnliches Format, ein deutlich erkennbarer Hintergrund. Zusätzlich ein Requisit in der Hand. Alles außergewöhnlich, aber für Positionen, z. B. in der Medienbranche, durchaus geeignet.

5) Derselbe Kandidat, in anderer Pose. Auch so kann man sich präsentieren. Sicherlich etwas gewagt, aber ohne Risiko kein Aufmerksamkeitsgewinn. Nur Mut!

6) Ein deutlich heller Hintergrund signalisiert Offenheit. Kopf leicht angeschnitten, freundliches Gesicht. Schaut den Betrachter sehr direkt an!

Das Anschreiben

Kommen wir nun zum Anschreiben, das eigentlich nur dann genauer betrachtet wird, wenn die Daten in Ihrem Lebenslauf Interesse gefunden haben. Selbstverständlich ist Ihr Bewerbungsanschreiben eine Art erste oder – nach einem vorherigen Telefongespräch – zweite Arbeitsprobe. Ein potenzieller Arbeitgeber möchte im Anschreiben lesen, warum Sie genau die Voraussetzungen erfüllen, die er für die entsprechende Stelle als optimal ansieht. Also kommt es auch hier auf die gelungene Darstellung und Überzeugungsarbeit an.

Wichtig für Sie zu wissen ist also: Das Anschreiben wird nicht unbedingt zuerst gelesen. Seine Konzeption und Ausführung sollte daher erst erfolgen, wenn Ihre Bewerbungsmappe bereits komplett vorliegt.

Inhalt und Abfolge

Mit Rücksicht auf die gestresste Arbeitgeberpsyche gilt die goldene Regel: In der Kürze liegt die Würze. Am besten ist ein Anschreiben von einer Seite (optimal: nicht mehr als sechs maximal zwölf Sätze). Vertretbar sind in wenigen Ausnahmefällen maximal eineinhalb Seiten, wenn Sie etwas ungewöhnlich Wichtiges zu kommunizieren haben. Damit fallen Sie sehr aus dem Rahmen. Außergewöhnlich wäre auch ein handgeschriebenes Anschreiben, das sicherlich eine hohe Aufmerksamkeit erhält. Vorausgesetzt, Sie haben etwas Essentielles mitzuteilen und Ihre Handschrift ist gut lesbar.

Neben der sorgfältigen Briefkopfgestaltung, der korrekten Empfängeradresse, Ort und Datum ist es die Betreffzeile, die eine besondere Herausforderung darstellt.

Der **Betreff** darf bis zu drei Zeilen umfassen und sollte beim Empfänger eine gewisse Anfangserwartung wecken. Sowohl der formulierte Betreff als auch ein (optionales) P. S. am Ende werden sehr aufmerksam zur Kenntnis genommen. Wem es hier gelingt, durch Einfallsreichtum Aufmerksamkeit zu binden, sammelt Pluspunkte. Beispiele für Betreffzeilen sind:

Diplom-Ingenieur mit langjähriger Berufserfahrung sucht Herausforderung als…

Ihr Stichwort: GF mit **Hands on Mentalität** gesucht; meines: **Da bin ich!**

Sie suchen… Ich biete…

(zutreffende Stich- und Schlüsselbegriffe einsetzen)

Das wird ein wunderbarer Start…

(ggf. präzisieren)

Vertrauen Sie meiner Problemlösungskompetenz

(ggf. mit Zahlenangabe zur Berufserfahrung)

»Sehr geehrte Damen und Herren« – diese Formel kann schon einen groben Fehler darstellen. Personalisieren Sie die Anrede, finden Sie im Vorfeld heraus, wie der Entscheider heißt. Im Zweifel schreiben Sie namentlich an den Inhaber (Institutsleiter, Vorsitzenden) und gleich darunter an die »sehr geehrten Damen und Herren«.

Alles hängt von einem gelungenen **Anfang** ab. Jeder Journalist muss seine Leser am besten bereits mit dem ersten Satz neugierig machen, fesseln und zum Weiterlesen verführen. Leser sind ungeduldig, ganz besonders Personaler, die sich durch einen Berg von Bewerbungsanschreiben hindurcharbeiten. Gestalten Sie den Einstieg zu Ihrem Bewerbungsanschreiben deshalb so, dass Ihr potenzieller Arbeitgeber dranbleiben will. »Hiermit bewerbe ich mich um …« oder »Ich beziehe mich auf Ihre Anzeige …« sind stereotype, langweilige Einstiegssätze. Als Richtlinie für den Anfang gilt: Spannung erzeugen – Interesse wecken – Freundlichkeit vermitteln!

Hier einige Beispiele, die eine etwas elegantere Eröffnung gestatten (Satzanfang klein nach persönlicher Anrede):

- über Ihre Ausführungen am Telefon, die vakante Position betreffend, habe ich viel nachgedacht. Herzlichen Dank für Ihre Bereitschaft und Offenheit …

- vielen Dank für das ausführliche Telefonat heute … Es bestärkt mich in meinem Wunsch, Ihnen Folgendes anzubieten …

- heute Vormittag hatte ich Gelegenheit, mit XY aus Ihrem Büro zu telefonieren …

- für Ihre Bereitschaft, mir telefonisch bereits einige wichtige Auskünfte zu geben, herzlichen Dank …

- mit großem Interesse habe ich Ihre Anzeige gelesen und möchte mich Ihnen als … vorstellen

- ich stelle mich Ihnen als … vor und habe großes Interesse an …

- in Ihrer Anzeige vom … suchen Sie einen …

- Sie beschreiben eine berufliche Aufgabe, die mich besonders interessiert …

- ich beziehe mich auf die von Ihnen ausgeschriebene Position …

- Sie suchen einen …

- ich bin … und habe mit großem Interesse … gelesen …

- die von Ihnen ausgeschriebene Position/Aufgabe …

Übrigens: Es gibt immer noch Leser, die den Ich-Anfang in einem Brief oder Anschreiben nicht schön finden! Entscheiden Sie selbst!

Im **Hauptteil** Ihres Briefes liefern Sie alle substanziellen Informationen. Hier müssen Sie kurz und prägnant deutlich machen, warum Sie sich bewerben und weshalb gerade Sie der ideale Bewerber sind. Vermitteln Sie, dass Sie das Anforderungsprofil der zu besetzenden Stelle erfüllen. In diesem Abschnitt muss beim Adressaten der Wunsch entstehen, Sie zu einem persönlichen Gespräch einzuladen. Erzeugen Sie Interesse an Ihrer Person sowie an Ihren Fähigkeiten und machen Sie deutlich, welches Angebot Sie in der Lage sind, zu erfüllen – bezogen auf die Bedürfnisse des Unternehmens und damit auch des Lesers Ihres Anschreibens.

Beim **Briefende** sollten Sie ebenfalls nicht in Plattheiten abgleiten, sondern einen freundlichverbindlichen Schlusston setzen. Beenden Sie Ihren Brief mit der Bitte um ein persönliches Gespräch, der Grußformel, Ihrer Unterschrift, dem Hinweis auf die Anlagen und eventuell einem

P. S. Bringen Sie zum Ausdruck, wie sehr Sie sich über die Einladung zu einem Vorstellungsgespräch freuen. Hier einige Vorschläge für Abschlussformulierungen:

- Auf die Gelegenheit zur Vertiefung … freue ich mich und verbleibe …

- Für ein Gespräch – gerne auch vorab telefonisch – stehe ich Ihnen jederzeit zur Verfügung.

- Wenn ich Ihr Interesse geweckt haben sollte, würde ich mich über eine Einladung zu einem Vorstellungsgespräch sehr freuen.

- Sollten Ihnen meine Bewerbungsunterlagen zusagen, stehe ich Ihnen sehr gerne zu einem Vorstellungsgespräch zur Verfügung.

- Ich hoffe, Ihr Interesse geweckt zu haben, und freue mich auf Ihre Einladung.

- Sollten Sie nach Durchsicht der Unterlagen weitere Informationen bzw. ein erstes persönliches Gespräch wünschen, so stehe ich hierfür sehr gerne zur Verfügung.

- Ich würde mich freuen, wenn Sie mich zu einem Vorstellungsgespräch einladen. Hier können wir weitere Details wie Eintrittstermin und Anfangsgehalt besprechen.

- Für weitere Auskünfte stehe ich Ihnen gerne jederzeit in einem persönlichen Gespräch zur Verfügung.

Nutzen Sie durch das **P. S.** die Gelegenheit, durch einen Nachsatz auf sich und Ihr Anliegen aufmerksam zu machen. Führen Sie einen Aspekt an, der Ihnen einen zusätzlichen Pluspunkt bringt. Vieles ist vorstellbar: Ein Hinweis, Versprechen, Kompliment etc. Vielleicht gefällt das freundliche Postskriptum. Aufmerksamkeitsanalysen haben ergeben, dass auf einer Briefseite das P. S. nach der Betreffzeile (oder einer anderen Überschrift) die größte Beachtung findet. Beispiele dafür:

- P. S.: Mit einer kleinen Arbeitsprobe möchte ich Sie von meiner Kompetenz überzeugen. Können wir dazu in den nächsten Tagen telefonieren?

- P. S.: Ich bin sicher, die von Ihnen gestellten Aufgaben aufgrund XYZ zu Ihrer vollsten Zufriedenheit lösen zu können. Bitte rufen Sie mich an.

- P. S.: Die richtige Arbeitsmotivation beziehe ich aus anspruchsvollen Problemstellungen und meiner Identifikation mit der Firma und ihren Produkten. Dies trifft auch bei Ihrem Unternehmen und Ihrer angebotenen Position absolut zu und verstärkt meinen Wunsch, mich für Sie besonders zu engagieren. Alles Weitere sehr gerne in einem persönlichen Gespräch!

Schematisch stellt sich das gesamte Anschreiben dann etwa so dar wie auf der folgenden Seite:

(1 Leerzeile)

Vorname, Name	Ort, Datum
Straße, Hausnummer	
Postleitzahl, Ort	
Vorwahl/Telefonnummer	(besser: eigenes Briefpapier oder PC-Gestaltung)

(4)

Firmen-/Institutionsname

z. Hd. Frau/Herrn ...

Straße, Hausnummer/Postfach

Postleitzahl, Ort

(3–4)

Bezugszeile (»Betr.:« zu schreiben ist heute absolut unüblich!)

(2–3)

Anrede (wenn nicht namentlich bekannt: »Sehr geehrte Damen und Herren«, besser jedoch:

telefonisch herausfinden! Ggf. den Namen der ranghöchsten Person und darunter:

Sehr geehrte Damen und Herren)

(1)

Text (wie oben beschrieben)

(nicht zu lange Sätze, mit Absätzen strukturieren)

(1)

Grußformel (üblich: »Mit freundlichen Grüßen«)

(2–3)

Unterschrift (Vor- und Nachname)

(Warnung vor dem Graphologen: keine Autogramme schmieren; Namen nicht maschinenschriftlich wiederholen!)

(2–4)

evtl. Postskriptum

(2–4)

Anlagen (eventuell, wenn noch Platz: beigefügte Unterlagen aufführen)

> **Entwickeln Sie drei alternative Anschreiben, um diese einer selbst gewählten »Prüfungskommission« vorzulegen. Durch Tipps und kritische Anregungen von anderen lässt sich das Bewerbungsanschreiben oftmals wesentlich verbessern und so von Mal zu Mal überzeugender gestalten.**

Tipp!

Für den Fall, dass Sie nicht zu den eingeladenen Kandidaten gehören, können Sie dem Empfänger die Erlaubnis erteilen, Ihre Unterlagen vernichten zu dürfen. Sie ersparen ihm damit Mühe und Kosten, aber auch ein schlechtes Gewissen. Viele Unternehmen schicken Bewerbungsunterlagen abgelehnter Kandidaten nur sehr ungern oder überhaupt nicht zurück. Es ist aufwendig und verursacht Kosten. So können Sie mit einem gut getexteten Hinweis punkten und zeigen, dass Sie sich Gedanken machen und über ein gewisses Organisations- und Einfühlungsvermögen verfügen.

Ihr Hinweis sollte gut platziert sein, z. B. am Ende des Anschreibens (falls Sie kein P. S. haben) oder auf der letzten Lebenslaufseite. Sie können auch auf eine extra Seite am Ende Ihrer Unterlagen verweisen. Auf dieser findet der Empfänger dann Ihren maximal sechszeiligen Hinweis (beispielsweise groß und fett gedruckt und mittig platziert):

- Ich bin zwar Optimistin, aber … für den Fall, dass Ihr Unternehmen sich für einen anderen Bewerber entscheidet, verzichte ich bewusst auf die Rücksendung dieser Unterlagen, um Ihnen Kosten und Mühe zu ersparen … Darf ich davon ausgehen, dass Sie meine Unterlagen dann vernichten? DANKE!

Unterschied zwischen klassischem und elektronischem Anschreiben

Wenn Sie Ihre Unterlagen elektronisch versenden, gibt es dafür zwei Möglichkeiten. Die Mailmaske, die einen kurzen Begleittext erfordert: inklusive Betreffzeile, persönliche Anrede und Unterschrift sowie ggf. eine pfiffige P. S.-Zeile (alles in allem etwa 10 bis 80 Zeilen). Und zusätzlich ein »normal« gestaltetes Anschreiben als RTF- oder PDF-Datei im Anhang. Wenn Sie kein besonderes Anschreiben neben Ihrem Lebenslauf verwenden wollen, sollten Sie mehr Informationen im begleitenden Mailtext liefern (siehe Beispiel auf Seite 162). Trotzdem ist hier eine knappe Ausdrucksform gewünscht.

Checkliste: Anschreiben

Bevor Sie Ihre Bewerbung abschicken, prüfen Sie bitte, ob Sie an alles gedacht haben:

☐ Gestalten Sie Ihren persönlichen Briefkopf schön und vollständig. Dazu gehören Name, Anschrift, Adresse, Telefon, ggf. Handy und E-Mail-Adresse.

☐ Formulieren Sie eine ansprechende Betreffzeile (aber bitte ohne »Betr.«), die klar Auskunft gibt, worum es geht.

☐ Finden Sie möglichst einen Empfänger heraus, den Sie direkt anschreiben/ansprechen können. Darunter können Sie ggf. eine allgemeine Ansprache platzieren. Beispiel: »Sehr geehrter Herr Maier, sehr geehrte Damen und Herren,«

☐ Gestalten Sie Ihr Anschreiben lesefreundlich (Schriftgröße 11–13 Punkt, Schrifttyp nicht zu ausgefallen, Seitenrand angemessen breit, ca. 4 cm links, ca. 3 cm rechts), eher kurz mit einigen Absätzen.

☐ Finden Sie einen netten, nicht zu langen Einstieg, gefolgt von Ihrer Motivation und Ihrem Leistungsangebot.

☐ Verdeutlichen Sie, wofür Sie stehen – beruflich, aber auch als Mensch sowie zukünftiger Mitarbeiter und Leistungsträger.

☐ Machen Sie sich interessant, so dass der Leser neugierig auf Sie wird.

☐ Beantworten Sie die geforderten Angaben (Gehaltswunsch, möglicher Einstiegstermin etc.) geschickt.

☐ Wählen Sie eine sympathische Abschluss-Grußformel.

☐ Vergessen Sie nicht, das Anschreiben zu unterschreiben (Vor- und Zuname, keine maschinenschriftliche Wiederholung).

☐ Überlegen Sie sich eventuell ein sinnvolles P.S., einen echten Hingucker.

☐ Denken Sie an die Anlagen (allein das Wort »Anlagen« unten reicht bereits).

☐ Legen Sie das Anschreiben lose, gesondert oben auf Ihre Bewerbungsmappe.

☐ Das Anschreiben darf weder Flecken noch Eselsohren oder Knicke haben.

☐ Lassen Sie Ihr Anschreiben kritisch und sehr sorgfältig gegenlesen.

Zur Veranschaulichung nun weitere Bewerbungsbeispiele mit einem gelungenen Anschreiben. Auch den Lebenslauf und die Dritte Seite bzw. das Anlagenverzeichnis präsentieren wir Ihnen auf den folgenden Seiten, mit entsprechenden Kommentaren.

Hans Habermas

Diplom-Betriebswirt

Manpower Personaldienstleistungen
Personaldirektion
Dr. Franke
Wiesbadener Str. 40
51065 Köln

München, 31. Juli 2011

Bewerbung als Niederlassungsleiter
Ihre Anzeige im Kölner Stadtanzeiger vom 30.07.2011

Sehr geehrter Herr Dr. Franke,

nach dem freundlich-informativen Telefonat mit Herrn Müller-Berger
erhalten Sie hier meine Bewerbungsunterlagen. Im Folgenden eine kurze
Darstellung meiner Person:

• Diplom-Betriebswirt, Kommunikationstechniker, 41 Jahre alt
• über 10 Jahre IBM-Berufserfahrung, Gebietsleiter (Teamleiter)
• hoch motiviert, leistungsstark und zielorientiert
• Erfahrung in Personaldienstleistungen

Meine Gehaltsvorstellung liegt im Bereich 80 TEUR p.a. Ein optimaler
Eintrittstermin wäre für mich der 1. Oktober 2011. Über eine Einladung
zu einem persönlichen Gespräch freue ich mich.

Mit freundlichen Grüßen

Hans Habermas

Anlagen

Mohrstraße 73 • 80939 München

089 8814903 • habermas@t-online.de

Hans Habermas

Diplom-Betriebswirt

Bewerbungsunterlage
Kennziffer 229
Manpower Personaldienstleistungen

Hans Habermas
_____

Diplom-Betriebswirt

Hans Habermas

Mohrstr. 73
80939 München

Tel.: 089 8814903
E-Mail: habermas@t-online.de
geboren am 13. August 1969 in Berlin
ledig, keine Kinder

Berufliche und persönliche Kenntnisse, Erfahrungen und Fähigkeiten

IBM

Vom Trainee bis zum Gebietsleiter (Umsatz EUR 12 Mio.) habe ich mir, aufbauend auf dem Betriebswirtschaftsstudium, wichtige Kenntnisse und Fertigkeiten in der freien Wirtschaft angeeignet.

USA

Auslandserfahrung, mit Abschluss eines „High School Diploma", hat meinen Horizont wesentlich erweitert.

ZIEL

Zu meinen wichtigen persönlichen Eigenschaften gehört die Fähigkeit, mir Ziele zu setzen, um diese dann gemeinsam mit meinen Partnern zu erreichen.

Mohrstraße 73 • 80939 München
_____

089 8814903 • habermas@t-online.de

Hans Habermas

Diplom-Betriebswirt

Lebenslauf

Berufspraxis

Juli 2004	**IBM Communication Deutschland, München**
seit Dez. 2009	Gebietsleiter für die NBL
	Vertriebsbeauftragter

- Gebietsleiter (Teamleiter für eine 4er-Gruppe) Umsatzverantwortung von EUR 12 Mio. p.a. Betreuung der autorisierten Händler

- Portefeuille-Analysen und Erarbeitung von Marketingstrategien Vertriebsbeauftragter für Multimedia

- Projektleiter für Industriemessen

- Projektleitung für die Neuentwicklung von CD-ROMs auf dem Telefonmarketingsektor März 1999 IBM Communication Deutschland, Frankfurt a. M.

seit Juni 2006   Bereich Feinmarketing

- Leitung eines Projektes für den europäischen Markt im Bereich der Bankautomation

- Planung der Logistik und Materialbestellung

Oktober 1999	**Job-Zeitarbeit GmbH, Hamburg**
seit Dez. 2001	Bereichsstellenleiter

Mohrstraße 73 • 80939 München

089 8814903 • habermas@t-online.de

Hans Habermas

Diplom-Betriebswirt

Studium und Berufsausbildung

Sept.	1997	Schule für Kommunikation und EDV, Nixdorf AG
Febr.	1999	Abschluss: Kommunikationstechniker
Jan.	1997	Auslandsaufenthalt in London, GB
Aug.	1997	Sprachintensivkurs
Okt.	1991	Fachhochschule für Wirtschaft, Hamburg
Sept.	1996	Abschluss: Diplom-Betriebswirt

Schulausbildung

Aug.	1988	Oberstufenzentrum für Wirtschaft, Hamburg
Dez	1989	Abschluss: Abitur
Aug.	1987	Austauschschüler in den USA
Juli	1988	High School in Baltimore/USA
		Abschluss: High School Diploma
Sept	1976	Carl-von-Ossietzky-Grundschule, Hamburg
Aug.	1980	Heinrich-Heine-Gymnasium, Hamburg

Weitere Tätigkeiten

von	1991 bis	zur Finanzierung des Studiums Tätigkeiten im Gastrono-
Sept.	1996	miebereich sowie Wissenschaftlicher Mitarbeiter bei
		Steuerberater Wilske, Hamburg

Engagement und Hobbys

Leitung einer Jungengruppe im Paritätischen Wohlfahrts-
verband München (Ausbildung zum Jugendleiter)

Golf und Tauchen
Mitglied im Golfclub Hohenkremmen

München, 31.07.2011   *Hans Habermas*

Mohrstraße 73 • 80939 München

089 8814903 • habermas@t-online.de

Hans Habermas

Diplom-Betriebswirt

Wie ich wurde, was ich bin

Meine privaten und beruflichen Aufenthalte in angloamerikanischen Ländern wie den USA und England prägten nachhaltig meinen Wunsch, in einem amerikanisch geführten Unternehmen zu arbeiten.

In über zehn Jahren vielseitiger IBM-Erfahrung, zunächst als Trainee und später als Gebietsleiter im Vertrieb, konnte ich mir einen sehr guten Überblick über das Zusammenspiel der verschiedenen Bereiche in einem Unternehmen erarbeiten. Mit Kundenkontakten auf jeder Ebene, Verkauf und Logistik bin ich bestens vertraut. Umsatz- und Marketingziele sind für mich persönliche Herausforderungen, denen ich mich gern und mit hohem Engagement stelle.

Teamgeist, Durchsetzungsvermögen und Lernbereitschaft kennzeichnen mich ebenso wie meine Fähigkeit, guten Kontakt zu Mitmenschen aufzubauen, um gemeinsam mit ihnen etwas zu bewegen, zu erreichen.

Hans Habermas

Mohrstraße 73 • 80939 München

089 8814903 • habermas@t-online.de

Hans Habermas

Diplom-Betriebswirt

Anlagen

- Zeugnis IBM Communication Deutschland, München

- Zwischenzeugnis IBM Communication Deutschland, Frankfurt a.M.

- Kurzbeschreibung der Firma Job-Zeitarbeit GmbH

- Zeugnis Nixdorf AG, Schule für Kommunikation und EDV

- Urkunde Diplom-Betriebswirt

- Sprachschul-Zertifikat, London, GB

- Diplom Baltimore High School, USA

Mohrstraße 73 • 80939 München

089 8814903 • habermas@t-online.de

Zu den Unterlagen von Hans Habermas

Ein prägnantes, sehr übersichtliches **Anschreiben** zur Eröffnung. Die persönliche Ansprache und der Text weisen auf ein vorab geführtes Telefonat hin, das dem Bewerbungsvorhaben sicherlich dienlich ist. Die gelungene Kurzpräsentation der vier wichtigsten Botschaften ist wirklich beispielhaft: beruflicher Ausbildungshintergrund und Alter, Berufserfahrung, persönliche Eigenschaften, spezielle berufliche Kenntnisse.

Die dann vorgetragenen Daten zur Gehaltsvorstellung und zum frühesten Eintrittstermin waren in der Anzeige explizit erbeten. Der Kandidat hatte keine Chance, sich hier weiter »bedeckt« zu halten, hat aber auch dieses Problem kurz und präzise gelöst.

Das **Deckblatt** ist klar und übersichtlich und bietet eventuell bereits Platz für das Foto. Die präsentierten Angaben sind für Empfänger wie Absender absolut minimalistisch, aber gut gewählt (z. B. Verzicht auf die Anschrift des Empfängers sowie Absenders).

Die sich anschließende **erste Seite** mit persönlichen Daten und beruflichem Hintergrund überrascht in ihrer klaren, informativen und präzisen Gestaltung. Hier ist auch ein guter Platz (neben den Sozialdaten) für das Foto. Die gewählte Überschrift als »Erklärungszeile« sowie die drei folgenden Kurztitel der Info-Blöcke verführen zum Lesen und sind inhaltlich wirklich spannend gestaltet. Da bringt einer sehr wirksame Botschaften rüber! Grafisch exzellent gestaltet, lässt sich mit kurzem Blick das Wesentliche schnell erfassen, wird man neugierig auf die folgenden Seiten. Schon jetzt sind die Weichen für den Kandidaten positiv gestellt. Ebenfalls sehr angenehm: Die kleine ästhetische Kopfzeile mit Namen und Berufsbezeichnung. Unten die Adressdaten. Der Leser der Unterlagen weiß also ständig, mit wem er es zu tun hat.

Apropos Ästhetik: Wenig Text und viel an Weißraum lassen die Beschäftigung mit den Unterlagen nie schwer oder mühevoll erscheinen. Die geschickt gewählte Schriftart und -auszeichnung (Fettung, Groß- und Kleinschreibung) trägt ganz wesentlich dazu bei.

Beim **Lebenslauf** wird mit der Berufspraxis und den neuesten Daten begonnen. Dieser Lebenslauf beinhaltet wieder alle wichtigen Eigenschaften: interessante, präzise Informationen, sehr ästhetisch und damit leicht lesbar präsentiert, also keine Bleiwüste. Der Bewerber hat keine Angst vor dem weißen Papier. Die nächste Seite informiert über Studium, Berufs- und Schulausbildung und endet mit Informationen zu Engagement und Hobbys.

Für die **Dritte Seite** wurde eine recht provokant wirkende Überschrift gewählt, die aber durch den folgenden Inhalt gerechtfertigt erscheint. Die Gliederung und die relativ kurzen Absätze machen den Text nicht nur gut lesbar, sondern tragen mit dazu bei, die Botschaft glaubwürdig zu vermitteln. Die hier getroffenen Aussagen runden den guten Eindruck des Bewerbers ab und führten übrigens in der Bewerbungsrealität zu einer ganzen Serie von Einladungen – mit der Konsequenz, dass sich der Kandidat unter mehreren attraktiven Arbeitsplatzangeboten das interessanteste aussuchen konnte.

An dieser Stelle, liebe Leserin, lieber Leser: Haben Sie bemerkt, dass sich unser Kandidat aus einer eben eingetretenen Arbeitslosigkeit beworben hat?

Zum **Foto**: Schon etwas außergewöhnlicher, was Ausschnitt und Format anbetrifft. Zu guter Letzt: Das Anlagenverzeichnis ist »kunden-«, weil lesefreundlich. Unsere Einschätzung: **Top!**

Manfred H. Manther
Staatl. geprüfter Hotelbetriebswirt

Kurfürstenstr. 6
54295 Trier
Tel. 0651 6922892
E-Mail: ManHMan@web.de

Herrn
Direktor Schmidt
Hotel Schweizerhof
Hardenbergplatz 1
10623 Berlin

Trier, 13.10.2011

Bewerbung für die Position des Verkaufs- und Marketingleiters
im Hotel Schweizerhof in Berlin

Sehr geehrter Herr Schmidt,

vielen Dank für das informative Telefonat am heutigen Nachmittag.
Wie besprochen erhalten Sie meine vollständigen Bewerbungsunterlagen.

Ich bin Betriebswirt für das Hotel- und Gaststättenwesen
(Studium in Dortmund an der Wirtschaftsfachschule),
44 Jahre alt, ursprünglich gelernter Koch
und zurzeit in einem Hotel mit 335 Betten in Trier
als Verkaufsleiter in ungekündigter Stellung tätig.

Aus persönlichen Gründen möchte ich mein Wirkungsfeld nach Berlin verlagern
und bin sehr interessiert, Ihr Haus und das für mich sehr reizvolle Aufgabengebiet
Verkauf und Marketing im Hotel Schweizerhof kennenzulernen.

Auf eine persönliche Begegnung mit Ihnen freue ich mich

und grüße Sie herzlich aus Trier

Manfred H. Manther

Anlage

Manfred H. Manther
Staatl. geprüfter Hotelbetriebswirt

Kurfürstenstr. 6
54295 Trier
Tel. 0651 6922892
E-Mail: ManHMan@web.de

Bewerbungsunterlagen

als Verkaufs- und Marketingleiter
Hotel Schweizerhof, Berlin

Lebenslauf

Zur Person:	Manfred H. Manther staatlich geprüfter Betriebswirt für das Hotel- und Gaststättenwesen geboren am 11.09.1967 in Stuttgart verheiratet, zwei Kinder, 8 und 10 Jahre alt
Angestrebte Position:	Direktor Verkauf und Marketing
Ausgangssituation:	seit 01/2005 Verkaufsleiter in ungekündigter Position Kongresshotel Königshof Trier, ein 335-Betten-Haus Personalverantwortung: 10 Mitarbeiter Etatverantwortung: 850 TEUR

Beruflicher Werdegang

07/00–12/04	**Verkaufsleiter / stellv. Geschäftsführer** ABC-Hotel GmbH, Berlin-Tiergarten
07/97–06/00	**Direktionsassistent** Astro Hotel, Wiesbaden
04/94–08/95	**Stellvertretender Küchenchef (Souschef)** Hotel-Restaurant Poch, Bellingen
07/93–03/94	**Chef-Entremetier / Chef de Rotisseur** Hotel-Restaurant Poch, Bellingen
01/91–08/92	**Kfm. Angestellter Verkauf (Gastronomie), Abteilung Food** REWE-Süd Großhandel, Spellbach
04/89–12/90	**Chef-Entremetier** Hotel-Restaurant Rössle, Waldenburg bei Stuttgart
04/88–03/89	**Demichef-Entremetier** Hotel Hirsch, Fellbach/Schwarzwald
01/87–03/88	**Grundwehrdienst als Feldkoch/Sanitätssoldat** 1. Sanitätsbatallion 10, Wesslingen/Neckar
07/83–07/86	**Ausbildung zum Koch** Höhenhotel Berghaus, Lindach/Neckar

Seminare und Praktika

09/02	– Controlling – Produkt-Marketing und -Werbung – strategische Unternehmensführung Seminare bei der Unternehmensberatung Bednarz-Hell, Berlin
03/00	**Public Relations im Hotel- und Gaststättengewerbe** Karla Dicks, Chefredakteurin NGZ, Service-Manager
01/97	Prüfung zum **»Anerkannten Fachberater für Deutschen Wein«** Deutsches Weinbauinstitut, Mainz
01–06/97	**Reservierungs- und Verkaufsabteilung** Praktikum Hotel v. Korff, Berlin-Charlottenburg
07–10/96	**Reservierungs- und Empfangsabteilung** Praktikum im Hotel Astro, Wiesbaden

*Schulische und
berufliche Ausbildung*

08/74–06/83	Grund- und Hauptschule in Willingen
07/83–07/86	Ausbildung zum Koch im Höhenhotel Berghaus, Lindach/Neckar
09/92–06/93	Weiterbildung: Berufsoberschule Heilbronn (Fachschulreife)

Fachschulstudium

09/95–06/97	Wirtschaftsfachschule für Hotellerie und Gastronomie, Berlin
25.06.1997	Abschlussprüfung zum staatlich geprüften Betriebswirt für das Hotel- und Gaststättenwesen mit bestandener Ausbildereignungsprüfung

Studienfächer: – Betriebswirtschaftslehre
– Betriebliches Rechnungswesen
– Touristik- und Hotel-Marketing
– Angewandte Datenverarbeitung (EDV)
– Technologie des Hotel- u. Gaststättengewerbes
– Praxisorientierte Fallstudien
– Rechts- und Steuerlehre
– Englisch / Französisch
– Berufs- und Arbeitspädagogik (AEVO)

Sprachkenntnisse	Englisch in Wort und Schrift (fließend) Französisch (gute Kenntnisse)
EDV-Kenntnisse	Reservierungssystem »Micros Fidelio«, »HORES«, »RIO 80862« Windows XP, MS Office Professional
Engagement	Vollmitglied in der Hotel Sales and Marketing Association (HSMA), German Chapter, Region 1
Sonstiges	Führerschein Klasse B
Hobbys	mein Beruf, hier insbesondere Marketing und Werbung Blues und Jazz (ich spiele Schlagzeug) Reisen / Fotografieren / Holzarbeiten
Was Sie sonst noch über mich wissen sollten	Meine Handlungsweise ist geprägt vom Umgang mit Menschen sowie dem Streben nach optimaler Dienstleistung und größtmöglicher Zufriedenheit der mir anvertrauten Gäste. Mein Denken wird dabei selbstverständlich auch von betriebswirtschaftlichen Zahlen bestimmt. Ökonomische Zusammenhänge schnell zu erfassen und analytisch auszuwerten, um auf dieser Basis nach neuen, effektiveren Lösungen zu suchen, ist Grundlage meiner unternehmerischen Aktivitäten.

Berlin, 13.10.2011

Anlagen / Inhaltliche Gliederung

Arbeitszeugnisse / Referenzen

– Kongresshotel Königshof, Trier
– ABC-Hotel GmbH, Berlin
– Astro Hotel, Wiesbaden
– Hotel-Restaurant Poch, Bellingen
– REWE-Süd Großhandel, Spellbach
– Hotel-Restaurant Rössle, Waldenburg
– Hotel Hirsch, Fellbach
– Dienstzeugnis Bundeswehr
– Höhenhotel Berghaus, Lindach

Seminare / Praktika

– Grundkurs MS Excel
– Grundkurs MS Windows
– Produktmarketing und -werbung
– Controlling
– strategische Unternehmensführung
– Anerkannter Fachberater für Deutschen Wein
– Praktikumszeugnis Astro Hotel
– Praktikumszeugnis Hotel v. Korff

Schulzeugnisse

– Hotelwirtschaftsschule, Berlin
– Ausbildereignungsprüfung, IHK Berlin
– Berufsoberschule, Heilbronn
– Fachgehilfenbrief zum Koch

Zu den Unterlagen von Manfred H. Manther

Das kurze, angenehme **Anschreiben** bringt die Botschaft schnell und souverän auf den Punkt. Hier ist erfolgreich vorab telefoniert worden. Die Unterlagen treffen also angekündigt ein. Übrigens: eine interessante Grußformel am Ende. Auf dem **Deckblatt wurde** ein Foto des Bewerbers in einem interessanten breiten Format platziert. Die mit der Überschrift **Lebenslauf** versehene nächste Seite folgt nicht dem klassischen Aufbau, vermittelt aber sehr schnell die Kompetenz und Zielstrebigkeit des Kandidaten. Außergewöhnlich, dass nach der Abhandlung der Sozialdaten (übrigens: ohne Name/ Adresse/Geburtsdatum/Familienstand etc.) die angestrebte berufliche Position und die aktuelle Ausgangssituation kurz und knapp benannt werden. Dann wird der berufliche Werdegang angemessen kurz geschildert, und zwar in der amerikanischen Form (vom Aktuellen in die Vergangenheit). Nach der angemessen knappen Darstellung des beruflichen Werdegangs folgen auf der nächsten Seite weitere Informationen über Seminare und Praktika sowie die schulische und berufliche Ausbildung. Sprach- und EDV-Kenntnisse sind neben dem Engagement und den praktizierten Hobbys ebenso geschickt »vermarktet« wie die hier integrierte Kurzversion einer **Dritten Seite** mit der Überschrift »Was Sie sonst noch über mich wissen sollten«. Eine ausführliche Version dieses Erweiterungsbausteines in einer Bewerbungsmappe haben Sie bereits bei Herrn Habermas kennengelernt. Die **Inhaltsübersicht** zu den weiteren **Anlagen** macht einen überzeugenden Eindruck und zeigt noch einmal ganz deutlich, welche leserfreundliche Funktion sich dahinter verbirgt. Statt blättern zu müssen, um zu schauen, welche Unterlagen der Kandidat beigefügt hat, genügt ein Blick, um sich auf die interessantesten Dokumente zu konzentrieren. Das Auffinden macht keine Mühe. **Einschätzung:** Die gesamte Bewerbungsmappe verdient sicherlich die Note »gut«, wenn nicht besser.

Arbeitszeugnisse

Arbeitszeugnisse gehören auch bei Führungskräften zu den vollständigen Bewerbungsunterlagen. In diesen wird bescheinigt, in welcher Qualität der Arbeitnehmer die ihm gestellten Aufgaben bewältigt hat und wie sein Verhalten aus Arbeitgebersicht beurteilt wird. Dem Arbeitgeber sind bei der Abfassung von Zeugnissen vom Gesetzgeber enge Grenzen gesetzt. Daher beurteilen Arbeitgeber die Leistung des Arbeitnehmers im Arbeitszeugnis zumeist in verschlüsselter Form. Doch nicht jeder, der Arbeitszeugnisse formuliert, kennt die Finessen der Zeugnissprache und nicht jeder kann diese richtig interpretieren.

Jeder Arbeitnehmer hat einen gesetzlichen Anspruch auf ein Zeugnis. Es muss maschinenschriftlich auf einem Briefkopfbogen des Unternehmens abgefasst sein. Das einfache Zeugnis enthält lediglich Namen und Geburtsdatum des Arbeitnehmers sowie Art und Dauer der Beschäftigung und ist für Sie nicht akzeptabel. In einem qualifizierten, ausführlichen Arbeitszeugnis werden Ihre Tätigkeit, Ihre Leistung und Führung genau beschrieben. Als höherer Angestellter, ob mit oder ohne Personalverantwortung, ist ein umfassendes, sorgfältig formuliertes Arbeitszeugnis, das eindeutig positiv Auskunft über Sie gibt, unablässig. Folgende Punkte müssen enthalten sein:

- Angaben zur Person, Dauer der Beschäftigung mit genauen Daten

- Darstellung des Arbeitsplatzes und Aufgabengebiets

- Erfahrungen, Kenntnisse und Kompetenz

- Beurteilung der Arbeitsleistung und Würdigung positiver Eigenschaften des Stelleninhabers, u. a. auch Führungskompetenz

- Bewertung der Lern- und Fortbildungsbereitschaft

- Beurteilung des Verhaltens gegenüber Vorgesetzten, Kollegen, Mitarbeitern und Geschäftspartnern

- Angaben über Gründe des Ausscheidens

- Abschließende Dankes- und Wunschformeln für Ihre Zukunft

Es ist nützlich, einige Standardformulierungen in Arbeitszeugnissen und ihre verschlüsselte Botschaft zu kennen, um ihren Aussagewert sicher beurteilen zu können. Hier einige Beispiele zum Leistungsnachweis:

Herr/Frau XY hat die ihm/ihr übertragenen Aufgaben

stets zu unserer vollsten Zufriedenheit erledigt	(Note 1)

stets zu unserer vollen Zufriedenheit erledigt	(Note 1-2)

zu unserer vollsten Zufriedenheit erledigt	(Note 2)

zu unserer vollen Zufriedenheit erledigt	(Note 3)

zu unserer Zufriedenheit erledigt	(Note 4)

im großen und ganzen zur Zufriedenheit erledigt	(Note 4-5)

hat sich bemüht, die ihm/ihr übertragenen Aufgaben zur Zufriedenheit zu erledigen	(Note 5-)

Wir können neben der klassischen **Gesamt-Leistungszufriedenheits-Aussage** noch die moderne und die sogenannte Klartextaussage unterscheiden, die wir Ihnen gleich noch vorstellen.

Aber auch hiervon kommen deutlich abweichende Formulierungen in der Praxis vor. Bisweilen beinhaltet dies eine eher besonders kritische Würdigung der erbrachten Gesamtleistung. Und natürlich wird gelegentlich eine Gesamtzufriedenheitsaussage einfach weggelassen, was von negativer Bedeutung ist. Besonders knifflig: Obwohl der Arbeitgeber eine sehr positive Gesamt-zufriedenheitsaussage trifft, steht diese im klaren Gegensatz zur vorangegangenen Beurteilung einzelner Aspekte. In diesem Fall wird der Fachmann/die Fachfrau die Gesamtaussage als juristi-schen Trick erkennen und nur den kritischen Tönen Glauben schenken.

Und hier nochmals der Versuch einer Systematisierung der **Gesamt-Leistungszufriedenheits-Aussagen** im Überblick, inklusive der neuen Versionen (modern und Klartext). Ein Sternchen (*) kennzeichnet die moderne Version, zwei (**) die Klartext-Version; die klassische Version erhält kein Sternchen:

Sehr gute Leistungen werden mit folgenden Formulierungen beschrieben:

... hat die ihm/ihr übertragenen Aufgaben stets zu unserer vollsten Zufriedenheit erledigt.

... waren wir immer mit seinen/ihren Leistungen in jeder Hinsicht außerordentlich zufrieden.

... haben seine/ihre Leistungen in jeder Hinsicht unsere vollste/besondere Anerkennung gefunden.

... hat/haben unseren Erwartungen (und Anforderungen) stets in jeder Hinsicht und in allerbester Weise entsprochen/erfüllt.*

... haben uns seine/ihre Leistungen jederzeit bestens/absolut zufrieden gestellt.**

Gute bis sehr gute Leistungen werden mit folgenden Formulierungen beschrieben:

... hat die ihm/ihr übertragenen Aufgaben zu unserer vollsten Zufriedenheit erledigt.

... unseren Erwartungen in allerbester Weise entsprochen.

... haben seine/ihre Leistungen in jeder Hinsicht unsere volle/besondere Anerkennung gefunden.*

... haben uns unsere ganzen Erwartungen und alle Anforderungen stets voll erfüllt.*

... haben uns seine/ihre Leistungen bestens/absolut zufrieden gestellt .**

... waren wir mit seinen/ihren Leistungen jederzeit sehr zufrieden.

Noch gute Leistungen werden mit folgenden Formulierungen beschrieben:

... hat die ihm/ihr übertragenen Aufgaben stets zu unserer vollsten Zufriedenheit erledigt.

... waren wir mit seinen/ihren Leistungen voll und ganz zufrieden.

... waren wir mit seinen/ihren Leistungen sehr zufrieden.**

... haben ihre/seine Leistungen unsere volle Anerkennung gefunden.

... mit den Arbeitsergebnissen waren wir jederzeit vollauf zufrieden.

... hat unseren Erwartungen in jeder Hinsicht und in bester Weise entsprochen.*

... haben unsere Erwartungen und Anforderungen stets voll erfüllt.*

Befriedigende (jedoch nur noch knapp durchschnittliche) Leistungen werden formuliert mit:

... hat die ihm/ihr übertragenen Aufgaben zu unserer vollen Zufriedenheit erledigt.

... hat die ihm/ihr übertragenen Arbeiten stets zu unserer Zufriedenheit erledigt.

... waren wir mit seinen/ihren Leistungen voll/jederzeit zufrieden.**

... hat unseren Erwartungen in jeder Hinsicht entsprochen.

... hat unseren Erwartungen voll entsprochen.

... haben uns seine/ihre Leistungen gut zufrieden gestellt.**

Folgende Beurteilungen dürften für Sie nicht in Frage kommen:

Ausreichende (eigentlich schlechte) Leistungen werden umschrieben mit:
... hat die ihm/ihr übertragenen Arbeiten zu unserer Zufriedenheit erledigt.
... waren wir mit seinen/ihren Leistungen zufrieden.
... hat unseren Erwartungen entsprochen.

Mangelhafte (absolut schlechte) Leistungen werden umschrieben mit:
... hat die ihm/ihr übertragenen Arbeiten im Großen und Ganzen zu unserer Zufriedenheit erledigt.
... haben seine/ihre Leistungen weitestgehend unseren Erwartungen entsprochen.

Unzureichende (katastrophale) Leistungen werden umschrieben mit:
... hat sich bemüht, die ihm/ihr übertragenen Aufgaben zu unserer Zufriedenheit zu erledigen.
... hat er/sie sich bemüht, unseren Erwartungen/Anforderungen zu entsprechen.

Achten Sie auf die kleinen Zusatzworte! Wirklich zufrieden war man nur mit Ihnen, wenn man Ihnen »volle« oder besser »vollste« (grammatikalisch falsch!) Zufriedenheit attestiert. Und wenn eine Leistung »gut« war, dann war sie es nur, wenn Sie den Zusatz »stets«, »jederzeit« oder »in jeder Hinsicht« finden.

Die entsprechenden Negativformulierungen stecken in den Zusätzen »im Großen und Ganzen«, »im Wesentlichen« oder auch »teilweise«. Umschreibungen wie »bemüht« und »willens« bedeuten im Klartext herbe Abwertungen der Arbeitsleistung.

Der Zeugnisinhalt sollte Sie und Ihre Arbeit eindeutig wohlwollend darstellen. Falls Sie mit der Beurteilung nicht einverstanden sein sollten, empfiehlt sich zunächst ein Gespräch mit Ihrem Arbeitgeber. Erzielen Sie keine Einigung, können Sie eine Berichtigungsklage beim Arbeitsgericht einreichen, mit dem Ziel, dass Ihnen ein neues Zeugnis ausgestellt wird.

Nehmen Sie sich für ein Zeugnisberichtigungsverfahren einen in arbeitsrechtlichen Angelegenheiten erfahrenen Rechtsanwalt. Sie haben gute Chancen, ein solches Verfahren zu gewinnen, da der Arbeitgeber den Beweis für seine negative Beurteilung zu erbringen hat, was sich in der Regel als schwierig herausstellt. Beachten Sie die Frist, innerhalb der Sie Widerspruch gegen das Zeugnis einlegen können: Sie beträgt zwei Monate.

Checkliste: Worauf Sie beim Zeugnis achten sollten

1. Formales

☐ Wurde das Zeugnis maschinenschriftlich auf Firmenpapier vorgelegt, fehlerfrei, versehen mit Datum (möglichst am Tag Ihres Ausscheidens aus dem Unternehmen) und der Unterschrift des höchsten Vorgesetzten?

☐ Sind alle wesentlichen Tätigkeiten in der Rangfolge der Wichtigkeit aufgeführt?

2. Tätigkeitsbeschreibung

☐ Sind besonders qualifizierende Tätigkeiten entsprechend dezidiert dargestellt?

☐ Findet Ihre Teilnahme an betrieblichen Fort- und Weiterbildungsveranstaltungen Erwähnung?

☐ Ist die Beschreibung Ihrer Tätigkeit Ihren Aufgaben angemessen, ist sie ausführlich genug?

3. Soziale Kompetenz/Verhalten

☐ Geht aus dem Zeugnis hervor, dass Sie mit Ihren Vorgesetzten, Kollegen und Partnern gut auskamen? Ist die Reihenfolge (Vorgesetzter, Kollege, Mitarbeiter, sonstige, manchmal aber auch Kunde, Vorgesetzter, Kollege, Mitarbeiter) richtig? Werden Personengruppen ausgelassen?

☐ Kommen doppeldeutige Aussagen darin vor?

4. Die Führungsbeurteilung (für Führungskräfte):

☐ Wird Ihre Leistungs- und Führungsfähigkeit im Text erwähnt und gewürdigt?

☐ Wie bewertet man Ihren Arbeitsstil?

☐ Wird Ihr Erfolg uneingeschränkt oder mit Einschränkungen dargestellt?

☐ Was sagt Ihr Zeugnis über Ihre Fähigkeit aus, andere Menschen zu führen und zu motivieren? Zeigen Sie Delegationsbereitschaft?

5. Auflösungsgrund und Schlussformel

☐ Geht aus Ihrem Zeugnis hervor, dass Sie auf eigenen Wunsch gekündigt haben?

☐ Wie wirkt die Schlussformel des Zeugnisses? Dankt man Ihnen für Ihre geleistete Arbeit, und werden Ihnen gute Wünsche für die berufliche Zukunft mit auf den Weg gegeben?

☐ Ist das Zeugnis von einer nachweislich ranghohen Person (am besten Vorstand, Geschäftsführer, Inhaber, Personalleiter etc.) unterschrieben und sind Funktion und Rang maschinenschriftlich unter der Unterschrift wiederholt?

6. Gesamteindruck

☐ Steht die Ausführlichkeit und Länge des Textes in einem vernünftigen Verhältnis zu Ihrer Verweildauer im Unternehmen? (mindestens 1 Seite, ab etwa 4 Jahren 2 Seiten und ab einer Verweildauer von etwa 10 Jahren maximal 3 Seiten)

☐ In welchem Ton ist das Zeugnis verfasst: Wohlwollend oder kühl und knapp, floskelhaft oder persönlich?

☐ Stimmen Rechtschreibung und Zeichensetzung? (Hat man sich genügend Mühe mit dem Zeugnis gegeben?)

Bitten Sie rechtzeitig um Ihr qualifiziertes Arbeitszeugnis (am besten vier bis acht Wochen vor dem Ausscheiden) und nutzen Sie die Chance, selbst inhaltliche Vorschläge zu machen.

Abschließende Hinweise:

• Ein Zwischenzeugnis kann Ihr Bewerbungsvorhaben positiv unterstützen.

• Bei Zweifeln sollten Sie einen Arbeitszeugnisexperten zu Rate ziehen. Es lohnt sich, Ihr Zeugnis inhaltlich von Profis beurteilen zu lassen und gegebenenfalls eine Korrektur zu erwirken.

• Diplom- oder Examenszeugnisse können Sie beifügen, wenn diese nicht älter sind als zehn Jahre. Zeugnisse von ehemaligen Arbeitgebern dagegen sind für Personalentscheider meist interessant, auch wenn diese älter sind. Fügen Sie zumindest die Arbeitszeugnisse der letzten zehn Jahre bei.

Ausführliche Informationen zur Zeugnisthematik finden Sie auch in unserem Buch *Das perfekte Arbeitszeugnis: Richtig formulieren, verstehen, verhandeln* (Stark-Verlag 2011).

Weitere Bestandteile Ihrer Bewerbungsmappe

Im Folgenden stellen wir Ihnen nun eine Gesamtübersicht der möglichen Komponenten und ihrer inhaltlichen Funktionen vor.

Deckblatt

Für welche Präsentationsform Sie sich auch immer entscheiden, es empfiehlt sich, den Leser Ihrer Unterlagen nicht direkt in den Lebenslauf oder persönlichen Werdegang stolpern zu lassen. Ähnlich wie ein Buch nicht mit dem Inhaltsverzeichnis oder dem ersten Hauptkapitel beginnt, übernimmt bei einer Bewerbung das Deckblatt die Funktion eines Titelblatts. Für das Deckblatt gibt es verschiedene Gestaltungsmöglichkeiten, wie etwa:

- Titel »Bewerbungsunterlagen für die Firma XY von XYZ, Berufsbezeichnung« plus Bewerberadresse inklusive Telefonnummer (der häufigste Fall)
- Nur der Name des Bewerbers ohne weitere Angaben bzw. mit denen des Adressaten
- Oft wird hier das Foto präsentiert
- Auch ein literarisches Zitat in Form eines Mottos ist denkbar

Die Möglichkeiten sind vielfältig, wie unsere Beispiele in diesem Buch belegen.

Inhaltsübersicht

Eine weitere Variante, mit der Sie Aufmerksamkeit erzielen können, ist eine Inhaltsübersicht ähnlich der aus Büchern. Der Leser wird informiert, was ihn auf den nächsten Seiten erwartet, und kann sich rasch orientieren. Dies lohnt sich jedoch nicht für Bewerbungsmappen, die lediglich zehn Seiten stark sind. Eine Spielart stellt in diesem Fall das Anlagenverzeichnis dar, das erst weiter hinten als Eröffnungsseite für den Anlagenteil platziert wird.

Einleitungsseite

Statt mit dem beruflichen Werdegang oder dem komplexen Ausbildungsweg zu beginnen, kann die Einleitungsseite (Bewerberfoto hier oder später) über die persönlichen Daten informieren und kurz mit den wissenswerten Essentials über den Bewerber bekannt machen.

Die Seite mit den persönlichen Daten

… hat die Funktion, den Bewerber persönlich vorzustellen. Neben Name, Beruf, Alter, Geburtsort, Familienstand, gegebenenfalls den Kindern bis hin zu der persönlichen Unterschrift unter dem (dann auf dieser Seite platzierten) Foto geht es darum, die Bewerberpersönlichkeit optimal in Text und Bild zu präsentieren. Häufig werden auch Elemente aus den vorangegangenen Bausteinen auf dieser Seite platziert.

Beruflicher Werdegang/Lebenslauf

Je nach Vorlauf verändert sich der Aufbau dieses zentralen Elements Ihrer Bewerbungsmappe, wie wir es bei den bereits vorgestellten Bewerbungsbeispielen sehen konnten. Diesem Baustein sind die anderen Komponenten (z. B. Deckblatt und persönliche Daten) als eine Art Ouvertüre vorangestellt.

Die Dritte Seite

Die »Dritte Seite« bietet zahlreiche Möglichkeiten, der persönlichen Botschaft des Bewerbers Ausdruck zu verleihen. Statt nach dem Lebenslauf die Ausbildungs- und Arbeitszeugnisse folgen zu lassen, schlagen wir Ihnen eine Extraseite für Ihre Botschaft in eigener Sache vor. Dieser Baustein für Ihre Unterlagen, die sogenannte Dritte Seite, hat bereits vielen von uns beratenen Bewerbern eine Einladung zum Vorstellungsgespräch verschafft. Warum eine Dritte Seite? Die im Bewerbungsanschreiben vorgetragenen Informationen und Verkaufsargumente werden wegen der Vielzahl der eingehenden Bewerbungsunterlagen und des Zeitdrucks oft wenig beachtet bzw. überhaupt nicht gelesen. So überfliegt der Personalentscheider häufig lediglich den Text des Anschreibens, dann wendet er sich der beigefügten Bewerbungsmappe – insbesondere dem Bild des Bewerbers –, seinen Interessen, Hobbys oder sonstigen Kenntnissen sowie den formalen Ausbildungs- und Arbeitsdaten genauer zu. Erst wenn dies geschehen ist und er ein positives Zwischenresultat im Kopf hat, liest er die weiteren Anlagen – meist die Arbeits- und Ausbildungszeugnisse. An diesem Punkt stößt der Personaler auf die Extraseite in Ihren Bewerbungsunterlagen, etwa mit der Überschrift:

Was Sie sonst noch von mir wissen sollten …

Dieser Text wird eher neugierig gelesen, insbesondere dann, wenn es Ihnen gelingt, in wenigen kurzen Sätzen das richtige Bild zu vermitteln. Diese Dritte Seite kann Sie positiv aus der Menge der eingesandten Bewerbungsunterlagen hervorheben und eine echte Chance für Sie als Bewerber darstellen. Etwas bekannter (und bereits Bewerbungsstandard) ist an dieser Stelle eine Extraseite mit Publikationen (so Sie welche zu verzeichnen haben), Fortbildungsveranstaltungen, besonderen Arbeitsschwerpunkten oder wichtigen Projekten, von denen Sie denken, dass sie für Sie sprechen. Manchmal wird von Arbeitgeberseite eine Handschriftenprobe verlangt. Dafür kann die Dritte Seite verwendet werden, und gleichzeitig können Sie damit eine persönliche Botschaft transportieren. Zu den Einzelheiten:

Papier: Es empfiehlt sich, das gleiche Papier wie für die vorangegangenen Seiten zu verwenden. In jedem Falle sollte es sich von den folgenden Anlagen (Zeugniskopien etc.) in der Papierqualität deutlich positiv abheben.

Überschrift: Sie hat die Funktion, Interesse und Neugierde zu wecken sowie inhaltlich kurz auszusagen, worum es geht. Der Kreativität sind keine Grenzen gesetzt. Überschrift und Text sollten aber zusammenpassen. Eventuell schreiben Sie die Headline per Hand. Am besten ist es, wenn Sie erst Ihre Botschaft formulieren und dann erst eine geeignete Titelzeile. Mögliche Beispiele:

- Meine Motivation

- Warum ich mich bewerbe

- Zu meiner Person

- Was Sie noch über mich wissen sollten …

- Ich über mich

- Was mich qualifiziert

- Warum ich?

Aufbau: Was wollen Sie vermitteln und aussagen? Welches Ziel wollen Sie beim Leser erreichen? Die Einladung zu einem persönlichen Gespräch? Sie haben 7 bis maximal 15 Zeilen zur Verfügung (übliche Schriftgröße, nicht mehr als 60 Anschläge pro Zeile). Hier ist der entscheidende Platz, Ihre Persönlichkeit zu präsentieren.

Inhalt: Aussagen zu Ihrer Person, Motivation oder Kompetenz. Versuchen Sie nicht, zu viele Informationen auf diese Seite zu pressen, das erzeugt einen eher nachteiligen Eindruck. Inhaltlich dürfen durchaus Zusammenhänge zu Ihrem Lebenslauf, dem Anschreiben oder anderen Dokumenten bestehen. Allerdings darf hier alles etwas persönlicher und pointierter formuliert werden.

- Bloße Aufzählungen, in denen Sie mitteilen, dass Sie der (die) Größte, Schnellste und Schönste sind, sollten Sie sich schenken. Es geht um eine für den Leser nachvollziehbare Argumentation.

- Abschluss: Wir empfehlen, dass Sie die Dritte Seite am Schluss (eventuell mit Ort und Datum) unterschreiben.

Achtung: Nur bei einem exzellenten, überzeugenden Text macht eine Dritte Seite Sinn. Überlegen Sie gut und vor allem selbstkritisch: Ist Ihr Text, sind Ihre Botschaften wirklich dazu angetan, den Leser davon zu überzeugen, Sie wenigstens kennenlernen zu wollen?

Profil

Ein (Bewerber-)Profil hat die spezielle Funktion, ein besonderes Nutzenangebot, den USP (*unique selling proposition*, also Ihr Alleinstellungsmerkmal, das Sie positiv von anderen Bewerbern unterscheidet) kurz und knapp zu vermitteln. Ihr Profil soll kurz und knapp Auskunft darüber geben, was Sie aktuell leisten können (und bereits geleistet haben), um einen Personalentscheider sicherer abschätzen zu lassen, ob er Ihnen die neue Aufgabe zutrauen kann. Das macht Ihr Lebenslauf zwar auch, aber in anderer Form. Bei beiden geht es um den Nachweis Ihrer speziellen Kompetenz, hohen Leistungsmotivation und besonderen Persönlichkeit. Ein aussagekräftiges, komprimiertes Profil, das Sie auch ohne weitere Anlagen nur mit einem kurzen Anschreiben verschicken können, gibt Ihnen die Möglichkeit, sich positiv aus der Masse der Bewerber abzuheben!

Inhalt: Ihr Profil bildet die wichtigsten »Marker« ab, die erkennen lassen, dass Sie für die zu besetzende Position, die anstehenden Probleme, Aufgaben etc. die geeignetste Person sind. Ihr

Profil sollte also sehr genau auf die Position oder für die Art der Problemlösungen, für die Sie sich bewerben, ausgerichtet sein.

Umfang: Alles, was Sie für diese Aufgaben besonders qualifiziert, notieren Sie. Alles andere lassen Sie weg. Auch an dieser Auswahl erkennt der Leser, mit wem er es zu tun hat! Ihr Profil sollte deshalb nicht länger als eine, maximal bis zu zwei Seiten lang sein!

Zur Form: Für Ihr Profil gelten die gleichen Layout-Regeln wie für den Lebenslauf. Unter der Überschrift Profil folgen zwei Spalten: links die Überschriften, rechts die dazu passenden Inhalte. Übrigens ist es nicht üblich, das Profil zu unterschreiben! Die folgenden Punkte sind eine Anregung, es gibt keine feststehenden Themen, wie sich Ihr Profil aufbaut:

Themenvorschläge für Ihr Profil:

- Vor- und Zuname, Geburtsdatum/Ort

- Berufsbezeichnung

- Kontaktdaten (nur die wichtigsten)

- Ausbildungshintergrund

- Schwerpunktkenntnisse und Erfahrungen (das ist sehr wichtig!)

- durchgeführte Projekte und erzielte Erfolge (hier steht am meisten!)

- ggf. berufliche Auslandsaufenthalte

- Weiterbildung und Seminare

- ggf. Mitgliedschaften in Verbänden und Fachgremien

- Engagement, Interessen

- Sprachkenntnisse

- EDV-Kenntnisse

- Führerscheine/Lizenzen

- ggf. Veröffentlichungen, Vorträge

- ggf. Lehr- und/oder Prüfungs- und/oder Gutachtertätigkeit

- Interessen, Engagement, Hobbys

Handschriftenprobe

Sollte in der Stellenanzeige ein handgeschriebener Lebenslauf oder eine Handschriftenprobe verlangt werden, können Sie damit rechnen, dass sich ein Graphologe mit Ihrer Persönlichkeitsstruktur auseinandersetzt. Die Analyse erfolgt auf unterschiedlichem Niveau. Ordentliche Schrift gleich ordentlicher Charakter und somit Eignung für ordnende Berufe wird beispielsweise vermutet; für kreative Berufe darf es dann etwas origineller oder egozentrischer sein (= schwerer lesbar). Näheres zur Graphologie unter *www.berufsstrategie-plus.de*.

Referenzen/Empfehlungen

Sie benennen jemanden, der als Ihr Fürsprecher auftritt und bestätigt, dass Sie für diesen Job genau der Richtige sind. Klassische Referenzen sind Personen, die mit Ihnen zusammengearbeitet bzw. für die Sie längere Zeit erfolgreich tätig gewesen sind.

Das kann Ihr Vorgesetzter sein oder eine Person, die öffentliche Autorität und/oder Kompetenz genießt (der Bürgermeister, Vorsitzende eines wichtigen Vereins oder einer Institution etc.).

Fällt Ihnen niemand ein, den Sie als akzeptablen Fürsprecher benennen können – plagen Sie sich nicht! Allzu häufig wird auf Referenzen nicht zurückgegriffen. Personalentscheider, die etwas über einen Bewerber in Erfahrung bringen wollen, bevorzugen in der Regel eigene Informationswege (häufig telefonische Nachfragen bei Ex-Arbeitgebern).

Tipp!

> **Interessante und aufschlussreiche Ergebnisse erhalten Sie, wenn eine Person Ihres Vertrauens bei Ihrem letzten bzw. vorletzten Vorgesetzten anruft und sich nach der Einschätzung von Herrn/Frau XYZ (Sie selbst) höflich erkundigt!**

Ein Beispiel aus der Praxis: Ein aus seiner Firma nicht ganz harmonisch ausgeschiedener hoch bezahlter Manager erhielt nur Absagen – trotz eines sehr guten Arbeitszeugnisses und positiv verlaufender Vorstellungsgespräche. Der Manager wurde misstrauisch und ließ einen mit ihm befreundeten Unternehmer bei seinem früheren Arbeitgeber anrufen und nachfragen: »Wir haben hier einen interessanten Bewerber, den Herrn XYZ. Der war doch vorher bei Ihnen. Mal im Vertrauen, was können Sie mir sagen …?« Nach anfänglichem Zögern warnte man den Anrufer deutlich vor dem Bewerber. Dieser stellte seinen ehemaligen Arbeitgeber zur Rede und konnte so weitere Sabotageauskünfte verhindern. Besonders pikant dabei: Der »Saboteur« war sein Nachfolger, der ihn erfolgreich »abgesägt« hatte.

Ähnlich wie für die Ausstellung von Arbeitszeugnissen gilt: Ein ehemaliger Arbeitgeber darf laut Gesetz nichts Nachteiliges über einen ausgeschiedenen Mitarbeiter sagen. Er muss, falls er durch seine Negativauskünfte eine Beschäftigung des Bewerbers bei einer anderen Firma verhindert, für den Schaden (Verdienstausfall etc.) des so Abgelehnten aufkommen. In der Arbeitsrealität ist dies meist jedoch sehr schwer nachweisbar.

Auslandsaufenthalte

Interkulturelle Kompetenz und Sprachkenntnisse zählen zu den bevorzugten Schlüsselqualifikationen. Belege über Auslandsaufenthalte gehören, insbesondere wenn fachbezogen, ausführlich beschrieben in Ihren Lebenslauf. Falls Sie Zeugnisse, Bescheinigungen, Empfehlungen davon besitzen, fügen Sie diese Ihren Bewerbungsunterlagen hinzu.

Arbeitsproben

Ihre Bewerbungsunterlagen sind bereits eine erste Arbeitsprobe. Wenn Sie sich bei der Bewerbung Mühe geben, dann – so die mögliche Schlussfolgerung des Personalchefs – werden Sie sich auch bei der Arbeit anstrengen.

Bei kreativen und wissenschaftlichen Berufen sind echte Arbeitsproben üblich. Werber und Grafiker können beispielsweise auf eine Anzeigenkampagne hinweisen, die sie entworfen haben. Wissenschaftler fügen eine Publikationsliste, Journalisten ausgewählte Artikel bei.

Dies sind aber Ausnahmefälle. Generell gilt: Heben Sie sich die konkreten Arbeitsproben für Ihr Vorstellungsgespräch auf.

Anlagenverzeichnis

Dieses Verzeichnis wird hinter den Lebenslauf bzw. die Dritte Seite geheftet und enthält eine Auflistung der folgenden Unterlagen bzw. Kopien. Der eilige Leser kann so schnell entscheiden, ob er sich lieber ein älteres Arbeitszeugnis anschaut, weil er die Firma und den Aussteller kennt oder ob er sich Ihren Fortbildungsnachweisen widmet, weil ihn das Personalführungsseminar beim Seminaranbieter XY interessiert.

Auch auf die Verpackung kommt es an

Präsentationsformen für Ihre Bewerbungsunterlagen gibt es viele: Sehen Sie sich in Ihrem gut sortierten Schreibwarengeschäft um, und lassen Sie sich inspirieren. Wählen Sie die Ihnen angemessen erscheinende Form, und informieren Sie sich, welche Art von Bindesystemen Ihren Geschmacksvorstellungen am nächsten kommt. Kopier- und Schreibwarenläden machen hier diverse Angebote. Ob Thermo- oder Spiralbindesysteme, Vollmappen, Karton- oder Plastikumschlag – es existiert eine weitreichende Palette an Möglichkeiten, die Ihre Unterlagen in das richtige formale und ästhetische Licht rücken. Schnellhefter, Klemmmappen und Klarsichthüllen, die Präsentationsysteme der 60er bis 80er Jahre, sind jedoch besonders für Sie als Führungskraft nicht zu empfehlen.

Wir möchten Sie aber auch vor übertriebenem Perfektionismus warnen: Eine Einlegemappe beispielsweise, in der jedes Dokument einzeln in Klarsichthüllen präsentiert wird, könnte Ihnen leicht als Zwanghaftigkeit ausgelegt werden.

Achten Sie auch auf die Farbauswahl: Weiß oder schwarz sind eher neutral, es gibt eine große dezent-farbige Palette. Verzichten Sie auf grelle Töne, Muster und alle Arten von Gags.

Auch auf das Material Ihrer Präsentationsmappen sollten Sie achten. Kunststoff ist verpönt, natürliche Materialien sind im Trend. Zum Beispiel gibt es dank des Öko-Trends eine große Auswahl an farbigen und stabilen Kartonpappen. Es geht auch schon ganz ohne Mappe, indem man die Unterlagen in einen DIN-A3-großen, geknickten Pappbogen legt.

Unterlagen versenden

Überprüfen Sie vor dem Versand nochmals, ob Ihre Unterlagen auch vollständig sind. Stecken Sie dann alles in einen ausreichend großen Umschlag mit einem verstärkten Papprücken. Weiße Umschläge wirken besonders edel. Eventuell können Sie auch einen wattierten Umschlag wählen, aber bitte nicht zu groß, das wirkt wichtigtuerisch. Auch Buchversandtaschen können Ihnen gute Dienste leisten.

Das Anschriftenfeld und Ihr Absender müssen mit der gleichen Sorgfalt ausgefüllt werden wie Ihre Unterlagen insgesamt. Achten Sie also auf Ihre Handschrift! Wer sich und seiner Handschrift einen derartigen Effekt nicht zutraut, beschriftet Etiketten (Aufkleber für Adresse und Absender) mit Hilfe von PC und hochauflösendem, nicht schmierendem Drucker.

Auch die Briefmarken sind sorgfältig zu kleben. Überlassen Sie das besser nicht einem gestressten Postangestellten, der die Postwertzeichen möglicherweise in Eile kreuz und quer über Ihren so sorgfältig vorbereiteten Umschlag pappt. Bitten Sie um Sonderbriefmarken. Und vor allem: Frankieren Sie richtig! Nichts ist ärgerlicher, als wenn Ihr Adressat Strafporto nachzahlen muss. Besonders unangenehm: Die Post markiert solche Nachzahlungen mit überdimensionalen Kreidezahlen auf dem Umschlag.

Wählen Sie keine Sonderzustellungsform wie etwa Einschreiben (Stichworte: »zwanghafte Persönlichkeitsstruktur«, »Misstrauen«). Eine Eilzustellung ist nur bei extremem Zeitdruck zulässig (z. B. wenn seit Erscheinen der Anzeige schon drei Wochen verstrichen sind).

Unterlagen übergeben

Wenn Sie am Ort Ihrer Bewerbung oder in der Nähe wohnen, können Sie die Bewerbungsunterlagen persönlich abgeben. Oft wird man ein paar freundliche Worte mit Ihnen wechseln und Sie bekommen bereits einen ersten Eindruck über das Unternehmen.

Checkliste: Verpackung und Versand

Bevor Sie Ihre Bewerbung abschicken, prüfen Sie bitte, ob Sie die folgenden Punkte auch wirklich bedacht haben:

☐ Verwenden Sie für Ihr Bewerbungsanschreiben und den Lebenslauf gutes weißes oder dezent getöntes, nicht liniertes DIN-A4-Papier, und beschreiben Sie es nur einseitig.

☐ Eigenes Briefpapier mit Name und Anschrift ist mit moderner PC-Technik kein Problem. Noch schöner sind Briefbögen im Tiefdruckverfahren.

☐ Achten Sie auf professionelles Schreibwerkzeug (Unterschrift in blauer Tinte) und beste Druckqualität.

☐ Flecken und Eselsohren fallen negativ auf, achten Sie auf einwandfreie Qualität.

☐ Das Anschreiben wird lose auf die Bewerbungsmappe gelegt; die Unterlagen selbst werden in die Mappe eingeheftet.

☐ Je nach Position und Arbeitgeber sollte die Bewerbungsmappe dezent-edel sein, Ihre Unterlagen bestmöglich zur Geltung bringen und für den Leser gut handhabbar sein.

☐ Reihenfolge der Unterlagen:

  – Lebenslauf
  – eventuell Handschriftenprobe
  – Arbeitszeugnisse als Kopien in chronologischer Reihenfolge; begonnen wird mit dem zeitlich letzten Arbeitszeugnis
  – Schul- und Ausbildungszeugnisse, Abschlüsse usw.
  – weitere Unterlagen (s. o.)

Generell gilt: Je wichtiger die Unterlage, desto weiter vorn abheften.

☐ Für die Anlagen (Zeugnisse usw.) nur gute, neue Fotokopien verwenden. Achtung: Verwenden Sie keine Originale von Zeugnissen oder Bescheinigungen; Anschreiben, Lebenslauf und Handschriftenprobe müssen jedoch Originale sein!

☐ Machen Sie sich Fotokopien von allen Unterlagen, die Sie verschicken, damit Sie nach 6 oder 8 Wochen noch wissen, wie Sie sich beworben haben.

☐ Verwenden Sie für die postalische Zusendung aller Unterlagen einen stabilen weißen DIN-A4-Umschlag mit kartoniertem Rücken.

☐ Achten Sie auf korrekte Umschlaggestaltung; keine innovativen Experimente bei Adresse, Absender, Briefmarkenpositionierung.

☐ Versandart: normal, nicht Express (nur in Ausnahmefällen ist dies akzeptabel) oder gar Einschreibe-Rückschein).

☐ Frankieren Sie die Sendung ausreichend.

Wie eine optimal gestaltete Bewerbungsmappe aussehen kann, sollen folgende Beispiele veranschaulichen:

Die optimale Bewerbungsmappe – kommentierte Beispiele

Wir zeigen Ihnen drei komplette Bewerbungsmappen (lediglich Anlagen wie Arbeitszeugnisse etc. fehlen). In den beigefügten Kommentaren werden verschiedene Punkte angesprochen und eine Gesamtbewertung vorgenommen. Die Beispiele verdeutlichen einen innovativen Standard in der Gestaltung einer Bewerbungsmappe für gehobene Ansprüche.

www.

In unseren speziellen Bewerbungsmappenbüchern in original DIN-A4-Größe finden Sie weitere Beispiele und viele Anregungen, z. B. in *Die perfekte Bewerbungsmappe für Führungskräfte*, STARK Verlag, 2010. Unter *www.berufsstrategie-plus.de* haben wir weitere Beispiele für schriftliche Bewerbungen bereitgestellt.

Dr. Andreas Anders
Diplom-Kaufmann
Brehmer Allee 134 b
40472 Düsseldorf
Tel. 0211 3528762

Dr. Anders • Brehmer Allee 134 b • 40472 Düsseldorf

Rosenberg AG
Direktion
Frau Dr. Baseler
Rosenthaler Platz 1
90402 Nürnberg

31.03.2011

Unser Telefonat am heutigen Tage

Sehr geehrte Frau Dr. Baseler,

vielen Dank für das ausführliche Gespräch.
Sie erhalten wie verabredet meine Unterlagen.

Ich beabsichtige, mich zum Jahresende beruflich
neu zu orientieren und würde sehr gerne für Ihr Unternehmen
von Deutschland aus neue Vertriebsstrukturen im Bereich
Sanitärkeramik entwickeln.

Meine jetzige Position bindet mich voraussichtlich
bis zum 30.11.2011, sodass ich Ihren Wünschen gemäß
vor dem Jahreswechsel die neu geschaffene Position
in Ihrem Export-Headquarter in Nürnberg einnehmen kann.

Von Ihnen bald zu hören, würde mich sehr freuen;
bis dahin verbleibe ich

mit freundlichen Grüßen

Andreas Anders

Anlagen

Dr. Andreas Anders
Diplom-Kaufmann
Brehmer Allee 134 b
40472 Düsseldorf
Tel. 0211 3528762

BEWERBUNGSUNTERLAGEN FÜR | ROSENBERG AG

Dr. Andreas Anders
Diplom-Kaufmann
Brehmer Allee 134 b
40472 Düsseldorf
Tel. 0211 3528762

03.08.1966	**Geburtsdatum**
Zürich	**Geburtsort**
verheiratet	**Familienstand**
zwei Kinder	
ortsungebunden	
Schweizer	**Nationalität**
Export Sales Director	**Position**
Sanitärkeramik	**Produkt**
Gres und *Geberit*	**Marken**

Dr. Andreas Anders
Diplom-Kaufmann
Brehmer Allee 134 b
40472 Düsseldorf
Tel. 0211 3528762

CURRICULUM VITAE Berufspraxis

Sinmag S.R.L.
Mailand

Leitung des Gesamtexportes von Sanitärkeramik für die Markenprodukte *Gres* sowie *Geberit* in die Exportländer der Europäischen Union	seit 04.2007
Prokura	seit 01.2004
Exportleitung *Gres* für Osteuropa Polen, GUS-Staaten, Rumänien, Ungarn	05.2002 – 12.2003
Exportsachbearbeitung *Gres* für Deutschland	04.1999 – 04.2002

La Turrita Ceramiche S.P.A.
Verona

Assistent der Exportleitung für Deutschland	08.1995 – 03.1999

Wand und Boden AG
Wien

Exportsachbearbeiter	04.1993 – 07.1995

Villeroy & Boch
Frankfurt a. M.

Trainee	01.1992 – 03.1993

Dr. Andreas Anders
Diplom-Kaufmann
Brehmer Allee 134 b
40472 Düsseldorf
Tel. 0211 3528762

CURRICULUM VITAE   Ausbildung

Goethe Universität
Frankfurt a. M.

Promotion   06.08.1992

Studienschwerpunkt Außenhandelswirtschaft
Diplom in Betriebswirtschaft   31.10.1990
Gesamtnote: sehr gut

Eidgenössische Handelsakademie
Zürich

Betriebswirtschaftliches Vordiplom   15.09.1988

Wilhelm-Tell-Gymnasium
Zürich

Abitur   10.06.1985

Dr. Andreas Anders
Diplom-Kaufmann
Brehmer Allee 134 b
40472 Düsseldorf
Tel. 0211 3528762

ZUSATZQUALIFIKATIONEN

Französisch, Italienisch, Englisch, Russisch	**Fremdsprachen**
MS Office Professional, KHK PC-Kaufmann, Unix, HTML	**EDV-Kenntnisse**
Klasse B	**Führerschein**

Int. Marketing Ass.
London

International Marketing Program Studies	10.2010

Management Academy
London

Rentabilitätsrechnung und Investitionscontrolling	08.2007
Investitionsgüter und Systemmarketing	10.2006
Arbeitstechnik, Führungsverhalten, Konfliktmanagement	06.2005
Rhetorik und Präsentation	01.2004

Sprachkurse

ConversationBusinessEnglish I und II Cambridge	05.2008, 07.2009
Russisch für Export Trading St. Petersburg	04.2007

Dr. Andreas Anders
Diplom-Kaufmann
Brehmer Allee 134 b
40472 Düsseldorf
Tel. 0211 3528762

ANLAGENVERZEICHNIS

Zwischenzeugnis Sinmag S.R.L.

Arbeitszeugnis/Empfehlungsbrief
La Turrita Ceramiche S.P.A.

Arbeitszeugnis Wand und Boden AG

Arbeitszeugnis Villeroy & Boch

Promotionsurkunde

Diplom

Fortbildungsnachweise

Zu den Unterlagen von Dr. Andreas Anders

Wie wirkt diese Bewerbungsmappe auf Sie?

Hier ist wohl kaum ein Kommentar notwendig, diese schönen Seiten sprechen für sich. Der Kandidat präsentiert sich mit außergewöhnlich ästhetisch gestalteten Bewerbungsunterlagen, wobei allen Bausteinen das gleiche Design zugrunde liegt.

Dies zeigt sich bereits im **Anschreiben**, ein Beispiel, wie lohnend das Ergebnis sein kann, wenn man es wagt, die konventionellen Formen der Briefgestaltung zu verlassen.

Der Anschreibentext knüpft an ein Telefonat an, das im Rahmen einer Initiativbewerbung geführt wurde. Der Text ist absolut knapp gehalten und spiegelt den Stil der gesamten Bewerbungsmappe wider.

Ein fast minimalistisches, aber nicht weniger ästhetisches **Deckblatt** eröffnet die Abfolge der Bewerbungsmappenunterlagen. Auf der ersten Seite präsentiert der Bewerber seine Sozialdaten und fügt Informationen über seine aktuelle Position hinzu. Die von uns sonst eher für überflüssig gehaltene explizite Anführung der Rubriken Geburtsdatum/Geburtsort/Familienstand etc. wirkt hier in der Umkehrung der üblichen Reihenfolge als besonderes Stilmittel, das wie die gesamte Mappe auf einen sehr motivierten Bewerber mit hohen Qualitätsansprüchen schließen lässt.

Auf den folgenden zwei Seiten sind **Lebenslauf**, Berufspraxis und Ausbildung in einer neuen, beeindruckenden Weise präsentiert. Eine Extraseite gibt Auskunft über die Zusatzqualifikationen und behandelt das Weiterbildungsengagement. Auch ohne **Dritte Seite** eine gelungene Komposition! Selbst das **Anlagenverzeichnis** trägt zur ästhetischen Gesamtwirkung bei.

Zum **Foto**: Ein nicht alltägliches Foto für eine nicht alltägliche Bewerbungsmappe: Der Hintergrund ist – analog wie die Unterlagen aufgrund des durchgezogenen horizontalen Strichs – zweigeteilt; auf der Seite, der sich der Bewerber zuwendet, wird er heller und lebhafter. Dies erzeugt eine gewisse Dynamik. Wäre der Hintergrund durchgängig dunkel, würde sich die Person wegen des schwarzen Anzugs nicht ausreichend abheben.

Einschätzung

Die Bewerbungsmappe ist ein richtiges kleines Kunstwerk. Wirklich exzellent, vielleicht das beste Beispiel in diesem Buch.

Detlef Dembrowsky   19.03.2011
Diplom-Ingenieur für Umwelttechnik
Stillerzeile 55
12587 Berlin (Köpenick)

Telefon: 030 1117989 / 0163 212120

Stadt-Land-Umweltschutztechnik
Herrn Dr. Heinrich
Wagnerstr. 77
12345 Berlin

Ihre Anzeige vom 13.03.2011 / Projektleitung

Sehr geehrter Herr Dr. Heinrich,

aus ungekündigter Position suche ich im Bereich rechnergestützte Verarbeitungstechnik
eine neue Herausforderung.

Die von Ihnen beschriebene Projektleitung entspricht meinen Fähigkeiten und Neigungen.
Auf diesem Sektor verfüge ich bereits über mehrjährige Erfahrung und habe verschiedene
Großprojekte in mehreren von mir geleiteten Teams nachweislich erfolgreich abgeschlossen.

Meinen beruflichen Werdegang finden Sie in den Unterlagen dokumentiert.
Ich bitte um Verständnis, dass ich meinen jetzigen Arbeitgeber noch nicht benennen möchte.

In einem persönlichen Gespräch – gern vorab zunächst auch telefonisch –
würde ich mich freuen, Ihnen weitere Auskünfte (wie z. B. zu den Aspekten Eintrittstermin
und Gehalt) geben zu können.

Mit freundlichen Grüßen

Detlef Dembrowsky

Anlagen

Bewerbungsunterlagen

für die

STADT-LAND-UMWELTSCHUTZTECHNIK

von

Detlef Dembrowsky

Diplom-Ingenieur für Umwelttechnik (TU)

Detlef Dembrowsky
Diplom-Ingenieur für Umwelttechnik
Stillerzeile 55
12587 Berlin (Köpenick)

Telefon: 030 1117989 / 0163 212120
E-Mail: ddembrowsky@netz.de

geboren am 11.03.1965 in Templin
(Kreis Uckermark)
verheiratet; 3 Kinder

Meine Kenntnisse, Fähigkeiten und Erfahrungen

Zurzeit tätig im Bereich Zentrale Dienste
für Elektronik, Mechanik, Sensorik und EDV-gesteuerte Verarbeitungsmaschinen

Anwendungsbereite Kenntnisse
in Prozesssteuerung und Automatisierung

Erfahrung beim Aufbau
neuer Organisationsstrukturen und der Realisierung von Projekten

Mehrjährige Erfahrung an Geräten und Anlagen der Prozessanalytik
unter großchemischen Bedingungen

Führungserfahrung,
unter anderem Verantwortung für eine Gruppe von 6 Technikern

Zielorientierte, professionelle Arbeitsweise,
insbesondere auch unter erschwerten Arbeitsbedingungen

Lebenslauf

Berufspraxis

01/2003 bis jetzt

- **Spezialist** für Elektronik, Mechanik und EDV-gesteuerte Verarbeitungsmaschinen (Projektmanagement); Instandhaltung in mittleren Unternehmen der Filmtechnik
- Inbetriebnahme, Wartung und Reparatur vollautomatischer Anlagen der Produktlinien
- Mikrorechnereinsatz in Büro und Produktion/Systemadministration
- Erstellung diverser EDV-Programme für Büroorganisation
- Führungserfahrung (6 Techniker)

10/1996 – 12/2002

- **Mitarbeiter** für Prozesssteuerung in der Chemie/EDV, Leuna Chemie AG, Gruppe Verfahrenstechnik
- Projekt der rechnergeführten Polymerisation zur Qualitätsstabilisierung von Lacken
- Maßstabsübertragung vom Labor über Technikum in Produktionskessel
- Erarbeitung von Wirtschaftlichkeitsanalysen
- Konstruktion eines Reinigungsroboters
- Projektadaptierung und Optimierung verfahrenstechnischer EDV-Programme mit neuen IBM-Rechnern

09/1994 – 09/1996

- **Mitarbeiter** für Prozessautomatisierung und Verfahrenstechnik, Chemische Werke Leuna, Abteilung Prozesssteuerung und Automatisierung
- Konzeption und Realisierung multivalent nutzbarer Technikums-Anlagen für organische Spezialprodukte
- deutliche Ausbeuteerhöhung von Hochpolymeren durch automatische Reaktorsteuerung
- Verbesserung technisch-organisatorischer Abläufe durch Planung, Beschaffung und Einsatzzuordnung von Arbeits- und Betriebsmitteln
- zusätzliche Profilierung im pädagogischen Bereich: Lehrtätigkeit „Mathematik für Meister-Klassen"

09/1991 – 08/1994

- **Fachingenieur** für automatische Analysegeräte, Chemische Werke Leuna
- Erfolgreiches Projektmanagement bei automatischen Analysemessanlagen für einen neuen Betriebsteil nach kürzester Einarbeitung
- termingerechte Ablauforganisation und Mängelbeseitigung
- Anleitung und Aufsicht für das Wartungspersonal
- Führungserfahrung (5 Facharbeiter)

Spezialkenntnisse

12/1994 – 12/2007

- verschiedene **Lehrgänge** für die Bereiche:
  Chemische Reaktionskinetik,
  Prozessanalyse/Automatisierungstechnik,
  Verfahrenstechnische Grundlagen
- praktische und Projekt-Erfahrung mit der SPS-SIMATIK S 5
- praktische und theoretische Erfahrungen in der Prozessanalytik, Automatisierungstechnik
- gute **Kenntnisse** im Computer-Operating;
  Systemadministrator für UNIX, Windows
  PDP-11/RSX (MOOS 1600),
  IBM-360/370, IBM AS 400
- anwendungsbereite **Erfahrungen** der Sprachen:
  C++, C#, PL/2, TSO, JAVA, HTML, DELPHI

Studium und Schule

09/1987 – 07/1991

- TH Halle, Fachrichtung Elektrotechnik,
  Diplom-Ingenieur für Messtechnik

09/1975 – 07/1987

- Besuch der Oberschule, **Abitur**
- **Sprachen:** Englisch, Russisch

Interessen und Hobbys

- Reisen in Portugal und Spanien, Radfahren, Schwimmen

Berlin, 19.03.2011   *Detlef Dembrowsky*

Warum ich mich bewerbe?

Die Fähigkeit zum konzeptionellen Arbeiten und mein Organisationstalent habe ich besonders beim Aufbau einer neuen Abteilung für Prozesssteuerung mehrfach unter Beweis gestellt. Ich bin es gewohnt, selbstständig und im Team zu arbeiten, und weiß, dass meine bisher gezeigte Einsatzbereitschaft und kreative Flexibilität beim Lösen unterschiedlichster Problemfälle erfolgreich war.

Engagement und Belastbarkeit gehören zu meinen Persönlichkeitsmerkmalen. In einem für die Kreativität förderlichen Unternehmensklima konnte ich mit innovativen, kostenbewussten und termingerechten Lösungen überzeugen. Teamkollegen schätzen meine Hilfsbereitschaft und die Fähigkeit, neue Sachverhalte schnell erfassen und umsetzen zu können.

Als praxiserprobter Ingenieur vom Fach beherrsche ich alle „Register" – von der Improvisation bis zur Perfektion – in der Verantwortung für die Sicherheit von Technik und Umwelt.

... um etwas zu bewegen!

Berlin, 19.03.2011   *Detlef Dembrowsky*

Zu den Unterlagen von Detlef Dembrowsky

Nach persönlicher Ansprache erklärt Herr Dembrowsky im **Anschreiben** zuerst den Status quo, aus dem heraus er sich bewirbt, um dann auf seine nachweislich erfolgreichen Erfahrungen hinzuweisen. Er bittet (durchaus legitim) um Verständnis, dass er seinen jetzigen Arbeitgeber noch nicht benennen will. Nicht ungeschickt ist ebenfalls der letzte Absatz, in dem er anbietet, gern auch vorab telefonisch für weitere wichtige Informationen zur Verfügung zu stehen. Ein Beispiel für eine gut vermittelte Berufsidentität (»Dipl.-Ing. für Umwelttechnik« unter dem Namen), die dem Personalverantwortung tragenden Leser in vielerlei Hinsicht schnelle Orientierung gibt, mit wem er es zu tun hat. Dabei bleibt das Anschreiben angenehm kurz.

Ein optisch gut komponiertes **Deckblatt** macht neugierig auf die nächsten Seiten. Die sich anschließenden Informationen zur Person des Bewerbers sind gut aufbereitet, es gibt einen idealtypischen Platz für das Foto, und unter der Überschrift »Meine Kenntnisse« … wird dem Leser schnell vermittelt, was ihn an diesem Kandidaten besonders interessieren sollte. Diese Auftaktseite ist also in mehrfacher Hinsicht gut gelungen.

Im **Lebenslauf** wird die Berufspraxis auf interessante, angemessen ausführliche Weise präsentiert. Die Hervorhebungen (Fettdruck) unterstützen beim Lesen. Die gewählte Darbietungsform der Daten (erneut die amerikanische Version, vom Aktuellen zur Vergangenheit) macht hier einen im höchsten Maße überzeugenden Eindruck. Die zweite Seite des Lebenslaufs ist ebenfalls konsequent aufgebaut und verstärkt weiter das positive Gefühl, das sich beim Lesen einstellt.

Die **Dritte Seite** spielt mit der Überschrift, um so eine weitere Botschaft zu vermitteln, die sich ja durchaus im Einklang befindet mit den Aussagen im Anschreiben. Die formulierten Botschaften treffen sicherlich nicht jedermanns Herz, kommen aber bei technisch orientierten Lesern in der Regel gut an, so der Praxis-Beweis.

Haben Sie das **Anlagenverzeichnis** vermisst? In der Bewerbungsrealität wurde es nicht vergessen, hier lediglich aus Platzgründen eingespart.

Zum **Foto**: Ein außergewöhnlicher Bildausschnitt garantiert, dass man sich den Kandidaten etwas länger anschaut. Sicherlich, so extrem muss der Anschnitt nicht sein!

Einschätzung
Gute Unterlagen mit interessanter Gestaltung!

MANUELA MORAN

Diplom-Kauffrau u. -Psychologin

Gotthelfstr. 19
34273 Melsungen
☎ 06616 566782

Bayer AG
Zentralbereich Personalplanung
Frau Norton
Rubensstr. 28
63282 Frankfurt am Main

Melsungen, 05.01.2011

Ihr Stellenangebot in der FAZ vom 28.12.10
Leiterin Pharma-Marketing

Sehr geehrte Frau Norton,

Ihre Annonce hat mich angesprochen.

Als Wirtschaftswissenschaftlerin und Psychologin mit einschlägigen Arbeits- und
Erfahrungsschwerpunkten erfülle ich fachlich die von Ihnen erwarteten Voraussetzungen:
– Spezialkenntnisse im Pharma-Marketingmanagement,
– strategische Produktkonzeption und -planung,
– Aufbau- und Ablauforganisationsanalyse,
– Personalführungspsychologie,
– Leitungsfunktion.

Persönlich runde ich das Profil mit folgenden Eigenschaften ab:
– entscheidungsstark und selbstkritisch,
– zukunftsorientiert mit Augenmaß für das Machbare,
– unternehmerisch im Denken und kundenorientiert im Handeln.

Mein Start bei der Bayer AG kann relativ kurzfristig zum 01.04.11 erfolgen,
meine Gehaltsvorstellungen liegen zwischen 60 und 70 TEUR p.a.
Weitere Informationen über mich bitte ich Sie den folgenden Seiten zu entnehmen.

Es würde mir sehr gefallen, meinen Beitrag für die Unternehmensentwicklung
der Bayer AG leisten zu dürfen, und ich freue mich auf ein persönliches Gespräch.

Mit freundlichen Grüßen

Manuela Moran

Anlagen

MANUELA MORAN
Diplom-Kauffrau u. -Psychologin

Bewerbung

Bewerbungsunterlagen

für die

Bayer AG

als

Leiterin Pharma-Marketing

MANUELA MORAN
Diplom-Kauffrau u. -Psychologin

Lebenslauf

Diplom-Kauffrau und Diplom-Psychologin

geboren am 11.11.1974 in Kassel
ledig und ortsungebunden

Berufliche Erfahrungen

seit September 2006	stellvertretende Leitung der Marketingabteilung B. Braun Melsungen AG
	Aufgabengebiete: Key-Account-Management im Projekt klinische Antiseptika für Großverbraucher in NRW, Aufgaben zur Produktkonzeption, Kooperationspartner im klinischen Bereich
Juli 2004 – September 2006	Pharma Mann AG, Berlin
	Bereiche: Sachbearbeitung Pharmareferentenschulung
Juni 2001 – Mai 2004	Hoechst AG, Bad Hersfeld
	Bereiche: Marketing und Incentives für Außendienst
Mai 2000 – Mai 2001	HF & FP Reemtsma GmbH, Berlin
	Trainee-Schwerpunkte: Betriebsorganisation und Marktanalysen

MANUELA MORAN
Diplom-Kauffrau u. -Psychologin

Das Hochschulstudium

Oktober 1996 – April 2000

Wirtschaftswissenschaften an der FU Berlin
Abschluss: Diplom-Kauffrau, Note: gut

Schwerpunkte:
Marktforschung, Marketingmanagement,
Einsatz von Marketinginstrumenten

Diplomarbeit:
Herstellung von Konformität durch Interessen-
handhabung. Eine produktpolitische Analyse

Juli 1994 – Dezember 1998

Studium der Psychologie an der FU Berlin
Abschluss: Diplom-Psychologin, Note: gut

Schwerpunkte:
Arbeits- und Organisationspsychologie,
neue Managementkonzepte,
Wahlforschung, Meinungsmanagement,
Kommunikationsmittelerhebung

Diplomarbeit:
Unternehmensnetzwerke. Eine Analyse
der psychosozialen Reibungspunkte durch
differierende Unternehmenskultur

Zur beruflichen Weiterbildung

seit 2004

Teilnahme an Fachveranstaltungen und Kursen

Cash-Management und Cash-Pooling in Frankfurt
Deutscher Marketing-Tag, Eschborn
Führungskräfteworkshops mit V. Birkenbihl
Grafikdesign an der HDK Berlin
Rhetorik am Institut für Präsentation, Berlin

MANUELA MORAN
Diplom-Kauffrau u. -Psychologin

Schulbildung

1981 – 1994   Grund- und Mittelstufe in Melsungen,
Wirtschaftsgymnasium in Kassel,
Abschluss: allgemeine Hochschulreife, Note: sehr gut

Besondere Kenntnisse

Fremdsprachen   Französisch und Spanisch, jeweils gute Kenntnisse
Englisch fließend, Sprachschule in Ainsboro, Kent

EDV   Programme: Word, Excel, PowerPoint, HTML

Mitgliedschaften und Freizeitinteressen

Förderverein bedrohter Tierarten in Deutschland
Tauchverein für körperbehinderte Schwimmer
Volleyball in einer Vereinsmannschaft
Ich sammle Skulpturen von Auguste Rodin und
Georg Kolbe.

Manuela Moran

Melsungen, 05.01.2011

MANUELA MORAN
Diplom-Kauffrau u. -Psychologin

Meine Sicht der Dinge

Nur kontinuierliches Lernen ermöglicht auch kontinuierliche Verbesserungen.

Dazu braucht man **Einsicht**, dass sich Lernen lohnt, **Bewusstsein**, wie wenig man weiß, und **Bereitschaft**, bequeme Traditionen zu verlassen, um mutig auch kurzfristige Verschlechterungen zugunsten langfristiger Verbesserungen in Kauf zu nehmen.

Mit dem Gegenüber **konstruktiv** zu **kommunizieren** bedeutet, wirklich zuzuhören, ihn ernst zu nehmen und sich zu öffnen. Nur so können unterschiedliche Sichtweisen und Standpunkte **erfolgreich zusammengeführt** werden.

Und nur die kontinuierlichen Verbesserungen ermöglichen einen stabilen Unternehmenserfolg.

Melsungen, 05.01.2011

MANUELA MORAN
Diplom-Kauffrau u. -Psychologin

Überblick über Zeugnisse und Bescheinigungen

Firmen	Zwischenzeugnis B. Braun Melsungen AG
	Arbeitszeugnisse Pharma Mann AG, Berlin Hoechst AG, Bad Hersfeld HF & FP Reemtsma GmbH, Berlin
Zeugnisse	FU Berlin, Diplom-Kauffrau FU Berlin, Diplom-Psychologin Allgemeine Hochschulreife Sprachschule Ainsboro, Kent
Weiterbildungen	Cash-Management, Frankfurt Marketing-Tag, Eschborn Workshops mit V. Birkenbihl HDK Berlin, Graphik-Design Institut für Präsentation, Berlin

Zu den Unterlagen von Manuela Moran

Leider hat die Bewerberin vorab kein Telefonat mit der Adressatin geführt. Das außergewöhnlich aufgebaute **Anschreiben** gibt nicht nur Auskunft über die fachliche, sondern auch über die persönliche Qualifikation der Bewerberin.

Schön die klare Struktur, durch die der Leser schnell und effektiv informiert wird. Der generelle Aufbau ist gut gelungen. Die Gehaltsvorstellung wird mutig benannt – wir wissen nicht, ob freiwillig oder als Reaktion auf den Anzeigentext, in der Form aber geschickt, weil doch recht offen (Nennen einer Spanne).

Wenn es nicht unbedingt notwendig ist, sollten Sie es in einem so frühen Bewerbungsstadium vermeiden, sich über die Gehaltsfrage zu äußern. In unserem Buch *Die 100 wichtigsten Tipps für die erfolgreiche Gehaltsverhandlung* (STARK Verlag, 2011) haben wir uns ausführlich mit der richtigen Strategie der Gehaltsverhandlung und der Psychologie des Geldes beschäftigt.

Das **Deckblatt** mit der Wiederholung der Doppelqualifikation ist vorteilhaft und ansprechend gestaltet.

Die gewählte Präsentationsform des **Lebenslaufs** ist großzügig auf drei Seiten verteilt. Hier wirkt der erneute Hinweis auf die beiden Berufsabschlüsse etwas redundant. Gleichwohl verfügt die Bewerberin über außerordentliche Qualitäten, die sich grafisch bestimmt noch geschickter präsentieren ließen. Die Aufzählung der Hobbys verdeutlicht schon fast im Übermaß, dass wir es hier mit einer interessanten Bewerberin zu tun haben. Weniger wäre ganz sicher mehr.

Die nun folgende **Dritte Seite** ist ansprechend gestaltet, die Überschrift werbewirksam gewählt, und der Text nimmt für die Kandidatin ein – oder was meinen Sie?

Die Übersicht der **Anlagen** liest sich gut und ist vor allem – wie die gesamte Bewerbungsmappe – im Layout ausgesprochen attraktiv. Einzig das Deckblatt könnte eine Nuance eleganter sein. Die auseinandergezogenen Zeilen wirken etwas »klobig«.

Zum **Foto**: Das quadratische Format und der »angeschnittene« Kopf verleihen diesem Foto eine besondere Spannung. Gelungen!

Einschätzung

Eine recht interessante Bewerbungsmappe mit leichtem Verbesserungspotenzial. Insgesamt aber immer noch »gut«, vielleicht sogar besser.

Die digitale Bewerbung

Der Trend ist eindeutig, immer mehr Unternehmen fordern digitale Bewerbungen statt der klassischen Bewerbungsmappe aus Papier. Der Anteil wächst stetig, denn die Argumente für eine Bewerbung per Internet sind stark: unschlagbar schnell, keine Aktenverwaltung (keine Lagerung bzw. Rücksendung), Unterlagen lassen sich parallel an mehrere Mitentscheider weiterleiten und standardisierte Online-Bewerbungsformulare ermöglichen eine leichtere Vorauswahl und Vergleichbarkeit einzelner Kandidaten.

Meist wird bei einer digitalen Anzeige, sei es in einem Job-Portal oder auf der entsprechenden Firmen-Homepage, erwartet, dass Sie auch digital antworten. Dennoch: Im Zweifel sollten Sie besser vorher abklären, ob von Seiten des Unternehmens eine E-Mail-Bewerbung die bevorzugte Form der ersten schriftlichen Kontaktaufnahme ist, bevor Sie sich an die elektronische Übersendung Ihrer Unterlagen machen. Ist die Erwartungshaltung des Unternehmens unklar, entscheiden Sie sich lieber für die klassische schriftliche Bewerbungsmappe.

Wichtig: Bei Bewerbungen über das Internet gilt *mindestens* das gleiche Sorgfaltsprinzip wie beim klassischen Weg auf Papier. Arbeiten Sie genau, recherchieren Sie gründlich und vermeiden Sie technische Fallen. So werden Sie Punkte sammeln und besser sein als viele Ihrer Konkurrenten.

Wir stellen Ihnen folgende Formen der E-Bewerbung näher vor:

- die E-Mail-Bewerbung
- das Bewerben mit Hilfe von Online-Formularen auf Firmen-Homepages
- das Hinterlegen von Profilen auf der Firmen-Homepage
- die Bewerbung mit PowerPoint
- die eigene Homepage
- Bewerben per CD, DVD und Video

Die E-Mail-Bewerbung

Bei einer E-Mail-Bewerbung gibt es keine definierten Standards. Die Ihnen bekannten drei Elemente Anschreiben, Lebenslauf und Zeugnisse kommen aber auch hier zum Einsatz. Die meisten verstehen unter einer E-Mail-Bewerbung ein kurzes Anschreiben im Textfeld des E-Mail-Programms. Dazu kommen im Anhang ein ausführliches Anschreiben und der Lebenslauf.

Wer sich auf dem elektronischen Weg um einen Job bewirbt, sollte sich kurz fassen. Niemand will beim Herunterladen lange warten oder zig Dateianhänge öffnen müssen. Die E-Mail-Bewerbung sollte daher nicht mehr als maximal zwei Megabyte umfassen und möglichst nur Anschreiben und Lebenslauf beinhalten. Ein Unternehmen, das Interesse am Bewerber hat, fordert schnell (per Mail, wenn nicht telefonisch) weitere Informationen oder Unterlagen an.

Eine Alternative zu umfangreichen Dateianhängen ist der Link auf die eigene, gut gemachte Bewerbungshomepage: eine gute Möglichkeit, um einerseits über sich Auskunft zu geben und andererseits den Daten-GAU beim Unternehmen zu verhindern.

E-Mail-Bewerbungen leiden unter einem schlechten Ruf. Immer wieder klagen Personalabteilungen über die Flut unzulänglicher Bewerbungen auf dem elektronischen Postweg. Es gibt viele Fehlerquellen, die einen Bewerber von vornherein in einem schlechten Licht erscheinen lassen.

Typische Fehler bei der E-Mail-Bewerbung

- E-Mails werden nicht gezielt an ein Unternehmen, sondern an viele Adressaten versandt.
- Bewerbungen beziehen sich nicht auf spezielle Inserate oder sind als Initiativbewerbung nach dem Motto gestrickt: »Ich würde gerne bei Ihnen in verantwortungsvoller Position mitarbeiten wollen, was können Sie mir anbieten …«
- Jegliche Formalität wird außer Acht gelassen.
- Die Inhalte der Anhänge können nicht aus dem Dateinamen abgeleitet werden.
- Die Dokumente enthalten Viren.
- Umfangreiche Dateianhänge legen das System lahm oder lassen sich nicht öffnen.

Das E-Mail-Anschreiben

Verlangt das Stellenangebot nicht ausdrücklich die vollständigen Unterlagen, sind E-Mail-Bewerbungen Kurzbewerbungen. Überhäufen Sie den Adressaten nicht mit einer unübersichtlichen Fülle an Dokumenten und Anhängen. Ein ansprechendes kurzes Anschreiben und ein gut getexteter klarer Lebenslauf ohne Schnörkel reichen für den Erstkontakt aus.

Schicken Sie Ihre E-Mail-Bewerbung nicht an eine anonyme Pooladresse wie beispielsweise *info@firma.de* oder *kontakt@unternehmen.com*. Hier besteht die Gefahr, dass Ihre Unterlagen nicht oder erst verspätet in die Hände des zuständigen Entscheiders gelangen. Finden Sie vorab heraus, wer Ihr Ansprechpartner und Empfänger ist und wie seine E-Mail-Adresse lautet. Hier können Sie auch klären, ob diese Form die bevorzugte Variante ist und welche Wünsche vorhanden sind (ohne, mit allen Anlagen oder nur die letzten Zeugnisse etc.).

Die Betreffzeile im Mailkopf soll für Sie und Ihr Anliegen werben – analog zur Betreffzeile in einem papiernen Bewerbungsschreiben. Lassen Sie also Ihre Kreativität walten (siehe Seite 95).

Das (erste) Anschreiben wird in der E-Mail selbst formuliert, nicht im Dateianhang. Der Anhang enthält Ihren beruflichen Werdegang, eventuell auch eine Überblicksliste mit Arbeits-, Weiterbildungs- und Ausbildungszeugnissen, die Sie auf Wunsch nachreichen.

Es gibt auch Firmen, die das Anschreiben gesondert im Dateianhang wünschen. Im letzteren Fall reichen einige freundliche Zeilen in der E-Mail selbst, die auf die Bewerbung und das vorherige Telefonat Bezug nehmen. Zusätzlich empfehlen wir, die persönlichen Daten wie Anschrift, Kontaktdaten, eventuell Adresse der eigenen Bewerbungshomepage und drei Kernkompetenzen zu dem Stellenprofil hinzunehmen. Konzentrieren Sie sich aber auf das Wesentliche und bieten Sie an, die entsprechenden Unterlagen in Form einer schriftlichen Bewerbung oder bei einer persönlichen Begegnung gern nachzureichen.

Tipp!

Formulieren Sie in jedem Fall individuell für ein bestimmtes Unternehmen und eine bestimmte Position. Serienmails sind als Bewerbung ungeeignet. Beziehen Sie sich dabei auf das entsprechende Stellenangebot oder bei einer Initiativbewerbung auf den Anlass und Ihr besonderes Mitarbeitsangebot.

Die beiden gängigsten Varianten für Ihre E-Mail-Bewerbung sind:

1. Variante – empfohlen für die erste Kontaktaufnahme

- Mail-Text inklusive Lebenslaufdaten ohne Datei-Anhang (maximal sechs Absätze; insgesamt maximal 20 Textzeilen): formuliert wie ein »klassisches« Anschreiben mit den wichtigsten beruflichen Stationen; wegen der minimalistischen Form sehr beliebt bei Personalern.

2. Variante – empfohlen für Positionen ab 50 000 Euro

- Kurzer Mail-Text inklusive Lebenslaufdaten (maximal sechs Absätze; insgesamt maximal 20 Textzeilen): inklusive der wichtigsten beruflichen Stationen plus

- Dateianhang mit klassischem Anschreiben und Lebenslauf plus

- Arbeitszeugnis eventuell in einer Extradatei

Für alle Varianten gilt:

- Die Schriftgröße sollte nicht kleiner sein als 10 Punkt.

- Die Unterschrift am Ende der Mail können Sie maschinenschriftlich vornehmen oder (nicht unbedingt nötig) Ihre Originalunterschrift in Blau scannen und einfügen.

- Reihenfolge des Mailtextes: (persönliche) Anrede, Text, Grußformel, Unterschrift, Absenderblock (mit Ihren Kontaktdaten), Hinweis auf beigefügte Anlagen (falls welche mitgeschickt werden).

- Alles auf das Wesentliche reduzieren, keine langen Texte.

Die Form

Über 70 Prozent der Personaler handhaben E-Mail-Bewerbungen wie klassische Bewerbungen. Interessante Unterlagen werden ausgedruckt und dem bereits vorliegenden Bewerbungsmappen-Stapel hinzugefügt. Nehmen Sie daher in der Mail selbst kurz Bezug auf Ihren beruflichen Werdegang. Das gibt dem Leser einen Überblick, ob sich ein Klick in die angehängte Datei bzw. ein Ausdrucken lohnt. Ein Lebenslauf sollte, falls er als PDF-Datei beigefügt wird, gut formatiert sein.

Beschränken Sie Ihre Kreativität auf den Inhalt, nicht auf die äußere Gestaltung des Mailtextes: Nutzen Sie also die klassischen Formatierungen – schwarz auf weiß, einzeilig. Mit anderen Textformatierungen (fett, kursiv, bunte Hintergründe) halten Sie sich besser zurück. Nicht selten ist das E-Mail-Programm des Empfängers so konfiguriert, dass es Ihre Nachrichten nicht in dem Format lesen kann, in dem Sie es abgesendet haben. Verwenden Sie also die einfachsten Standards und keine Spielereien!

Dateiformat

Ihren Mail-Text schreiben Sie am besten im »Nur-Text«-Format. Für Dateianhänge sollten Sie Ihr Dateiformat sorgfältig wählen bzw. vorher telefonisch nachfragen, was von Unternehmensseite gewünscht ist. Verzichten Sie grundsätzlich auf TIF-, GIF- und EPS- sowie PSD- und BMP-Dateien. Mit Word erzeugte DOC-Dateien sind den meisten PC-Benutzern zwar vertraut, haben aber Nachteile, wenn unterschiedliche Word-Versionen installiert sind. Zum einen bleiben Layout und Formatierung bei der Datenübertragung häufig nicht erhalten, zum anderen sind Word-Dateien anfällig für Makroviren. Relativ sicher und virenfrei sind RTF-Dateien, die auch Formatierungen beibehalten. Wählen Sie dazu in Ihrer Textverarbeitung, z. B. in Word, unter »Speichern unter« die Option »*.rtf«.

Eine professionelle Alternative dazu bieten PDF-Dateien (Portable Document Format) der Softwarefirma Adobe. Im PDF-Dateiformat bleiben alle Schriften, Formatierungen, Farben und Grafiken Ihres Dokumentes erhalten. Sie können z. B. mit dem kostenfreien FreePDF (http://freepdfxp.de) Ihre Dokumente einfach und schnell in das PDF-Format umwandeln.

Fotos und eingescannte Dokumente (z. B. Arbeitszeugnisse) werden üblicherweise im JPEG-Format gespeichert und versendet. Eine Alternative ist auch hier das PDF-Format.

Schrift, Farbe, Hintergrund

Wenn Sie sicher sind, dass der Empfänger Ihrer E-Mail das HTML-Format lesen kann, können Sie grafische Details beeinflussen. Beispielsweise können Sie individuelle Akzente bei der Schriftwahl, der farblichen Gestaltung sowie des Hintergrunddesigns setzen.

Überlegen Sie sich vorab genau, welche gestalterischen Elemente für den Empfänger Sinn machen. Versuchen Sie eine Auswahl zu treffen, die zu Ihnen passt, jedoch gleichzeitig mit den Erwartungen des potenziellen neuen Arbeitgebers harmoniert.

Die Kontaktdaten

Ihre Kontaktdaten platzieren Sie bei einer E-Mail am besten am Ende des Nachrichtentextes.

Nur wenn sichergestellt ist, dass Ihre HTML-E-Mail auch korrekt empfangen bzw. dekodiert werden kann, können Sie am Ende des Textes Ihre eingescannte Unterschrift einfügen. Während die eigene Signatur an dieser Stelle eine interessante Option darstellt, so ist sie im angefügten Anschreiben sowie im Lebenslauf ein klares Muss.

Der Lebenslauf

Nach dem Anschreiben folgt Ihr Lebenslauf, den Sie in Form und Inhalt wie bei einer traditionellen klassischen Bewerbung erstellen. Fügen Sie diesen Ihrer E-Mail-Bewerbung bei, achten Sie auf eine entsprechende Formatierung. Alternativ können Sie ihn auch als Kurzversion direkt in die E-Mail schreiben. Dies erspart dem Leser bei der ersten Durchsicht einen zweiten Klick auf eine angehängte Datei und damit Zeit.

Das Foto

Scannen Sie Ihr Bewerbungsfoto ein, sofern es kein Digitalfoto ist; lassen Sie sich hierbei ggf. von professioneller Seite helfen (z. B. in größeren Copy-Shops). Speichern Sie es in einem universell verbreiteten Bildformat wie JPEG ab und fügen Sie es in Ihren Lebenslauf ein. Beachten Sie hierbei, dass das Bild nicht zu viel Speicherplatz einnimmt.

Die Zeugnisse

Nach dem Anschreiben und dem Lebenslauf folgen ggf. Ihre Zeugnisse. Scannen Sie diese in Schwarzweiß ein und fügen Sie diese in einer gesonderten Datei bei. Werden mehr als drei bis vier Zeugnisse beigefügt, so empfiehlt sich ein Anlagenverzeichnis, das nach dem Lebenslauf einen Überblick zur Reihenfolge der aufgeführten Unterlagen gibt.

Die Anlage

Versenden Sie nur eine Anlage mit maximal zwei Megabyte. Versehen Sie das Dokument mit einem aussagefähigen Namen, z. B. »bewerbung_anne_schulz_25102011«. Achten Sie innerhalb des angefügten Dokuments auf die richtige Reihenfolge der Texte. Erwähnen Sie, dass Sie weitere Unterlagen nachreichen können. Fassen Sie ferner Dokumente sinnvoll zusammen, kein Personalentscheider möchte jede Seite Lebenslauf, jedes Zeugnis einzeln öffnen. Mit kostenlosen PDF-Builder-Programmen (http://pdftk-builder.softonic.de) lassen sich mehrere PDF-Dokumente zu einem zusammenfassen.

Testen Sie, wie Ihre E-Mail ankommt. Richten Sie sich eine zweite E-Mail-Adresse ein und schicken Sie vorab eine Testbewerbung an sich selbst. So können Sie prüfen, ob Ihre Mail vollständig, formatiert und werbefrei ankommt.

Tipp!

Weitere sinnvolle Anlässe für einen Kontakt per E-Mail

* E-Mail vorab als Ankündigung für Ihre Bewerbung: Machen Sie mit einigen kurzen Worten auf Ihre klassische Postsendung aufmerksam und wecken Sie bereits im Vorfeld die Neugierde des Empfängers.

* E-Mail zwischendurch: Sie haben Ihre Unterlagen verschickt und bisher nichts gehört. Nach 10 bis 14 Tagen ist eine Nachfrage per E-Mail angemessen. Erkundigen Sie sich kurz nach dem Stand der Dinge, dem Erhalt Ihrer Bewerbung und wann mit einer Rückmeldung zu rechnen ist. Bitte höflich, nicht ungeduldig oder gar vorwurfsvoll!

* E-Mail mit Dank für die Einladung oder nach dem Vorstellungsgespräch: Sich bedanken kommt immer gut an. Ob Sie sich für die freundliche Einladung vorab bedanken und/oder nach dem geführten Vorstellungsgespräch, bleibt Ihnen überlassen (ggf. auch beides!). So bringen Sie sich den Entscheidern erneut in positive Erinnerung.

Die optimale E-Mail-Bewerbung – kommentierte Beispiele

Im Folgenden zeigen wir Ihnen drei kommentierte Varianten für E-Bewerbungen.

1. Variante – ohne Anhänge

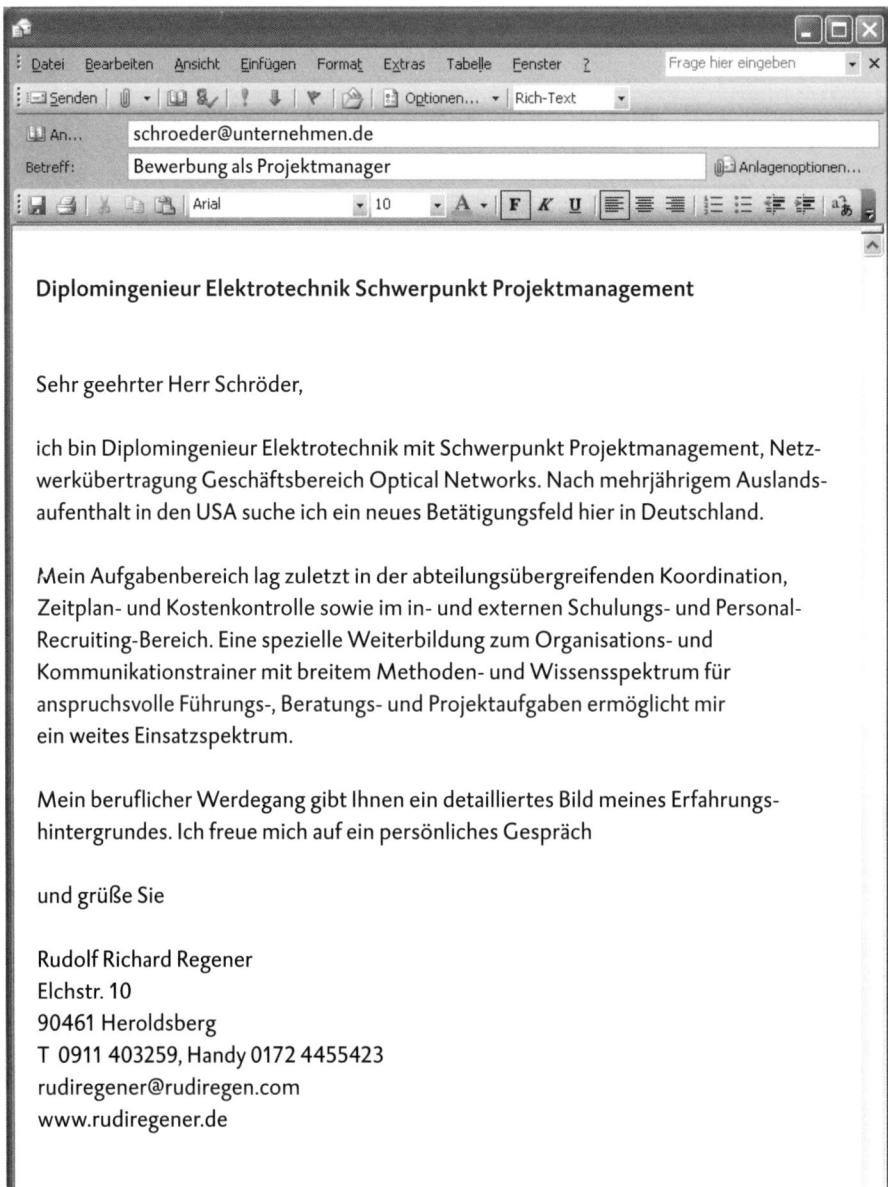

geboren am 4. Juni 1974
in Heroldsberg/Bayern
verheiratet/ein Sohn
ortsungebunden

Jan. 1999 – Dez. 2009	**ABC GmbH Deutschland/USA** Internationaler Konzern der Telekommunikationsindustrie
Feb. 2004 – Sept. 2009	**Standort Bridgeport, Connecticut, USA** *Projektmanager* für Netzwerkübertragungsprodukte, Steuerung und Koordination der verschiedenen Abteilungen im Projektprozess: Research und Development, System Engineering, Product Management, Manufacturing und andere Funktionseinheiten
Jan. 1999 – Jan. 2004	**Standort Würzburg** *Operationsmanager* Bereich: Geschäftsführung (Managing Directors Office) Unterstützung bei der Weiterentwicklung des Standortes Nürnberg Konzeption, Planung und Durchführung des Executive Councils »Board of Directors Technologies, Germany« Konzeption, Planung und Durchführung von Team- Diagnoseworkshops für internationale Projektteams
1994 – 1999	**Studium FH Nürnberg** Studiengang Elektrotechnik Studienschwerpunkt Datentechnik

Zeichnen ▾ | AutoFormen ▾ \ ↘ □ ○ ▣ ◿ ✿ ▨ ▨ | ◇ ▾ ◢ ▾ A ▾ ☰ ☷ ⇄ ◻ ◻

Kommentar

Text: Kurz und treffend – direkt in der E-Mail-Maske. In wenigen Zeilen wird hier beim Leser Interesse am Bewerber geweckt. Die persönliche Ansprache sorgt ebenfalls dafür, dass dieses Angebot wahrgenommen wird.

Absenderadresse: Kommt wie bei E-Mails üblich ans Textende. In diesem Beispiel geht es aber noch mit einem Mini-Lebenslauf weiter. Eine gute Idee! Er rundet das positive Bild des interessanten Bewerbers ab. Davor eine eingescannte Unterschrift oder eben auch nicht!

Umfang: Mehr muss nicht sein bei der ersten Kontaktaufnahme. Keine weiteren Anlagen, die eingescannt und mitgeschickt werden müssen. Wichtig jedoch vielleicht noch der Hinweis, dass man gerne mehr an Unterlagen auf Wunsch vorlegt. Vorab oder in der ersten persönlichen Begegnung.

2. Variante – mit Anlage: Lebenslauf

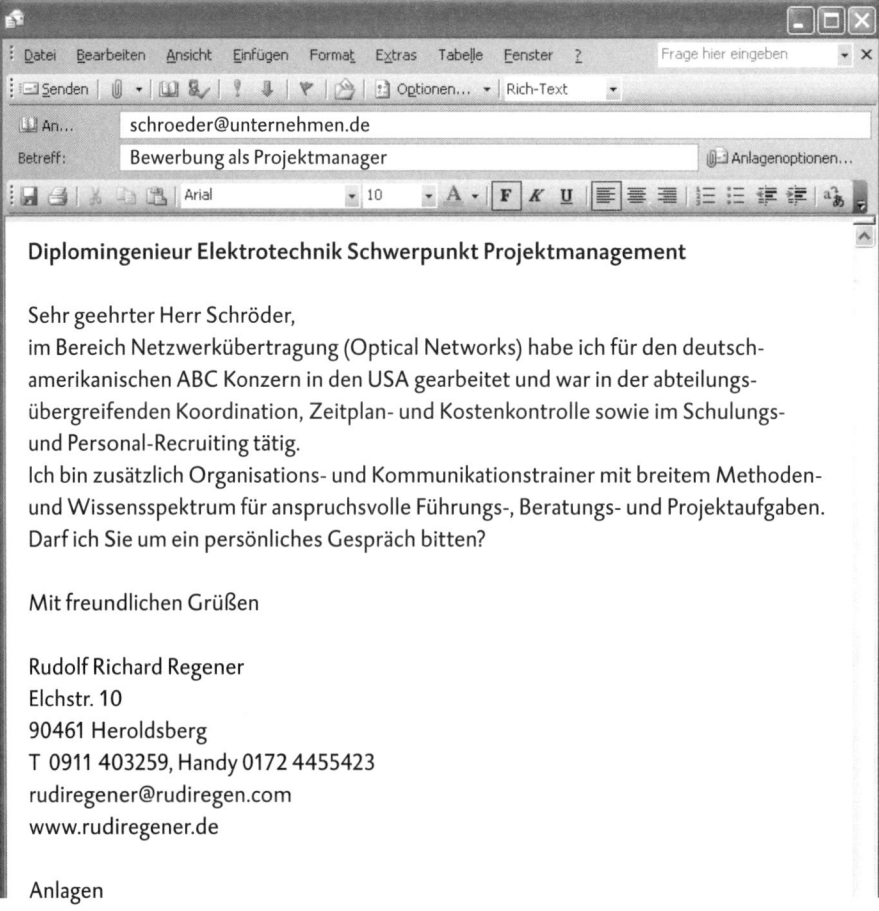

Diplomingenieur Elektrotechnik Schwerpunkt Projektmanagement

Sehr geehrter Herr Schröder,
im Bereich Netzwerkübertragung (Optical Networks) habe ich für den deutsch-amerikanischen ABC Konzern in den USA gearbeitet und war in der abteilungs-übergreifenden Koordination, Zeitplan- und Kostenkontrolle sowie im Schulungs- und Personal-Recruiting tätig.
Ich bin zusätzlich Organisations- und Kommunikationstrainer mit breitem Methoden- und Wissensspektrum für anspruchsvolle Führungs-, Beratungs- und Projektaufgaben.
Darf ich Sie um ein persönliches Gespräch bitten?

Mit freundlichen Grüßen

Rudolf Richard Regener
Elchstr. 10
90461 Heroldsberg
T 0911 403259, Handy 0172 4455423
rudiregener@rudiregen.com
www.rudiregener.de

Anlagen

geboren 04.06.74 in Heroldsberg/Bayern
verheiratet/ein Sohn/ortsungebunden

Jan. 1999 – Dez. 2009	**ABC GmbH Deutschland/USA**
	Internationaler Konzern der Telekommunikationsindustrie
	Standort Bridgeport, Connecticut, USA
	Projektmanager für Netzwerkübertragungsprodukte,
	Steuerung und Koordination der verschiedenen
	Abteilungen im Projektprozess: Research und Development,
	System Engineering, Product Management, Manufacturing
	und andere Funktionseinheiten

Zeichnen ▾ | AutoFormen ▾ \ ╲ □ ○ ⬛ ◢ ❖ 🖼 🖼 | ◇ ▾ ◢ ▾ A ▾ ≡ ≡ ⇄ ⬜ ⬜

Kommentar

Text: Sehr gut! Selbst mit einigen wenigen Zeilen kann es gelingen, eine erste wichtige Botschaft zu vermitteln. Nur noch eine Kurzinfo zu den letzten beruflichen Daten. Das reicht auch schon so! Wahlweise mit oder ohne eingescannter Unterschrift. Geschmackssache!

Anhang: Dafür ist jetzt aber eine Anlage notwendig. In dem beigefügten Anhang (auf den wir hier aus Platzgründen verzichten und auf die anderen gelungenen Bewerbungsbeispiele in diesem Buch verweisen) befindet sich in einer Datei der Lebenslauf und eventuell das letzte Arbeits- oder Ausbildungszeugnis.

3. Variante – mit Anlage: Anschreiben und Lebenslauf

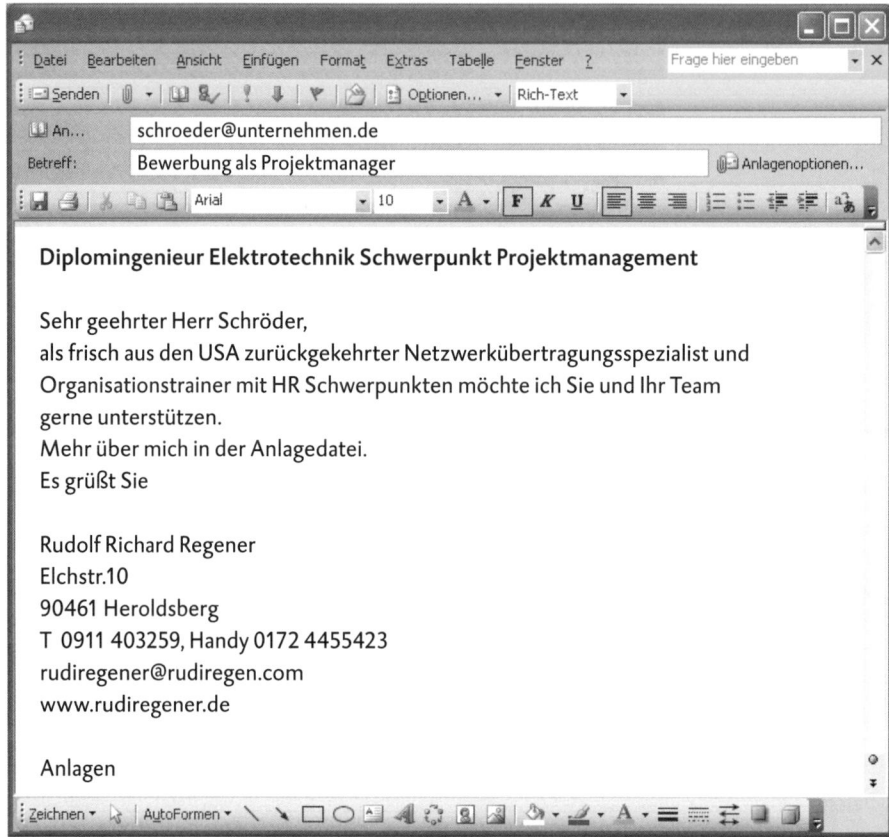

Kommentar

Text: Ganz kurz, vierzeilig – eine sogenannte Anmoderation. Unterschrift: wahlweise!

Anhang: Als Anlage befindet sich eine Datei mit klassischem Anschreiben und einem entsprechenden Lebenslauf.

Nachfass-E-Mail

Sie haben alle Ratschläge beachtet, Ihre E-Mail abgeschickt und keine Antwort erhalten? Manchmal gehen Nachrichten verloren oder der Empfänger hat Ihre Bewerbung übersehen. In jedem Fall können Sie nach ca. 10 bis 14 Tagen Wartezeit eine Nachfass-E-Mail versenden. Formulieren Sie noch einmal in ca. drei Zeilen Ihr Interesse an der Position und erkundigen Sie sich, ob alles gut angekommen ist, ob vielleicht noch bestimmte Unterlagen fehlen und wann mit einer Entscheidung zu rechnen ist.

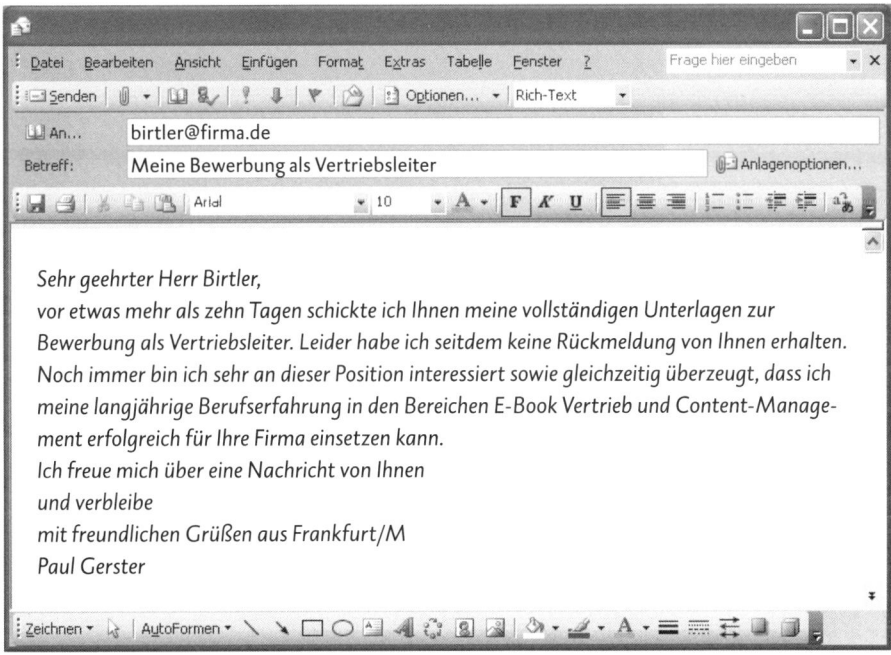

Das Online-Bewerbungsformular

Insbesondere größere Firmen vertrauen zunehmend den Vorteilen einer digitalen, automatischen Kandidatenauswahl und bieten interessierten Bewerbern die Möglichkeit, ihr berufliches Profil auf der Firmenhomepage einzugeben. Für Sie als Führungskraft (ab etwa 100 000 Euro p.a.) ist dies derzeit definitiv nicht der ideale Kontaktweg. Fakt jedoch ist: Der Trend scheint unumkehrbar und auch Sie werden daran wohl nicht mehr vorbeikommen.

Ein Beispiel: Bei einer Bewerbung für den Posten als Vertriebsleiter erfragen die ersten Formular-Seiten zunächst einmal die Kontaktdaten des Bewerbers. Danach folgen neue Fenster und Menüs, in denen Angaben zum Schulabschluss, zur Ausbildung sowie den Weiterbildungen gemacht werden müssen. Im sich anschließenden Formular wird nach den bisherigen Beschäftigungsverhältnissen und den konkreten Arbeitsaufgaben sowie der Verantwortung gefragt. Hiernach folgen Angaben zu sonstigen Kenntnissen, beispielsweise Erfahrungen mit speziellen Programmen, dem Führerscheinbesitz sowie Freizeitinteressen. Schlussendlich hat der Bewerber dann noch die Chance, in freien Textfeldern, also mit eigenen Worten, zu seinen Stärken sowie beruflichen Zielen individuell Stellung zu nehmen – eine Abfrage, die inhaltlich vergleichbar mit der »Dritten Seite« ist.

Sie sehen: Bei dieser Bewerbungsform wird inhaltlich kaum mehr als bei einer traditionellen Bewerbung verlangt. Wenn überhaupt, so liegt die Schwierigkeit in der technisch ungewohnten, ja teilweise umständlichen Dateneingabe. Beispielsweise gestaltet sich der Registrierungsprozess oftmals kompliziert und nimmt unerwartet viel Zeit in Anspruch. Bei manchen Firmen muss der Bewerber auch erst einmal warten, bis das notwendige Zugangspasswort per E-Mail zugeschickt wird. Abgesehen davon ist in den meisten Fällen das Akzeptieren einer Datenschutzerklärung eine notwendige Voraussetzung, um überhaupt auf die eigentlichen Bewerbungsformulare zu gelangen. Diese können direkt von der jeweiligen Firma installiert sein oder durch einen Internet-Link zu einer Stellenbörse führen, welche dann die Bewerberauswahl für die Firma übernimmt. Viele Unternehmen, die ihre Stellenausschreibungen auf ihrer Firmen-Homepage veröffentlichen, stellen diese auch in Job-Portale wie z. B. *www.jobware.de*, *www.joborama.de* oder *www.monster.de* ein und lassen über diese Anbieter die Vorauswahl der Kandidaten laufen.

Die Auswertung der Online-Formulare kann automatisch oder teilautomatisch erfolgen. Je schneller Sie eine Absage bekommen, desto wahrscheinlicher ist ein automatisches, das heißt computergestütztes Auswahlverfahren, das aufgrund eines oder mehrerer Datenabgleiche bzw. Übereinstimmungen (z. B. Alter, Bildungsabschlüsse, Verweildauer an Arbeitsplätzen) entscheidet, ob Sie als potenzieller Mitarbeiter interessant sind oder nicht.

Online-Bewerbungsformular – Pflicht oder Kür?

Besonders große Konzerne drängen auf die Nutzung der aufwendig installierten Bewerberformulare oder bieten – wie z. B. Audi oder E.ON – keine andere Bewerbungsmöglichkeit an. Als Gründe werden Zeit-, Kosten- und Platzersparnis genannt, um durch automatisierte Prozesse der Bewerberflut Herr zu werden.

Natürlich ist es empfehlenswert, sich an diesen Richtlinien zu orientieren. Gleichzeitig haben standardisierte Auswahlverfahren den Nachteil, dass die Individualität des Bewerbers ein Stück weit verloren geht. Versuchen Sie deshalb im Anschreiben, im angefügten Lebenslauf sowie den freien Textfeldern, Ihr Profil möglichst eigenständig zu präsentieren.

Wir empfehlen Ihnen, weitere Kontakte zur Firma zu suchen und möglichst einen Ansprechpartner für eine direkte Bewerbung zu finden. Hierzu sollten Sie nicht nur im Internet die bereits erwähnten Business-Communities nutzen, sondern sich auch auf Firmen- und Branchenmessen persönlich vorstellen. Eine weitere Chance stellt der direkte Kontakt per Telefon dar.

Die wichtigste Grundregel lautet: Eine Onlinebewerbung ist zumeist überwiegend Fleißarbeit, lassen Sie sich daher nicht von der Fülle der Eingabeformulare abschrecken. Mit etwas Erfahrung werden Sie geübter und die Online-Formulare routiniert ausfüllen können.

Dabei ist bei manchen Formularen das Zwischenspeichern möglich, andere müssen komplett in einem Arbeitsgang ausgefüllt werden. Umfangreichere Texte sollten Sie daher besser in einer zweiten Datei speichern, damit diese bei einer Unterbrechung nicht verloren gehen.

Die Filter bzw. Rasterkriterien zur automatischen Bewerbereinstufung bleiben dabei stets Firmengeheimnis. Hier kann man lediglich spekulieren, z. B. wenn häufig Fragen zum Thema Teamfähigkeit oder zu bestimmten fachlichen Kenntnissen gestellt werden.

Übrigens: Bei Bewerbungsformularen von größeren Konzernen werden die Bewerbungen oftmals in einem Kandidaten-Pool gespeichert, auf den auch andere, mit dem Konzern verbundene Firmen, Zugriff haben. Dies steigert Ihre generellen Chancen, ein Angebot zu erhalten, selbst wenn es mit dem Traumjob bei der Wunschfirma auf Anhieb nicht klappt.

Beim Ausfüllen punkten

Die Kunst beim Ausfüllen besteht in der richtigen Mischung aus »angepasstem« Ausfüllen und individueller Präsentation. So wird Ihre Persönlichkeit für andere schnell und gut erkennbar. Dies ist in der Regel bei der Eingabe von freien Texten unter der Bezeichnung »Sonstiges« oder »Wollen Sie uns noch etwas mitteilen?« möglich (siehe auch unsere Anregungen für die Dritte Seite, Seite 123). Ferner können Sie sich durch interessante Überschriften oder prägnante Zusammenfassungen positiv abheben.

Machen Sie einen Probedurchlauf mit fiktiven Angaben – so können Sie das entsprechende Onlineformular in Ruhe testen. Bereiten Sie sich auf Standardfragen vor, indem Sie entsprechende Texte oder Formulierungen in einer separaten Datei abspeichern. Diese können Sie anschließend in die Felder der Online-Formulare kopieren. Häufig werden z. B. Fragen wie »Warum bewerben Sie sich bei uns?« gestellt. Hier sind Kreativität und Formulierungsgeschick gefragt. Recherchieren Sie, welche Philosophie und Zukunftsvisionen die Firma hat, und passen Sie Ihre Antwort entsprechend an – ohne sich anzubiedern.

Die berufsbezogenen Fragen wurden für konkrete Stellenprofile entwickelt und berücksichtigen personalstrategische Gesichtspunkte, wie z. B. einen speziellen Ausbildungshintergrund, bestimmte Fachkompetenzen oder relevante Praxiserfahrungen. Beachten Sie bei der Dateneingabe, dass auch branchenspezifische Formulierungen oder Redewendungen erwartet werden. So kann die Verwendung von bestimmten Schlüsselbegriffen oder Fachwörtern Zusatzpunkte einbringen.

Vergessen Sie auf keinen Fall vor dem Versand Ihrer Texte die Rechtschreibung zu prüfen. Des Weiteren sollten Sie stets die vorgegebenen technischen Parameter beachten. Hierzu gehören: Anzahl der Dokumente, Größe der Dateien sowie vorgeschriebene Formate.

> **Speichern Sie die eingegebenen Daten oder drucken Sie diese aus. So wissen Sie im Vorstellungsgespräch noch genau, was Sie von sich gegeben haben.**

Tipp!

Dateianhänge

Nutzen Sie die Möglichkeit, Dokumente an die Online-Bewerbung anzuhängen (Zeugnisse, Zertifikate, Lebenslauf etc.). Wer sich online bewirbt, sollte seine Dokumente unbedingt entsprechend vorbereitet haben.

Wartezeit

Nachdem Sie das Online-Formular abgeschickt haben, erhalten Sie meist automatisch eine Bestätigung, dass Ihre Bewerbung beim Unternehmen angekommen ist. Wenn Sie nach drei bis fünf Tagen noch nichts gehört haben, dürfen Sie per E-Mail oder telefonisch nachfragen.

Das E-Profil

Verlangt ein Arbeitgeber ein Profil von Ihnen, möchte er damit weit mehr als einen bloßen Lebenslauf. Wo der Lebenslauf lediglich Eckpunkte Ihrer Karriere markiert, geht das Profil näher auf Details ein: auf Ihren genauen Aufgabenbereich, die Qualifikationen, die Sie sich währenddessen erworben haben (in wirtschaftlichen Bereichen), die finanziellen Erfolge, die Sie erzielen konnten, die Kunden, die durch Sie akquiriert wurden etc. Der Übersichtlichkeit wegen sind diese Profile meist in Tabellenform angelegt. Ein sogenanntes Kompetenzprofil bringt Ihre Qualifikationen noch einmal auf den Punkt, indem Sie sie selbst einschätzen (sehr erfahren, erfahren, Grundkenntnisse etc.). Ein solches Profil sollte natürlich immer auf dem neuesten Stand gehalten werden und inhaltlich den jeweiligen Unternehmen angepasst sein.

Virtuelle Stellenbörsen bieten meist die Möglichkeit, einen Lebenslauf bzw. ein Profil in ihre Bewerberdatenbank einzustellen.

Die notwendigen Vorgänge sind verschieden. Bei *www.jobrobot.de* wird der Bewerber nach seiner Adresse und Mailadresse befragt, und ob die Anonymität seiner persönlichen Daten erwünscht ist. Nach der Benennung eines frei wählbaren Kennworts und der Eingabe einer ständig wechselnden Zahl, um den Spamschutz zu sichern, wird der Bewerber nun nach seinen Stellenwünschen und Tätigkeitsfeldern gefragt (mit dem Hinweis, dass diese Daten veröffentlicht werden). Im eigentlichen Gesuchsfeld mit Titelzeile formuliert dann der Bewerber den Text, der später in der Stellenbörse zu lesen sein wird. Im Anschluss werden Studium, Berufserfahrung, Führungserfahrung, Fremdsprachenkenntnisse, Gehaltsvorstellung, Mobilität, Verfügbarkeit etc. erfragt.

Bei *www.stellenanzeigen.de* bleibt der Lebenslauf anonym, und es ist dem Bewerber selbst überlassen, sich auf das Angebot eines Arbeitgebers zu melden.

Unsere Ausführungen zum »klassischen« Lebenslauf bzw. Profil gelten selbstverständlich auch für die E-Varianten.

PowerPoint-Präsentationen

Eine Bewerbung mit PowerPoint empfiehlt sich, wenn für den entsprechenden Arbeitsplatz eine sehr sichere Selbstdarstellung vorausgesetzt wird.

Die Gestaltung

Gestalten Sie eine überzeugende und gleichzeitig unaufdringliche Selbstpräsentation, wie sie der potenzielle Arbeitgeber erwarten würde. Verwenden Sie gegebenenfalls die Hausfarben und bauen Sie eventuell das Firmenlogo dezent ein. Stellen Sie eine angemessene kurze Präsentationsdauer pro Folie ein (etwa 20 bis 45 Sekunden) und testen Sie die Zeiteinstellungen der Folienübergänge im Freundeskreis. Zeigen Sie sich kompetent im Umgang mit PowerPoint, ohne dabei den Bogen zu überspannen: Wenn Sie technische Spielereien verwenden, sollten diese auch zu Ihrer Bewerbung passen. Benutzen Sie nur Animationen, Grafikeffekte oder Soundoptionen, die Ihre Botschaft unterstützen und diese nicht überdecken. Wichtiger ist eine gute Dramaturgie – ein spannender Start, ein interessanter Mittelteil und ein überraschender Schluss. Zugegeben, alles leichter gesagt als getan!

Format und Umfang

Eine Präsentation in PowerPoint kann technisch so »eingepackt« werden, dass der Empfänger nicht einmal das entsprechende Office-Programm der Firma Microsoft benötigt. Hier gilt es bei Bedarf Expertenrat einzuholen, um alle sinnvollen Möglichkeiten von PowerPoint zu nutzen. Berücksichtigen Sie, dass Effekte, die Sie mit neueren Programmversionen erzeugt haben, unter Umständen nicht von älteren wiedergegeben werden. Ein Versand Ihrer Präsentation per E-Mail sollte nicht die üblichen Größen von etwa 2 bis 3 Megabyte überschreiten. Ein Beispiel für eine schlichte aber gelungene PowerPoint-Präsentation finden Sie unter *www.berufsstrategie-plus.de.*

Die eigene Homepage

Im Computer- oder Multimediabereich ist eine eigene Webseite fast schon Standard. Für alle anderen Berufsgruppen gilt: Schätzen Sie für sich realistisch ein, ob eine eigene Website zu Ihnen passt und ob diese Ihr Bewerbungsvorhaben und die angestrebte Position unterstützt. Generell gilt: Eine für Ihre Bewerbung als Unterstützung konzipierte Homepage sollte auf keinen Fall farblich und inhaltlich überladen sein. Ihr Ziel ist es, sich prägnant, kompetent, hoch motiviert und sehr sympathisch zu präsentieren (denken Sie an Kompetenz – Leistungsmotivation – Persönlichkeit). Nutzen Sie die Internet-Suche und finden Sie Homepages, die ebenfalls zu Bewerbungszwecken erstellt worden sind. Schauen Sie sich deren Gestaltung sowie die inhaltlichen Schwerpunkte an.

Technische Umsetzung

Neben einer eigenen Internetadresse benötigen Sie zur Erstellung Ihrer Homepage ein entsprechendes Webeditor-Programm wie z. B. Microsoft Frontpage. Auch bei PowerPoint oder Word ist es möglich, die erzeugten Seiten im HTML-Format abzuspeichern. Ferner existieren leicht bedienbare Webeditoren, die Ihnen beispielsweise beim Kauf Ihrer Internetadresse kostenlos zur Verfügung gestellt werden. Wenn Ihnen die grafische Gestaltung und die technische Umsetzung Ihrer Homepage zu viel Mühe machen und das Ergebnis eher laienhaft wäre, lohnt es sich, einen professionellen Webdesigner zu beauftragen.

> **Tipp!**
>
> **Testen Sie Ihre Seiten auf unterschiedlichen Computern, mit verschiedenen Webbrowsern und unterschiedlichen Bildschirmauflösungen. So können Sie prüfen, ob Ihre Homepage fehlerfrei online gehen kann. Und: Überlegen Sie sich gut, ob Sie aufwendige Animationen oder umfangreiche multimediale Inhalte in Ihre Seite integrieren wollen. Das kostet die Besucher unnötig Zeit. Verwenden Sie ein Layout, das den Erwartungen Ihrer Zielgruppe entspricht und trotzdem Ihre eigene Persönlichkeit angemessen präsentiert.**

Inhaltliche Umsetzung

Zu den Inhalten einer Homepage gehören: eine Kurzvorstellung der eigenen Person mit den wichtigsten Daten, ein Lebenslauf, den der Leser direkt ausdrucken kann, sowie ausgewählte Zeugnisse und eventuell Arbeitsproben (Fotos). Sensible Daten wie Zeugnisse oder Arbeitsproben können Sie durch ein Passwort schützen oder nur einer speziellen Personengruppe zugänglich machen. Dieses Passwort übermitteln Sie zusammen mit Ihren schriftlichen Bewerbungsunterlagen.

Domainname

 Die beste Variante ist eine Webadresse, die den eigenen Namen enthält, also z. B. »www.sandra-schelling.de« für eine Homepage von Sandra Schelling. Welche Namen mit dem Abschlusskürzel »de« noch nicht vergeben sind, erfahren Sie unter *www.denic.de*. Es ist auch möglich, bei Anbietern wie T-Online oder AOL seine eigene Homepage hochzuladen, man erscheint dann nicht mit der eigenen Domain, sondern in einem Unterverzeichnis.

Sechs wichtige Regeln für die perfekte Homepage

• Weniger ist mehr. Versuchen Sie nicht durch eine übermäßige grafische Gestaltung, sondern durch eine zweckmäßige und trotzdem kreative Präsentation aufzufallen.

• Stellen Sie wichtige inhaltliche Punkte gut sichtbar sowie leicht erreichbar in den Vordergrund.

• Kommunizieren Sie etwas über Ihre Persönlichkeit und vermeiden Sie Links zu zweifelhaften Internetseiten.

• Sorgen Sie dafür, dass Ihre direkten Kontaktmöglichkeiten leicht auffindbar sind.

• Achten Sie auf Metatags, damit Ihre Homepage von den Suchmaschinen gut gefunden wird (weitere Infos unter *www.suchfibel.de*).

• Halten Sie die Daten und die Gestaltung Ihrer Homepage stets auf dem aktuellen Stand.

 Ein gelungenes Beispiel einer Bewerberhomepage finden Sie unter *http://www.berufsstrategie. de/bewerbungshomepage*.

CD, DVD & Video

Die Videobewerbung gehört zu den hierzulande selten eingesetzten Bewerbungsformen. In kreativen Branchen wird sie dabei schon etwas häufiger eingesetzt als in konservativen Geschäftsfeldern. Die Internetplattformen *www.youtube.com, www.myvideo.de, www.myspace.com*, die Privatvideos zu den unterschiedlichsten Themen sammeln, kennen Sie.

Eine Videobewerbung muss kurz, sehr informativ und spannend sein, schon durch die Machart die (job-)relevanten Facetten des Bewerbers zeigen, auf langatmige atmosphärische Einleitungen verzichten und die Verbindung zwischen Firma und Bewerber begründen. In Amerika gibt es bereits Agenturen, die diese Bewerbungen auf Wunsch mit potenziellen Arbeitgebern verlinken.

Medien

Sie wollen ein visuelles und akustisches Bild von sich vermitteln, sich quasi komplett präsentieren, ohne persönlich anwesend zu sein? Das erfordert die Produktion eines Films, sei es für ein Video oder eben eine Kurzsequenz für eine CD beziehungsweise eine DVD. Eine DVD bietet den Vorteil, dass deutlich größere Datenmengen gespeichert werden können.

Innovative Bewerber greifen vielleicht sogar zu Ihrem Fotohandy und erstellen eine zehnsekündige Videobotschaft, die sie dann aber ebenfalls per CD oder DVD verschicken sollten.

Aufwand

Der technische und zeitliche Aufwand für die Herstellung eines gut gemachten Videos ist nicht zu unterschätzen. Für einen zweiminütigen professionellen Bewerbungsfilm sollten Sie einige Tage Arbeit einplanen. Zunächst müssen Sie eine Idee entwickeln, welche Botschaften Sie mit Ihrer Selbstdarstellung vermitteln wollen.

Sie entscheiden, ob Sie sich in Ihrem Lieblingssessel oder im Park filmen lassen, während Sie den Zuschauer möglichst natürlich und glaubhaft von Ihrem Angebot zu überzeugen versuchen. Dabei sind Ihr Auftritt und das Umfeld von Bedeutung. Auch über filmische Dinge wie Bildkomposition, Tonqualität und Lichtverhältnisse sollten Sie sich intensiv Gedanken machen.

Lassen Sie sich helfen, es gibt genug Profis auf diesem Gebiet. Besuchen Sie entsprechende Internetforen sowie Expertenseiten im Netz, z. B. *http://digitalvideoschnitt.de.*

www.

Mögliche Elemente Ihrer Videobewerbung

- Filmsequenzen
- Musik
- Texte
- Animationen
- Grafik

Das Video soll ein Beleg für Ihre berufliche Kompetenz, Ihre Leistungsbereitschaft sein und Sie als einen ernstzunehmenden sympathischen Bewerber zeigen. Vergessen Sie deshalb nicht Ihre Persönlichkeit passend zum jeweiligen Job zu vermitteln.

Verpackung und Form

Auch die Gestaltung der CD-Hülle sowie des CD-Labels sollte professionell wirken und zu Ihrer Botschaft passen. Anstelle einer normalen CD können Sie auch eine sogenannte Shape-CD gestalten. Diese hat nicht die gewohnte runde Form, sondern kann z. B. wie eine Visitenkarte, ein Quadrat oder ein Dreieck aussehen und mit Ihren Kontaktdaten oder einer Grafik bedruckt werden. Mit einer Shape-CD können Sie noch individueller Ihre Botschaft transportieren und bereits schon vor dem Ansehen der CD beim Empfänger Aufmerksamkeit erzeugen.

Sie können Ihr Video aber auch auf Ihrer Homepage präsentieren, als Videostream, der den Besuchern zur Verfügung gestellt wird.

Fünf Regeln für das perfekte Video

- Erstellen Sie vorab einen Drehplan, in dem die unterschiedlichen Drehorte, die verschiedenen Einstellungen, die jeweilige Kulisse, die Statisten sowie andere wichtige Details festgehalten sind.

- Denken Sie daran, dass Ihr Video nicht zu lang wird und auch in einem Format übermittelt werden kann, das der Empfänger lesen/schauen kann.

- Halten Sie die Balance zwischen einer kreativen Performance und der Übermittlung Ihrer beruflichen Kompetenz.

- Videos sind ein Medium zur Übertragung von bewegten Bildern, weshalb Ihr kleines Kunstwerk dies auch berücksichtigen sollte.

- Testen Sie im Zweifelsfall die Wirkung Ihres Videos im Freundes-, Kollegen- und Bekanntenkreis.

Beziehungsmanagement

Perfekt aufbereitete Bewerbungsunterlagen, innovative, anspruchsvoll gestaltete Layout-Ideen und der Einsatz neuer Medien sind das eine – das andere ist der persönliche Kontakt, von Angesicht zu Angesicht oder auch nur akustisch am Telefon. Erst in der persönlichen Begegnung wird sich herausstellen, ob die Chemie zwischen Ihnen und Ihrem Gegenüber stimmt, ob Sie einen sympathischen, motivierten Eindruck machen und so Ihrem Ziel ein bisschen näher kommen.

Zunächst wollen wir Ihnen zeigen, wie es Ihnen gelingen kann, andere Menschen für sich einzunehmen. Dann wenden wir uns den Möglichkeiten zu, in einer persönlichen Begegnung Ihr Bewerbungsvorhaben optimal voranzubringen.

Sein Gegenüber für sich einnehmen

Was macht einen zwischenmenschlichen Kontakt »erfolgreich«? Wann fühlen Sie sich mit Ihrem Gegenüber wohl und warum? Was können Sie persönlich dafür tun, dass Ihre Geschäfts- und Arbeitsbeziehungen bestens funktionieren?

Gerade in Situationen, in denen Sie auf Menschen treffen, die wichtig für Ihre berufliche Zukunft sind, ist es besonders wichtig, dass Sie den von Ihnen gewünschten Eindruck hinterlassen. Dieser erste Eindruck wird vor allem von Ihrem Auftreten geprägt. *Was* Sie sagen ist weniger entscheidend, als *wie* sie es tun. Denn Sie bekommen keine zweite Chance, einen ersten Eindruck zu hinterlassen.

Wie Sympathie entsteht

Herzen öffnen, Menschen gewinnen! Egal ob es ums Beeinflussen oder Überzeugen geht – beides wird Ihnen umso besser gelingen, je sympathischer Sie Ihr Gegenüber erlebt. Sympathie ist die Basis von Vertrauen, und wenn Ihnen jemand erst einmal vertraut, dann traut er Ihnen auch gewisse Kompetenzen zu, ist bereit, an Ihre Fähigkeiten zu glauben, Ihnen eine Chance zu geben. Wie wichtig das gerade in der Arbeitswelt ist, steht außer Frage.

Psychologische Studien haben bewiesen, dass im ersten Moment der Begegnung zu etwa 60 Prozent der äußere Eindruck, zu 30 Prozent der Klang der Stimme und nur zu weniger als 10 Prozent der Inhalt des Gesagten zählt. Dies ist vor allem evolutionstechnisch sowie sozialpsychologisch begründet. Menschen versuchen, vom Äußeren einer anderen Person auf ihre inneren Werte zu schließen. Hierbei werden attraktiven Personen immer höhere Kompetenzen zugesprochen als unattraktiven.

Gelingen oder Misslingen eines Vorstellungsgesprächs hängt also entscheidend mit davon ab, wie sympathisch Sie auf den Arbeitgeber/Interviewer wirken. Es geht um den berühmt-berüchtigten ersten Eindruck, durch den bei zwei Gesprächspartnern, die sich bisher unbekannt waren, die Weichen in Richtung einer positiven (Sympathie) oder negativen Gefühlsreaktion (Antipathie) gestellt werden. So gesehen sind die ersten Minuten eines Vorstellungsgesprächs von entscheidender Bedeutung.

Die folgende Übersicht verdeutlicht auf einen Blick, was Sympathie hervorruft bzw. verhindert:

Sympathie heißt Gefühl von ...	Antipathie heißt Gefühl von ...
Interesse an Ihrer Person	Desinteresse
Vertrauen	Misstrauen
Zuneigung	Abneigung
Wärme	Kälte
Gemeinsamkeiten	fehlenden Gemeinsamkeiten
Attraktivität	Abstoßung
Schönheit	Hässlichkeit
»gleicher Wellenlänge«	»anderer Wellenlänge«
Zugewandtheit	Abgewandtheit
positive Gefühle	negative Gefühle

Sympathie wird mobilisiert durch ...	Antipathie wird mobilisiert durch ...
Anpassung	mangelnde Anpassung
Charisma	fehlendes Charisma
Freundlichkeit	Unfreundlichkeit
Höflichkeit	Unhöflichkeit
Gelassenheit	Nervosität
Ruhe	Unruhe
Selbstsicherheit	Selbstunsicherheit
Geduld	Ungeduld
Toleranz	Intoleranz
Gleichberechtigung	Dominanz/Machtstreben
Gewähren lassen (Freiheit)	Beherrschung (Unfreiheit)
Attraktivität	abstoßendes Äußeres
Schönheit	Hässlichkeit
Gewandtheit	Unsicherheit
Entspanntheit	Angespanntheit
gleiche/ähnliche Interessen/ Hobbys	stark unterschiedliche Interessen/ Hobbys

Zu Sympathiegefühlen bei Ihrem Gegenüber kommt es immer dann, wenn Sie bei ihm den Eindruck und die Hoffnung erwecken, seine Bedürfnisse (z. B. nach Aufmerksamkeit, Zuwendung, Erfolg oder Macht) zumindest zum Teil befriedigen zu können. Das Gefühl der Antipathie basiert dagegen auf dem Eindruck, dass der andere zur eigenen Bedürfnisbefriedigung keinen oder einen zu geringen Beitrag leisten wird.

Sympathiefördernd sind vor allem Identifizierungsprozesse (»Mein Gegenüber ist ja genauso/ähnlich wie ich«) und biografische Gemeinsamkeiten (z. B. bezüglich früherer Wohnorte, Ausbildungsinstitutionen und Arbeitgeber).

Sympathie generiert Vertrauen und Vertrauen Zutrauen

Gelingen oder Misslingen eines Vorstellungsgesprächs hängt also entscheidend mit davon ab, ob Sie sympathisch wirken oder nicht. Kann man Ihnen *vertrauen*, Ihnen etwas *zutrauen*? Wer leistungsmotiviert und kompetent wirkt, macht sich zusätzlich zu seinen sonstigen Persönlichkeitsmerkmalen sympathisch und trägt beim Interviewer dazu bei, sein Bedürfnis nach Erfolg zu realisieren. Für den Interviewer besteht Erfolg bereits darin, einen Kandidaten empfohlen zu haben, der den Posten bekommt und sich später bewährt. Aus Bewerbersicht muss es daher Ziel sein, die drei Grundzüge Persönlichkeit, Leistungsmotivation und Kompetenz während des gesamten Bewerbungsverfahrens als Signale so auszustrahlen, dass sie beim Arbeitgeber ankommen.

> Schauen Sie Ihr Gegenüber an und lächeln Sie gelegentlich! Wenn Sie Gemeinsamkeiten mit Ihrem Gegenüber haben, betonen Sie diese. Dies wirkt sympathiefördernd und wertschätzend.

Tipp!

So wirken Sie sympathisch

Sympathie- oder Antipathiegefühle werden stark durch unser Auftreten hervorgerufen. Hierbei spielt insbesondere unsere Körpersprache, aber auch unser Aussehen eine große Rolle. Schon bei der Begrüßung und bei der Verabschiedung gilt es aufzupassen: Bei einem Händedruck sollten Sie darauf achten, dass er kräftig ist (ohne zu übertreiben), da Sie so Ihrem Gegenüber Aufrichtigkeit und Sicherheit signalisieren.

Haltung zeigen
Sie können mit Ihrer Körperhaltung jemanden abweisen oder willkommen heißen. Wer sich unwohl fühlt, verschränkt häufig die Arme vor der Brust und baut damit eine Barriere auf, die kaum jemand durchbrechen möchte. Auch wer die Hände in den Hosentaschen vergräbt oder nervös mit dem Feuerzeug spielt, wirkt wenig einladend. Aufrecht und mit geraden Schultern wirken Sie wesentlich selbstbewusster und positiver als mit hängendem Kopf und krummem Rücken.

Wenn Sie hingegen Ihre Arme locker an der Seite hängen lassen, sich etwas zurücklehnen und die Beine leicht auseinanderstellen, steigert das die Bereitschaft der anderen Menschen, Sie anzusprechen. Durch das Übereinanderschlagen Ihrer Beine in Richtung Gesprächspartner wird ein Sympathiefeld aufgebaut.

Blickkontakt

Mit einem intensiven Blickkontakt können Sie starke Sympathiegefühle erzeugen. Wenn Sie Ihr Gegenüber während des Gesprächs anschauen, zeigen Sie ihm, dass es in diesem Moment für Sie niemand Wichtigeres gibt. Und genau diesen Eindruck müssen Sie erwecken, wenn Sie überzeugen wollen.

Immer wieder kommt es vor, dass Gesprächspartner den Blick durch den Raum schweifen lassen, während sie sich unterhalten. Deutlicher kann man »Sie langweilen mich« nicht sagen!

Wollen Sie Ihrem Gegenüber Interesse und Sympathie signalisieren, verdrängen Sie negative Gedanken wie Misstrauen, Nervosität oder Schüchternheit. Am besten konzentrieren Sie sich auf das attraktivste Merkmal im Gesicht Ihres Gegenübers. Vielleicht hat die Dame leuchtend blaue Augen oder benutzt eine schöne Lippenstiftfarbe, vielleicht hat Ihr männliches Gegenüber eine interessante Stirn oder eindrucksvolle Augenbrauen ...

Achten Sie im Gespräch und auch in Redepausen auf einen freundlichen und entspannten Blick. Wenn Sie doch einmal wegschauen, weil Sie z. B. von einem Geräusch in der Umgebung irritiert werden, sollte dies sehr langsam und zögerlich geschehen. Erwecken Sie den Eindruck, Ihren Blick nur ungern abzuwenden.

Ein angenehmes Lächeln wirkt als weiterer Pluspunkt bei der Sympathiegewinnung. Dabei sollten Sie nicht dauerhaft grinsen, sondern gezielt und im entscheidenden Moment lächeln: Schauen Sie Ihr Gegenüber zunächst für eine Sekunde an, bevor Sie lächeln. Auf diese Weise vermitteln Sie Ihren Mitmenschen das Gefühl, sie seien etwas Besonderes.

Die Stimme

Wissenschaftliche Studien belegen: Viel entscheidender als das, was gesagt wird, ist, wie es gesagt wird. Der Zusammenhang zwischen Sprechgeschwindigkeit und Überzeugungskraft ist komplex. Abhängig von der Situation kann schnelles Sprechen überzeugend oder ablenkend wirken. Wenn Sie schnell sprechen, hat der Zuhörer kaum die Möglichkeit, das Gesagte kritisch zu analysieren. Sind Ihre Thesen schwach, ist dies durchaus ein wünschenswerter Effekt; sehr überzeugende Ideen bekommen beim Schnellsprechen allerdings nicht das notwendige Gewicht. Passen Sie als erfolgreicher Redner Ihre Sprechgeschwindigkeit an die Inhalte an: Bringen Sie starke Argumente, sprechen Sie langsamer, um dem Publikum die Chance zu geben, Ihre Gedankengänge nachzuvollziehen. Schwächere Passagen fallen weniger ins Gewicht, wenn Sie diese etwas zügiger vortragen.

Aussehen und Outfit

Auch äußerliche Attribute wie Figur, Kleidungsstil, Frisur oder Make-up können Aufschluss über Stimmungen oder Charaktereigenschaften geben. Mit gepflegter Kleidung und ansprechendem Erscheinungsbild signalisieren Sie Ihrem Gegenüber Wertschätzung und drücken aus, wie wichtig Sie sich selbst sind. Und nur wer mit sich selbst gut umgeht, behandelt auch andere Menschen entsprechend.

Versuchen Sie, Ihr Äußeres auf den Dresscode Ihres potenziellen Arbeitgebers sowie auf die von Ihnen zu vermittelnden Werte abzustimmen: kreativ oder konservativ, Einzelkämpfer oder Teamplayer, durchsetzungsstark oder zurückhaltend. Hier kommt es darauf an, die Wirkung gemäß Ihrer beruflichen Positionierung auch durch ein entsprechendes Äußeres zu kommunizieren.

In vielen Berufen gibt es einen (oft inoffiziellen) Dresscode: Je höher die Position oder je mehr Kundenkontakt, desto seriöser und hochwertiger die Kleidung. Der Trend zu eher konservativen Werten in Unternehmen zeigt sich daran, dass viele Firmen mittlerweile wieder auf Anzüge bei ihren Führungskräften bestehen.

Ihre Kleidung sollte jeweils zum Anlass, zum Umfeld und zur Person passen. Seriöse, qualitativ hochwertige und modische Kleidung wirkt professionell; zusätzlich wird Kleidung, in der Sie sich wohl fühlen, Ihr Selbstbewusstsein steigern und Ihre Laune heben.

Mit Worten gewinnen

Jeder Mensch hört gern, dass er intelligent, erfolgreich, einzigartig, charmant und attraktiv ist oder seine Arbeit hervorragend macht. Wenn Sie Komplimente in Gespräche einfließen lassen, wird Ihr Gegenüber Sie dafür schätzen. Aber Vorsicht – übertreiben Sie nicht! Nicht jede Situation ist für eine glaubwürdige Schmeichelei geeignet!

Und wie reagieren Sie selbst auf Komplimente? Am besten mit wenigen Worten und freundlich, aber nicht überschwänglich. Ein kurzes »Vielen Dank« oder »Ich freue mich, wenn Sie das sagen« ist in den meisten Fällen völlig ausreichend und die angemessene Antwort. Es muss deutlich werden, dass das Kompliment Sie nicht überrascht. Schließlich wissen Sie selbst, dass Sie gute Arbeit leisten oder sich geschmackvoll kleiden.

Smalltalk

Bei einer Begegnung oder einem ersten Kontakt hat Smalltalk zum Ziel, Gesprächsthemen und Gemeinsamkeiten zu finden, über die sich nett plaudern lässt und die Sie in den Augen des Gegenübers sympathisch, offen und interessant erscheinen lassen. Beinahe jeder Kontakt beginnt mit Smalltalk: Beim ersten Treffen mit dem neuen Vorgesetzten, bei einem Betriebsfest, auf einer Geburtstagsparty oder in einer Fortbildung. Unverbindliche und angenehme Kommunikation macht Sie für andere zum souveränen, sympathischen Gesprächspartner und hilft Ihnen, Kontakte zu knüpfen und zu pflegen. Die Fähigkeit zum Smalltalk ist ein wichtiger Baustein für jeden, der beruflich und privat im Leben Erfolg haben will. Wir haben die wichtigsten Tipps für den gelungenen Smalltalk für Sie zusammengestellt.

- **Lächeln:** Wenn Sie mit jemandem sprechen, insbesondere wenn Sie Kontakt aufnehmen wollen, schauen Sie ihn ganz kurz an und lächeln Sie dann! Dadurch gewinnen Sie in aller Regel entscheidende Sympathiepunkte. Der erste Eindruck wirkt bei Ihrem Gesprächspartner nachhaltig.

- **Interesse zeigen:** Interessieren Sie sich demonstrativ für andere Menschen. Schon mit den einfachsten Fragen können Sie Ihrem Gegenüber vermitteln, wie wichtig Sie ihn nehmen. Lassen Sie den anderen ausreden, statt ihn sofort zu unterbrechen, wenn Ihnen selbst etwas Interessantes einfällt. Machen Sie unbedingt die Interessen des anderen zum Mittelpunkt des Gesprächs: Wenn Ihr Gegenüber über Dinge sprechen kann, die ihn besonders interessieren, dann fehlt zu seinem Glück nur noch ein engagierter Zuhörer und Gesprächspartner. Und das sind in diesem Fall Sie.

- **Aufmerksamkeit schenken:** Seien Sie ein aufmerksamer Zuhörer. Konzentrieren Sie sich auf den anderen und fragen Sie interessiert nach. Je mehr Sie auf Ihren Gesprächspartner und seine Interessen eingehen, umso mehr ermutigen Sie ihn, auch über sich selbst zu reden. Gelegentliches Kopfnicken und Kommentare wie »Das klingt sehr interessant!« oder »Ist ja toll!« oder auch nur »Hm …« sorgen für ein gutes Gesprächsklima. Machen Sie kurze Pausen, bevor Sie auf die Aussagen Ihres Gesprächspartners reagieren, so wirken Sie noch aufmerksamer.

- **Lob und Wertschätzung aussprechen:** Mit persönlichen und ehrlich gemeinten Komplimenten stärken Sie das Selbstwertgefühl und Selbstbewusstsein Ihres Gesprächspartners. Das trägt zu einer lockeren, entspannten und sehr angenehmen Gesprächsatmosphäre bei. Zeigen Sie dem anderen immer, dass Sie in ihm ein großes Potenzial sehen, das Sie sehr zu schätzen wissen. Es wird ihn anspornen, Ihre Erwartungen zu erfüllen.

- **Wiederholung und Bestätigung:** Fassen Sie gelegentlich die Aussage des anderen in eigenen Worten zusammen. Zeigen Sie, dass Sie seine Worte verstanden haben und auch die Botschaft, die dahinter steht.

- **Nachfragen und um Rat bitten:** Durch Fragen und Nachfragen sollten Sie Ihr Interesse zeigen. So können Sie das Gespräch in die Richtung lenken, die Sie interessiert. Aber Vorsicht – Sie sollten nicht ausfragend-neugierig wirken!

- **Sensibilität zeigen:** An kleinen Gesten und am Gesichtsausdruck erkennen Sie, ob Ihr Gesprächspartner auch wirklich an Ihren Ausführungen interessiert ist. Wenn er Ergänzungen macht, zustimmend mit dem Kopf nickt oder interessierte Zwischenfragen stellt, dürfen Sie mit gutem Gewissen weitersprechen. Wenn er dagegen den Blick durch den Raum schweifen lässt, statt Sie anzuschauen, ist das ein untrügliches Zeichen dafür, dass er sich langweilt. Höchste Zeit, das Thema zu wechseln!

Überzeugen

Glückwunsch! Sie haben eine Einladung zu einem Vorstellungsgespräch erhalten. Ihre Unterlagen haben überzeugt, jetzt bekommen Sie die Chance persönlich zu überzeugen. Ganz wichtig: Die sorgfältige Vorbereitung!

Das Vorstellungsgespräch ist eine klassische mündliche Test- und Prüfungssituation, auf die Sie sich sehr gut vorbereiten können. Investieren Sie mindestens die gleiche Zeit für Ihre Vorbereitung wie für die Erstellung Ihrer schriftlichen Bewerbung; planen Sie für das erste Vorstellungsgespräch etwa eine Woche Arbeit (etwa 3 bis 6 Stunden täglich) ein.

In diesem Teil des Buches möchten wir Sie dabei unterstützen, sich die richtige innere Einstellung für Ihr erfolgreiches Vorstellungsgespräch zu erarbeiten – um Ihr Gegenüber zu überzeugen. Denn: Eine Bewerbung ist immer Überzeugungsarbeit. Welche Modelle und Vorüberlegungen hier hilfreich sind, welche Fragen und Themen Sie weiterbringen, stellen wir Ihnen nun gleich vor.

Ihre Vorbereitung

Nicht nur Sie befinden sich auf dem »Prüfstand« und sollten überzeugen. Auch das Unternehmen und die Personen, Vorgesetzte und Mitarbeiter, für die Sie zukünftig arbeiten, werden geprüft. Von Ihnen! Überlegen Sie sich sehr gut, ob Sie dort wirklich arbeiten wollen, ob diese Aufgaben tatsächlich gut zu Ihnen passen.

Vergessen Sie nicht: Sie sind am Arbeitsmarkt ein Unternehmer, der seine Dienstleistung und seine Problemlösungskompetenz verkauft. Ihr Kunde hat ein Problem und nur deshalb sucht er jemanden, der ihm bei der Lösung hilft. Überzeugen Sie also Ihren Kunden davon, dass *Sie* sein bester Problemlöser werden können!

Folgende drei Bausteine bilden dabei eine solide erste Ausgangsbasis:

- Selbsterkenntnis

- Selbstbewusstsein

- Selbstwirksamkeit

Selbsterkenntnis

Sie wollen Ihren potenziellen Arbeit-, oder besser Auftrag-Geber, von Ihrer Leistungsfähigkeit überzeugen. Mehr als alles andere interessiert diesen, welchen Gewinn es ihm bringen wird, wenn er Sie einstellt. Seien Sie also auf die Frage »Was können Sie für mich, für das Unternehmen tun?« vorbereitet. Ziehen Sie vorab eine Bilanz Ihrer Fähigkeiten und Stärken, und fragen Sie sich, welche Erfahrungen und Eigenschaften Sie für die angestrebte Position besonders qualifizieren. Welche vier bis fünf Persönlichkeitsmerkmale sollten Sie vermitteln, welche sind von spezieller beruflicher Relevanz und wie können Sie diese mit Beispielsituationen glaubhaft belegen? Schauen Sie erneut in Ihre bereits erarbeitete Merkmalliste auf Seite 20 ff.

Selbstbewusstsein

Im Vorstellungsgespräch ist es notwendig, dem potenziellen Auftraggeber (also dem »Problem-inhaber«, dessen Problem Sie lösen wollen) selbstbewusst gegenüberzutreten. Diese Sicherheit wird durch das Bewusstsein der eigenen Fähigkeiten und Motive beeinflusst. Bedenken Sie jedoch, dass weder übersteigertes Selbstwertgefühl noch übertriebene Bescheidenheit auf dem Arbeitsmarkt gefragt sind. Stellen Sie dabei weniger Ihre Person und Kompetenz, als Ihre Leistungen in den Vordergrund und geben Sie dem Entscheidungsträger das Gefühl, dass sein Unternehmen davon profitiert, wenn er Sie einstellt.

Selbstwirksamkeit

Die Erfolgsaussichten Ihrer Bewerbung verbessern sich entscheidend, wenn Sie ein gesundes Selbstvertrauen haben, in der Psychologie heute auch als der Glaube an die eigene Wirksamkeit beschrieben. Sie erlangen dieses durch ein sicheres Gefühl für Ihre Fähigkeiten, Kompetenzen und insbesondere Ihre Leistungsmöglichkeiten, aber auch durch eine gute Kenntnis der Spielregeln des Arbeitsmarktes.

Geben Sie einem »Arbeitsplatz«-Anbieter das Gefühl, dass er mit Ihrer Unterstützung seine Probleme besser lösen kann. Und verdeutlichen Sie ihm, welchen Gewinn es bringt, wenn er sich für Sie entscheidet.

Ihre Position – zwischen Angebot und Nachfrage

Ihre Ausgangsposition und die Ihres Gegenübers bestimmen wesentlich den Verlauf des Vorstellungsgesprächs. Es sind viele Komponenten, die Ihre Situation beeinflussen:

- Ihr Arbeitsplatzwunsch und die aktuelle Arbeitsmarktsituation (Mangelberuf oder Überangebot?)

- Berufsaus- und Weiterbildung (Wann haben Sie Ihre Ausbildung gemacht, wann die letzte Weiterbildung? Haben Sie sich inhaltlich/fachlich und persönlich weiterentwickelt?)

- Tätigkeit/Erfahrung (Was machen Sie jetzt, wo wollen Sie hin und trauen Sie es sich beispielsweise zu, gleichzeitig Position und Aufgabe zu wechseln?)

- Ihre aktuelle Arbeitsplatzsituation (Suchen Sie akut, da Sie arbeitslos sind oder können Sie sich gelassen umsehen?)

- bisherige Arbeitsplatzwechsel (Ist es der dritte Wechsel innerhalb von zwei Jahren oder können Sie auf vier/fünf Jahre Kontinuität an einem Arbeitsplatz zurückblicken?)

- bisherige Bewerbungserfahrung (Wer nach 52 Absagen die 53. Bewerbung abschickt, braucht Optimismus und Energie, um weiterhin mit Selbstsicherheit und Überzeugungskraft auftreten zu können.)

- »Vitamin B«-Beziehungen (Haben Sie Beziehungen und können Sie diese nutzen?)
- Ihre Persönlichkeits- und Leistungsmerkmale (Verfügen Sie über die Merkmale, die zu Ihrer angestrebten Position passen, d. h. sind Sie als Vertriebsleiter überzeugend und verhandlungsstark?)
- Ihr äußeres Erscheinungsbild (Sind Sie gepflegt und passen sich den äußeren Rahmenbedingungen der jeweiligen Firma an?)
- Ihr Alter (mit über 55 haben Sie bei der Bewerbung um eine leitende Position in einem Großkonzern kaum Chancen, bei einem kleineren Unternehmen sind hingegen auch erfahrene Praktiker in diesem Alter gefragt)

Die Beispiele sollen als Anregung dienen, darüber nachzudenken, wie die Marktchancen Ihrer Arbeitskraft sind. Zum Überdenken Ihrer Ausgangsposition gehört auch eine kritische Reflexion über die eigene Person und typische Charaktereigenschaften, die Ihnen bisher in Ihrem Leben Schwierigkeiten gemacht haben. Auch wenn Sie dazu neigen, mit einem bestimmten Typ Vorgesetzten bereits nach wenigen Minuten in Streit zu geraten, weil Sie (unbewusst) an Ihren cholerischen Vater erinnert werden, darf Ihnen dies im Vorstellungsgespräch nicht passieren.

Aber auch die Gegenseite hat ihre Ausgangsposition: Werden Spezialisten wie Sie gesucht oder gibt es Bewerber mit Ihrer Qualifikation wie Sand am Meer? Sind viele oder wenige Bewerbungen auf die Position eingegangen? Handelt es sich um ein großes oder kleines Unternehmen? Stimmt das Timing der Personalplanung, oder leidet das Unternehmen unter Personalnot und Zeitdruck? Hat man es mit Personalauslese-Profis oder eher mit Autodidakten auf diesem Gebiet zu tun? Hat der Interviewer gute oder schlechte Laune? Auch Ihr Interviewer ist ein Mensch mit wechselnden Stimmungen, Schwächen und besonderen Vorlieben.

Vorwissen über das Unternehmen

Eigentlich logisch! Eine gründliche Vorbereitung auf den potenziellen Arbeitgeber und sein Umfeld ist absolut notwendig, egal ob Sie sich bei einer kleineren Firma oder bei einem multinationalen Konzern bewerben. Je mehr Sie über das Unternehmen, seine Produkte und Dienstleistungen, seine Marktmacht, seine Mitbewerber, seine Geschichte, seine Perspektiven und seine Umsätze wissen, seine Wertvorstellungen und Personalstruktur kennen, desto besser. Der Arbeitgeber muss den Eindruck gewinnen, dass Sie seine Belange bestens verstehen und auf ihn zugeschnittene Lösungen anbieten.

Erste Informationen über das Unternehmen können Sie bereits der Anzeige entnehmen, der Art und Weise, wie der Kontakt mit Ihnen als Bewerber angebahnt wird, sowie dem Einladungsschreiben und den eventuell beigefügten Informationen. Weitere erhalten Sie bei dem jeweiligen Unternehmen selbst (Pressestelle) – und natürlich im Internet! Eventuell finden Sie hier auch Informationen über das Bewerbungsverfahren, z. B. den Ablauf eines Assessment Centers, welche Zielsetzung damit verfolgt wird, wie ideale Anforderungsprofile aussehen

www.

sollten, etc. Und denken Sie an die Seiten, auf denen Arbeitgeber bewertet werden können, z. B. *www.kununu.com* oder *www.jobvote.com*.

Neben diesen allgemeinen Informationen benötigen Sie ferner Spezialwissen über die Abteilung oder den Unternehmenszweig, für den Sie sich beworben haben.

Erwartungen auf Arbeitgeberseite

Personalentscheider wollen im Vorstellungsgespräch wissen, ob Sie als Bewerberin bzw. Bewerber zum Unternehmen und in das vorhandene Team passen. Dabei geht es um anforderungsbezogene und auch persönliche Eignungsmerkmale, die in der persönlichen Begegnung, im Gespräch mit Ihnen überprüft werden sollen (schauen Sie sich die Seiten 193 bis 200 an). Schließlich hat man im Unternehmen Probleme und sucht den besten Problemlöser dafür. Bevor man aber jemanden diese Probleme anvertraut, will man überzeugt sein, dass diese Person vertrauenswürdig ist.

Aus diesem Grund hat man aus den vorliegenden Bewerbungen die interessantesten und vielversprechendsten Bewerber selektiert. In der Regel haben an diesem ersten Auswahlvorgang mehrere Personen mitgewirkt, z. B. der Geschäftsführer, der Personalreferent, der Abteilungsleiter, möglicherweise auch die langjährige Sekretärin.

Häufig telefoniert der Personalentscheider zunächst mit mehreren Kandidaten, bevor Einladungen ausgesprochen werden. Im Vorstellungsgespräch geht es nun darum, die bisher vorliegenden Informationen zu ergänzen und einen persönlichen Eindruck von Ihnen als Bewerber zu bekommen.

Grundlage für die Einstellungsentscheidung sind in der Regel etwa zu 60 Prozent Ihre Persönlichkeit, zu 25 Prozent Ihre Leistungsmotivation und nur zu etwa 15 Prozent Ihre fachliche Kompetenz.

Wichtiger als Erfahrung und Kompetenz sind Loyalität und Verlässlichkeit. Im Vorstellungsgespräch wird daher das Hauptaugenmerk auf Ihre Persönlichkeit gelegt, ob Sie sympathisch wirken, ob der Entscheider Ihnen vertrauen und Ihnen die Aufgaben zutrauen kann. Denn wenn Sie im entscheidenden Moment nicht verlässlich sind oder zwischenmenschlich versagen, nutzen all Ihr Wissen und Ihre Erfahrung nichts.

Die Wahrnehmung und Beurteilung einer Person wird dabei – wir sagten es bereits – zu ca. 60 Prozent durch den äußeren Eindruck geprägt (Kleidung und Körpersprache), zu über 30 Prozent durch die Art und Weise, wie Sie etwas sagen (Mimik, Gestik und Sprechweise), und nur zu knapp 10 Prozent durch das inhaltlich Gesagte.

Arbeitgebern reicht es nicht, dass Sie Fähigkeiten besitzen. Sie wollen wissen, wie Sie diese anwenden: Ob Sie Betriebsamkeit vortäuschen oder wirklich versuchen werden, Probleme zu lösen. Kann man Ihnen etwas zutrauen, werden Sie sich als vertrauenswürdig, ehrlich und loyal erweisen? Arbeitgeber legen Wert auf *sympathische, vertrauenswürdige* Mitarbeiter, die *kompetent* sind und sich für sie *engagieren*. Gerne stellen sie Leute ein, die ihnen von Vertrauenspersonen empfohlen wurden. Auf diese Weise glauben sie, das Risiko einer Fehlentscheidung geringer zu halten.

Die entscheidenden Weichensteller

Was jetzt kommt ist sehr, sehr wichtig! Es mag auf den ersten Blick kompliziert erscheinen, aber es hilft Ihnen, die Situation des Vorstellungsgesprächs besser zu begreifen, die Leitlinien (»Spielregeln«) schneller zu erfassen. Wir stellen Ihnen auf den nächsten Seiten dieses Kapitels drei Modelle (der Schwerpunkt liegt dabei eher in der inhaltlichen Art) vor, die Sie besser in die Lage versetzen, sich präzise auf die großen Themen und Fragen in der persönlichen Begegnung vorzubereiten. Sie gewinnen dadurch die überzeugendste Argumentation für sich und Ihr Mitarbeitsangebot.

Des Weiteren stellen wir Ihnen zwei Systeme (der Schwerpunkt liegt dabei eher in der Präsentation) vor, die helfen, Ihre Aussagen in eine geordnete Form zu gießen, um Sie bei Ihrem Gegenüber besser und sicherer zu verankern.

Wir werden Sie vertraut machen mit den folgenden drei Modellen:

- dem **Kompetenz-Leistungsmotivation-Persönlichkeit-Modell** (die KLP-Weichensteller, die Sie bereits kennengelernt haben)

- dem **Vier Arbeits-Ebenen/Themen-Modell** (ein stark arbeitsleistungs- und persönlichkeitsorientiertes Modell, das Ihnen auch schon kurz vorgestellt wurde) sowie

- dem **vier Kernkompetenzen-Modell** (häufig eingesetzt von Personalberaterseite)

Ein sehr einfaches aber nicht weniger effektives Präsentationsmodell, an dem Sie sich gut orientieren können bei der Vorbereitung Ihrer »Message«, Ihrer Performance, oder etwas schlichter ausgedrückt aller Aussagen und Argumente, die für Sie und Ihr Angebot sprechen und Ihr Gegenüber überzeugen sollen, ist das

- **Vergangenheit – Gegenwart – Zukunft** (das VGZ- Zeitstrahl Modell)

Ein weiteres hilfreiches System, das Ihnen den passenden Übermittlungs- oder Vermittlungsrahmen anbietet erklären wir zum Schluss. Hierbei geht es um das Festlegen von

- **Kommunikationszielen, Botschaften und Argumenten** (das KBA-System, um auf diese Weise sehr genau zu planen, was Sie wie vortragen.)

Hinzu kommen auch noch wichtige Fragen, damit Sie sich selbst prüfen können bevor es Ihr Gegenüber tut. Und etwas später sehr konkrete Hinweise, was man auf der »Einkäuferseite« gerne entdecken, von Ihnen hören möchte.

Am Ende fassen wir in einer Kurzübersicht alles nochmals zusammen.

Aber jetzt starten wir erst einmal mit der Ihnen bereits vorgestellten Formel, die einfach aber klar die Weichensteller einer jeden Personalentscheidung auf den Punkt bringt.

Die KLP-Formel

Im bevorstehenden Vorstellungsgespräch will der »Arbeit«-Auftraggeber bzw. Ihr Interviewer vor allem drei Aspekte überprüfen, die Ihnen nach der bisherigen Lektüre dieses Buches bereits vertraut sind: Ihre Persönlichkeit, Ihre Leistungsmotivation und Ihre Kompetenz.

Das bedeutet ganz konkret:

1. Persönlichkeit

- Ist der Bewerber sympathisch?
- Passt er zum Team, zum Unternehmen (bzw. zur Institution)?
- Wie geht er mit anderen um und wie kommt man mit ihm klar?
- Kann man ihm vertrauen und dadurch auch etwas zutrauen?
- Wie stabil und gesund wirkt er?

2. Leistungsmotivation

- Was bewegt den Bewerber, was sind seine Motive für Arbeitsplatz- und Aufgabenwahl und ist er wirklich motiviert, Außerordentliches zur Verwirklichung von Unternehmens- bzw. Institutionszielen zu leisten?
- Ist er dauerhaft in hohem Maße leistungsmotiviert, d. h. lernfähig und arbeitswillig?
- Wird er sich mit der Firma bzw. Institution und seiner Aufgabe stark identifizieren?

3. Kompetenz

- Verfügt der Bewerber über die erforderlichen generellen und fachlichen Qualifikationsmerkmale?
- Kann man als Arbeitgeber dem Bewerber die Bewältigung des Jobs/der Aufgaben zutrauen, weil er berufsrelevante Eigenschaften mitbringt?

Die Kompetenzprüfung hat bereits bei der ersten Auswahl (Ihre Unterlagen) stattgefunden. Aber auch Ihr Foto und die Leistungserfolge spielten bei der Beschäftigung mit Ihrer schriftlichen Bewerbung eine wichtige Rolle.

Aus den drei Hauptaspekten, die als Entscheidungsgrundlage dienen (Persönlichkeit, Leistungsmotivation und Kompetenz, KLP), ergeben sich spezielle Anforderungsprofile für Führungskräfte, die wir Ihnen bereits auf Seite 57 ff. aufgelistet haben.

Die Vier Arbeits-Ebenen/Themen

Die folgenden Vier Arbeits-Ebenen/Themen beleuchten Ihre ganz persönliche Eignungsvoraussetzung (s. a. Seite 60).

Wie sieht Ihre zukünftige berufliche Orientierung aus (Ihr Macht- und Leistungsanspruch)?
Oder: Führungs- und Strategische Kompetenz: Was für berufliche Ziele haben Sie? In welcher »Liga«, auf welcher Ebene wollen Sie spielen?
Dieser Aspekt ist unterteilt in Fragen nach Ihrer...

- Führungsmotivation
- Gestaltungsmotivation
- Leistungsmotivation
- Durchsetzungsfähigkeit

Wie sieht Ihr konkretes Arbeitsverhalten (Ihre Arbeitsweise) aus?
Oder: Problemlösungskompetenz – Wie ist Ihr Arbeitsstil? Wie gehen Sie an Aufgaben heran?
Dieser Aspekt ist unterteilt in Fragen nach Ihrer/Ihrem ...

- Handlungsorientierung
- Flexibilität
- Gewissenhaftigkeit
- Einfallsreichtum

Wie ist Ihr gezeigtes Sozialverhalten (Ihre sozialen Komponenten)
Oder: Wie gehen Sie mit anderen um? Wie kommen Sie mit anderen klar?
Dieser Aspekt ist unterteilt in Fragen nach Ihrer/Ihrem ...

- Teamfähigkeit
- Kontaktfähigkeit
- Verträglichkeit
- Einfühlungsvermögen

Wie ist Ihre zu beobachtende psychische Konstitution (Ihr gesamter Seelenzustand)?
Oder: Ihre Persönlichkeit: Wie normal, wie stabil, wie gesund sind Sie?
Dieser Aspekt ist unterteilt in Fragen nach Ihrer/Ihrem ...

- Selbstbewusstsein
- Emotionale Stabilität
- Belastbarkeit
- Sympathie- und Vertrauens-Mobilisierungs-Potenzial

Im Kapitel »Das Vorstellungsgespräch« ab Seite 201 stellen wir Ihnen die Fragen vor, mit denen Sie zu diesen Themen im Vorstellungsgespräch konfrontiert werden könnten. Wichtig ist zunächst, dass Sie sich selbst mit diesen Themen intensiv auseinandersetzen.

So vermitteln Sie Ihren Gesprächspartnern Ihre Persönlichkeit

Ein gutes Maß an Selbstvertrauen

Egal, ob Sie es Selbstbewusstsein, Selbstwertgefühl, Selbstvertrauen oder Selbstwirksamkeit nennen: Das Wissen um den eigenen Wert ist die entscheidende Ausgangsbasis, um erfolgreich zu sein. Wer selbstbewusst ist, strahlt dies auch nach außen. Und das wiederum ist hilfreich für Sympathiegewinnung und jede Art von Kontakt und Kommunikation.

Positive Motivation

Was treibt Sie an, was sind Ihre persönlichen Motive, die Sie mit Ihrer Arbeit verbinden? Erstreben Sie Anerkennung, Bewunderung, Respekt, Ruhm und Ehre, materielle Sicherheit oder Unabhängigkeit? Geht es Ihnen um Macht und Einfluss, wollen Sie vor allem viele Kontakte zu anderen Menschen, anderen helfen können, geistige Anregungen, den kreativen Kick, die Befriedigung von Abenteuerlust und Nervenkitzel erzielen?

Wer motiviert arbeitet, entwickelt eigene Ideen und denkt weiter als bis zu seinem Feierabend. Und das werden Ihre Gesprächspartner, zukünftigen Vorgesetzten und Mitarbeiter zu schätzen wissen!

Sympathie

Die besten fachlichen und sachlichen Voraussetzungen werden Ihnen nicht zum dauerhaften Erfolg verhelfen, wenn Sie die zwischenmenschlichen Faktoren außer Acht lassen. Daher: Arbeiten Sie daran, in der Kommunikation mit anderen einen angenehmen, vertrauenerweckenden Eindruck zu machen. Üben Sie sich im Smalltalk, entwickeln Sie Ihre kommunikativen Fähigkeiten. In Ihrer zukünftigen Arbeitswelt werden Sie umgeben sein von Personen, die über Ihre berufliche Laufbahn entscheiden – und diese gilt es für sich einzunehmen und für Ihre Vorhaben zu gewinnen. Zeigen Sie an diesem Punkt Sensibilität, Gespür, ein Wissen um die wichtige Bedeutung dieser Soft Skills und beweisen Sie Charme! So gewinnen Sie die Herzen, erhalten Sympathie und Vertrauensvorschuss und damit auch das notwendige Zutrauen Ihrer Entscheider.

Kundenorientierung

Jeder Unternehmer ist damit vertraut, auf Kundenwünsche zu reagieren, sie möglichst im Voraus zu spüren. Er plant in die Zukunft und variiert sein Angebot entsprechend der zu erwartenden Nachfrage. Wenn Sie Ihren zukünftigen Chef so behandeln, wie Sie selbst als Kunde gerne behandelt werden möchten, gewinnen Sie!

Prioritäten setzen

Gäbe es eine einfache Formel, um Erfolg in der Arbeitswelt erklärbar zu machen, würde diese lauten: Prioritäten setzen. Die einzige verlässliche Konstante in der (Arbeits-)Welt ist die

Veränderung. Umso mehr kommt es darauf an, sich den vielfältigen Herausforderungen mit der richtigen Strategie zu stellen und sich auf wenige, wichtige Ziele zu konzentrieren.

Sie können noch so gut planen, organisieren, bearbeiten – wenn Sie es nicht schaffen, mit Ihrem Projekt in der vorgegebenen Zeit fertig zu werden, ist Ihr Engagement wenig wert.

Die Kosten-Nutzen-Relation muss stimmen. Diese Fähigkeit, ein optimales Ergebnis durch einen klugen und Kräfte sparenden Einsatz zu erreichen, nennt man Erfolgsintelligenz. Auch danach wird im Vorstellungsgespräch gesucht.

Erfolgsintelligenz und Problemlösungsfähigkeit

Erfolgsintelligenz hat wenig mit objektiv abfragbarem Wissen zu tun – sie setzt sich viel mehr aus menschlichen Fähigkeiten zusammen, die Sie durch Übung erlernen können.

Im Folgenden möchten wir Ihnen die wichtigsten zehn Aspekte vorstellen, die Sie »erfolgs-intelligent« handeln lassen. Vieles davon wenden Sie bereits an, setzen Sie erfolgreich im Arbeitsalltag um. In der Bewerbungssituation kommt es darauf an, schnell und präzise zu benen-nen oder noch besser: angemessen beschreiben und erzählen zu können, was und wie Sie etwas tun. Diese Fragen bringen Ihnen dazu die Erkenntnisse und den Erzählstoff:

1. Können Sie zwischen wichtigen und unwichtigen Dingen unterscheiden?

Es gibt Situationen, in denen winzige Details immens bedeutsam sein können, wie z. B. beim Bergsteigen, wo die kleinste Unaufmerksamkeit fatale Folgen haben kann. Meist jedoch ist es im Leben wichtiger, die Konzentration auf die Gesamtheit eines Sachverhalts zu lenken. Üben Sie, zwischen den wichtigen und unwichtigen Dingen im Leben zu differenzieren. Konzentrieren Sie sich auf das, was Sie tatsächlich Ihren Zielen näher bringt, verzetteln Sie sich nicht, sondern handeln Sie ergebnisorientiert.

2. Ergreifen Sie die Initiative und setzen Sie Ihre Ideen in Taten um?

Jede Initiative birgt Risiken und zieht Konsequenzen nach sich. Daher scheuen sich viele Menschen davor, Initiative zu ergreifen. Versuchen Sie, sich verantwortungsbewusst auf etwas einzulassen, und scheuen Sie nicht die Konsequenzen. Die besten Ideen führen zu nichts, wenn man nicht wenigstens versucht, sie umzusetzen.

Interessanterweise ist diese wichtige Fähigkeit weniger von einem hohen IQ abhängig, als die meisten glauben. Während Menschen mit einem höheren IQ in entspannten Situationen bessere Führungsstärken als Personen mit einem eher niedrigen IQ zeigen, ist dies bei Stress häufig umgekehrt.

3. Schieben Sie Dinge nicht auf die lange Bank und erledigen Sie angefangene Arbeiten?

Viele Menschen behaupten, sie könnten unter Zeitdruck besser arbeiten. Doch es ist erwiesen, dass Ergebnisse qualitativ besser ausfallen, wenn die entsprechende Zeit dafür verwendet wird. Sie sollten daher Ihre Zeit so einteilen, dass Sie Ihre Aufgaben gut erledigen können.

Andererseits: Vermeiden Sie Abbrüche und führen Sie Dinge, die Sie begonnen haben, auch einem Ende zu.

4. Wie gut können Sie berechtigte Kritik akzeptieren und sich konstruktiv streiten?

Die Fähigkeit, sich sachbezogen und konstruktiv mit Kollegen, Vorgesetzten und Geschäftspartnern auseinanderzusetzen, ist wichtig für ein erfülltes Berufsleben. Ein klärendes Gespräch kann Wunder wirken. Dabei sollten Sie Ihren Standpunkt kennen und diesen auch vertreten können. Nutzen Sie Ich-Aussagen, verzichten Sie auf Vorwürfe und bewahren Sie einen kühlen Kopf. Wer einen Irrtum zugeben kann, demonstriert innere Größe und Gelassenheit und hat dadurch die Chance, aus Fehlern zu lernen.

5. Verfügen Sie über die Fähigkeit, sich nicht (lange) selbst zu bedauern, und können Sie persönliche Schwierigkeiten schnell überwinden?

Krisen im Leben haben meist Auswirkungen auf alle Lebensbereiche und somit auch auf das Berufsleben. Wenn irgend möglich, sollten Sie sich den unangenehmen Situationen mutig stellen und ihnen nicht ausweichen. Dabei ist es wichtig, Berufs- und Privatleben so weit wie möglich zu trennen.

6. Können Sie Ihre Reaktionen auch in schwierigen Situationen kontrollieren?

Impulsive Reaktionen sind an sich nichts Ungewöhnliches und in einigen Situationen durchaus notwendig. Dennoch kann das sofortige Umsetzen von inneren Impulsen zu unüberlegtem Handeln führen und verhindern, dass vorhandene Fähigkeiten umgesetzt werden können. Was immer Außergewöhnliches auf Sie zukommt, Sie stört und ärgert: Bleiben Sie gelassen und erinnern Sie sich der chinesischen Weisheit: »In der Ruhe liegt die Kraft.«

7. Haben Sie die Fähigkeit, sich auf Ihre Ziele konzentrieren zu können, ohne sich zu verzetteln?

Intelligenz ist keine Voraussetzung für Konzentrationsfähigkeit. Vielen Menschen gelingt es nie, sich längere Zeit auf eine einzige Sache zu konzentrieren. Zu schnell lassen sie sich ablenken. Versuchen Sie, sich auf die wesentlichen Dinge zu konzentrieren. Ermitteln Sie die Rahmenbedingungen, unter denen Sie am effektivsten arbeiten können, und schaffen Sie sich diese.

8. Bewahren Sie Ihre Unabhängigkeit (bei aller Loyalität gegenüber Ihrem Unternehmen)?

Selbstständiges Handeln ist für die meisten Aufgaben im Leben eine unabdingbare Voraussetzung. Auch in der Teamarbeit wird selbstständiges Arbeiten und Denken erwartet. Bauen Sie darum in erster Linie auf sich selbst; agieren Sie souverän und übernehmen Sie die Verantwortung für Ihre Handlungen.

Selbst wenn die zu überwindenden Widerstände groß sind: Mit dem Kopf durch die Wand hilft in den seltensten Fällen. Es kommt auch auf die Fähigkeit an, sich wechselnden Verhältnissen anpassen zu können, ohne sich dabei selbst zu verlieren. Im Umgang mit anderen bedeutet dies, kompromissbereit zu sein und trotzdem Rückgrat zu zeigen.

9. Haben Sie Angst vor Fehlschlägen?

Viele Menschen entwickeln schon in der Kindheit Versagensängste, die einem erfolgsorientierten Handeln später im Wege stehen. Auch erfolgsintelligente Personen begehen Fehler, sie machen jedoch den gleichen Fehler – in der Regel – nicht noch einmal. Aus Fehlern zu lernen und sie zu korrigieren ist ein wichtiger Aspekt der Erfolgsintelligenz.

10. Gelingt es Ihnen, das richtige Maß zwischen Überbelastung und Unterforderung zu finden?

Wer sich überschätzt und sich zu viel zumutet, erreicht die gesteckten Ziele trotz Engagement und harter Arbeit nur selten. Es besteht die Gefahr, sich in zu vielen Einzelprojekten zu verlieren. Genauso schädlich kann auch Unterforderung sein, da persönliche Qualitäten nicht zum Einsatz kommen und so verkümmern. Lernen Sie, Ihre Kapazitäten optimal einzusetzen und Ihre Ziele so einzuteilen, dass Sie damit die beste Leistung erreichen.

Zu Ihrer Problemlösungsfähigkeit

Für alle Bereiche, die Ihre Arbeit betreffen, sollten Sie Ihr Problemlösungsverhalten reflektieren. Stellen Sie sich selbst dazu folgende Fragen, bevor es Ihr Gegenüber tut:

• Wie gehe ich Probleme an?

• Wie plane ich meine Vorhaben?

• Wie setze ich meine Ideen und Vorhaben in die Tat um?

• Wie und vor allem was lerne/lernte ich daraus für zukünftiges Problemlösen?

Verschiedene Situationen im Leben erfordern unterschiedliches Denken. Nur so können vielfältige Aufgaben bewältigt werden. Manchmal ist analytisches Denken von Vorteil, ein anderes Mal ein kreatives Herangehen oder eine praxisorientierte Handlungsweise. Trainieren Sie Ihre analytischen, kreativen und praktischen Denkfähigkeiten. Versuchen Sie einzuschätzen, in welcher Situation welche Art des Denkens die richtige ist. Erst dadurch sind Sie in der Lage, Anforderungen besser gerecht zu werden.

Ergo: Vorbereiten und verdeutlichen – für sich selbst und für das Gegenüber

Was bringt Sie weiter und hilft Ihnen jetzt bei der konkreten Vorbereitung auf das Vorstellungsgespräch?

Verdeutlichen wir uns nochmals: Es geht darum, »Material« (nennen Sie es Informationen, Botschaften etc.) zu haben (das müssen Sie sich erarbeiten, wir zeigen Ihnen wie …), um Ihrem Gegenüber, das sich entscheiden muss – Sie oder ein anderer Bewerber – etwas an die Hand zu geben, damit die Entscheidung zu Ihren Gunsten ausfällt.

Die einfachste, sofort einleuchtende Orientierung für die Vorbereitung und letztlich auch Präsentation Ihres »Auftrittes« und damit Auskunft über Ihr Mitarbeitsangebot ist folgendes Modell:

Vergangenheit – Gegenwart – Zukunft (VGZ)

Sie werden gefragt und Sie werden erzählen (sehr bewusst und ausgewählt):

1. woher Sie kommen und was Sie bisher geleistet haben

2. was Sie aktuell machen und wofür Sie stehen, Ihre Werte und wie Sie »funktionieren« und

3. was Sie alles versprechen, zukünftig zu leisten …

Die vier Kernkompetenzen

Bleibt das letzte der fünf eingangs genannten Modelle, welches aus der Praxis der Personalberatungsunternehmen stammt. Es fragt sehr präzise Ihre vier wichtigsten Kernkompetenzen ab. Was haben Sie anzubieten an:

• Führungskompetenzen

• Problemlösungskompetenzen

• strategischen Kompetenzen

• sozialen und persönlichen Kompetenzen

Hier liegt der Schwerpunkt etwas stärker bei Ihrer Kompetenz, jedoch auch sehr dicht gefolgt von Ihrer Persönlichkeit und Leistungskomponente. Nochmals zusammengefasst: Sie haben jetzt die drei wichtigsten Modelle kennengelernt:

• die drei wichtigsten Weichensteller (KLP, das Hesse/Schrader Basismodell)

• die vier Arbeits-Ebenen/Themen (eine Erweiterung mit Schwerpunkt auf Ihrer Persönlichkeit)

• die vier Kernkompetenzen (eine Erweiterung mit Schwerpunkt auf Ihren Kompetenzen)

und eine Art Zeitstrahl-Modell, das verdeutlicht, wann Sie was geleistet haben, aktuell leisten und zu leisten versprechen, also in Vergangenheit – Gegenwart – Zukunft (VGZ, eine sehr einfache und plausible Zeit-Leitschnur).

Das nebenstehende Modell gibt Ihnen einen Leitfaden an die Hand, wie Sie die oben benannten vier Kernkompetenzen jetzt auch noch neben der Zeit-Leitschnur (VGZ) mit dem KBA Modell kombinieren und einsetzen können (KBA Modell: Kommunikationsziel definieren, daraus Botschaften entwickeln und mit Argumenten unterfüttern, siehe auch Seite 196). Es verdeutlicht, wie Sie zielbewusst Ihrem Gegenüber etwas zu den großen vier Themen (s. o.) vermitteln, bezogen auf die Vergangenheit, die aktuelle Gegenwart und die zukünftigen „Versprechungen", die Sie abgeben. Diese Matrix schafft Ihnen eine ganz andere und viel stabilere Grundlage und Planungssicherheit in Ihrem Kommunikationsprozess (Sie können es auch Vorstellungsgesprächs-Auftritt nennen).

Vergangenheit

woher Sie kommen und
was Sie bisher geleistet haben

Gegenwart

was Sie aktuell machen
und wofür Sie stehen

Zukunft

was Sie einbringen werden und
versprechen, zukünftig zu leisten

Vergangenheit	Gegenwart	Zukunft
Ausbildung / Entwicklungen Hintergrund / Motive erste Herausforderungen und Erfolge	**Kompetenz / Werte mit Spezialisierung auf ... aktuelle Herausforderungen Problemlösungspraxis**	**Ziele / Weiterentwicklung Problemlösungs-, innovatives, kreatives Potenzial Visionen**
Mit welchem Kommunikationsziel Wie lauten Ihre Botschaften Mit welchen Argumenten belegen Sie das	Kommunikationsziel Botschaften / Argumente / Bilder / Geschichten	Kommunikationsziel Botschaften / Argumente / Bilder / Geschichten
Leistungsmotivation strategische Kompetenz auf welcher Ebene Durchhaltevermögen	**Leistungsmotivation strategische Kompetenz in welcher Verantwortung Ausdauer**	**Leistungsmotivation strategische Kompetenz zukünftige Rolle langer Atem, Vision**
Mit welchem Kommunikationsziel Wie lauten Ihre Botschaften Mit welchen Argumenten belegen Sie das	Kommunikationsziel Botschaften / Argumente / Bilder / Geschichten	Kommunikationsziel Botschaften / Argumente / Bilder / Geschichten
Erste Führungserfahrungen Kritikfähigkeit, Frusttoleranz soziale Kompetenzen Teamfähigkeit	**Führungskompetenz Kommunikationsvermögen weitere soziale Kompetenzen Integrationsfähigkeiten**	**Führungskompetenz Mitarbeiterentwicklung Zusammenarbeit, Sympathie- mobilisierungspotenzial**
Mit welchem Kommunikationsziel Wie lauten Ihre Botschaften Mit welchen Argumenten belegen Sie das	Kommunikationsziel Botschaften / Argumente / Bilder / Geschichten	Kommunikationsziel Botschaften / Argumente / Bilder / Geschichten
Persönlichkeit / Stabilität Selbstvertrauen Unterordnungsfähigkeit Konflikte	**Persönlichkeit / Stabilität Selbstbewusstsein Anpassungsfähigkeit Auseinandersetzungsfähigkeit**	**Persönlichkeit / Stabilität Selbstwirksamkeit Sympathiemobilisierungs- potenzial, Verträglichkeit**
Mit welchem Kommunikationsziel Wie lauten Ihre Botschaften Mit welchen Argumenten belegen Sie das	Kommunikationsziel Botschaften Argumente / Bilder / Geschichten	Kommunikationsziel Botschaften Argumente / Bilder / Geschichten

Wie dieses Modell auf die konkreten Fragestellungen im Vorstellungsgespräch adaptiert werden kann, erfahren Sie im entsprechenden Kapitel ab Seite 213.

Zu den Erwartungen auf *Arbeitgeberseite*

Es ist erschreckend, wie wenig Bewerber sich vor einem Vorstellungsgespräch Gedanken über die Bedürfnisse der »Einkäufer-Seite«, der sogenannte *Arbeitgeber*-Seite (besser: Arbeitsplatz-anbieter-Seite) machen. Sie selbst haben dies vielleicht in Ihrem bisherigen Job auch schon öfter so erfahren, auf der Auswählerseite (!), als Ihnen Bewerber gegenübersaßen.

Arbeitgeber suchen Mitarbeiter/Angestellte, die auf der Grundlage von Vertrauen, Kompetenz und Leistungsmotivation Ergebnisse produzieren: Gewinne, Sicherheit, Kostensenkung, verbesserte Organisationsabläufe, neue Lösungen. Ein motivierter Bewerber geht demonstrativ auf die Bedürfnisse des *Arbeitgebers* ein. Er ist bemüht, die Probleme zu lösen! Wenn Sie nicht wissen, was in einem bestimmten Unternehmen oder Berufsfeld von Ihnen erwartet wird, werden Sie den *Arbeitgeber* nur sehr schwer von sich und Ihrer Leistung überzeugen können. Sie sollten ihm durch Kenntnisse über sein Arbeits- und Problemfeld zeigen, was er in Zukunft von Ihnen erwarten kann. Da ist es hilfreich, wenn Sie auf Ihre Vergangenheit (Ergebnisse, Erfolge) und Ihre gegenwärtige Situation verweisen können kombiniert mit dem Versprechen, noch gezielter, noch mehr und besser zukünftig etwas für den Auswähler (das Unternehmen) zu leisten.

Worauf achten *Arbeitgeber* nun bei der Auswahl neuer Arbeitskräfte? Welche persönlichen und beruflichen Anforderungen stellt Ihr potenzieller »Auftraggeber«? Was wünscht er sich?

Arbeitgebern (besser: Auftraggeber, denn **S i e** geben ja Ihre Arbeitskraft, Ihr Problemlösungs-Know-how) reicht es nicht, dass Sie Fähigkeiten besitzen. Sie wollen wissen, wie Sie diese anwenden: Ob Sie Betriebsamkeit vortäuschen oder wirklich versuchen werden, Probleme zu lösen. Kann, darf man Ihnen vertrauen, etwas zutrauen, werden Sie sich als vertrauenswürdig, ehrlich und loyal erweisen?

Sie finden dies ganz schnell selbst heraus, wenn Sie einen gedanklichen Rollentausch vornehmen (den wir bereits zu Anfang des Buches angeregt haben).

Dieses Orientierungsmodell haben wir nun schon mehrfach aufgeführt. Erfahrungsgemäß fällt es aber den von uns gecoachten Kandidaten immer wieder erstaunlich schwer, sich dies einzuprägen.

Schauen Sie sich nochmals die Liste auf Seite 15 an. Das ist nicht wenig! (Ganz ehrlich, diese Liste ist viel zu lang …). Um es etwas zu vereinfachen, es besser auf den Punkt zu bringen, um letztendlich erfolgreich damit arbeiten zu können (alles auch irgendwie im Kopf zu haben, selbst bei so einer stressigen Situation wie dem Vorstellungsgespräch!) ist die Trias Persönlichkeit, Leistungsmotivation und Kompetenz unschlagbar einfach.

Oder besser andersherum: Kompetenz (das Fundament, der Keller), Leistungsmotivation (der Lebensbereich, Wohnen) und Persönlichkeit (das Dach, die Hülle).

Denken wir uns ein Haus. Das Fundament oder der Keller (K wie Kompetenz) bieten die Ausgangsbasis, dann folgt der Lebensbereich (L wie Leistungsmotivation), die Räumlichkeiten, in denen Sie sich wohl am meisten aufhalten. Und obendrauf das Dach, das schützt das Ganze. Hier wäre also das P (im Sinne von Dachstübchen, Ihre Persönlichkeit/Psyche). Alle drei Teile (Keller, Lebensbereich und »Dachstübchen«) sind gleichermaßen wichtig.

Persönlichkeit

Leistungs-motivation

Kompetenz

Hauptziel Ihres Bewerbungsvorhabens ist es, transparent zu machen, was Sie zu **KLP** anzubieten haben, zunächst im schriftlichen Angebotsteil (Ihren Bewerbungsunterlagen), dann in der persönlichen Begegnung.

Ziehen Sie also eine Bilanz Ihrer beruflichen und persönlichen Fähigkeiten und Stärken, und stellen Sie heraus, welche besonderen Eigenschaften Sie für die angestrebte Stelle qualifizieren (positiv auch von anderen Bewerbern unterscheiden, Stichwort *USP*). Konzentrieren Sie sich dabei auf konkrete, möglichst vorweisbare Ergebnisse. Vermitteln Sie also selbstbewusst und schlüssig Ihr berufliches und persönliches Profil. Dabei sollten sich Ihre Botschaften wie ein roter Faden durch Ihre gesamte Bewerbung ziehen (Anschreiben, Foto, Lebenslauf, Zeugnisse) und sich in Ihrem beruflichen Werdegang (Schule, Berufswahl, Ausbildung, Praxis, Erfolge) fortsetzen. Und auch Ihr bevorstehender Auftritt sollte zu Ihren Kernkompetenzen, Ihrem Leistungsanspruch und -versprechen sowie zu Ihrer Persönlichkeit und natürlich zu dem angestrebten Job passen.

Überzeugende Botschaften

Viele Bewerber tun sich schwer mit der Beantwortung der Frage: »Was ist Ihr Angebot, warum sollten Sie den Job bekommen?« Standardantworten wie »Weil ich über so viel Erfahrung verfüge« bringen Sie nicht wirklich weiter. Denken Sie einmal andersherum und machen Sie folgende Übung zur Einstimmung: Stellen Sie sich vor, Sie würden eine eigene Partei gründen. Wie würden Sie Ihre Partei nennen und wie würde das Parteiprogramm aussehen? Anschließend erklären Sie Ihrem Nachbarn, warum er Ihrer Partei seine Wahlstimme geben sollte.

Viele unserer Klienten und Kursteilnehmer laufen bei dieser Übung zu Hochtouren auf, und stellen Parteiprogramm und überzeugende Argumente schnell zusammen.

So wird Ihnen deutlich, worauf es ankommt, wenn Sie am Wahltag (Vorstellungsgespräch) Ihr Gegenüber (den Wähler, Personalentscheider) davon überzeugen sollen, sich für Sie zu entscheiden und Ihnen das notwendige Vertrauen zu schenken.

Wie wollen Sie argumentieren?

Bevor wir zu konkreten Beispielen zu Fragen und Situationen im Vorstellungsgespräch kommen, zunächst eine Trockenübung: Fragen Sie sich: Was sind Ihre Argumente (Verkaufs-, Überzeugungs-Botschaften, Ich-Aussagen), warum sollen sich die Arbeitsplatzanbieter und Personalauswähler für Sie als den besten Kandidaten entscheiden? Womit wollen Sie die Entscheider überzeugen? Bitte notieren Sie innerhalb der nächsten drei Minuten hier (oder auf einem Stück Papier) Ihre Argumente:

_____

_____

_____

_____

_____

Fragen Sie sich:

- Sind Sie mit Ihren skizzierten Argumenten zufrieden?
- Sind dies wichtige und zahlenmäßig genügend Argumente?
- Werden diese Ihre Zuhörer und Entscheider positiv für Sie einnehmen?
- Überlegen Sie erneut, was Sie beruflich und charakterlich auszeichnet!

Wie leicht oder schwer fiel es Ihnen, hier Argumente in eigener Bewerbungssache auf das Papier zu bringen? Haben Sie mehr als fünf Argumente?

1. Schritt
Bringen Sie bitte Ihre Argumente in eine Rangfolge nach der Wichtigkeit und Bedeutung für Ihre Argumentation. Bilden Sie etwa drei (zunächst einmal!) gleich große Gruppen: Die erste Gruppe mit den besonders wichtigen Hauptargumenten, dann ein bedeutsames Mittelfeld, und als dritte Gruppe alle restlichen Argumente, die für Sie als den richtigen Kandidaten sprechen.

2. Schritt
Ordnen Sie Ihre Argumente den bei der Bewerbung so wichtigen Kriterien Kompetenz (K), Leistungsmotivation (L) und Persönlichkeit (P) zu. Worum es dabei geht, haben Sie bereits gelesen. Es kann durchaus vorkommen, dass ein Argument mehrere Aspekte umfasst. Nehmen wir an, Ausdauer und Durchhaltevermögen sind wichtige Argumente für Sie als Bewerber. Das betrifft nun in erster Linie Ihre Leistungsmotivation, aber auch ein bisschen Ihre Persönlichkeit – je nachdem, wie Sie es verstehen und den anderen vermitteln können. Noch ein Beispiel: Entscheidungsfreude und Mut sprechen als Argumente für Sie. Hier können neben der Persönlichkeit auch Kompetenz und Leistungsmotivation betroffen sein. Sie allein bestimmen, wie Sie die Buchstaben (KLP) zuordnen. Dabei spielt die Rangfolge durch die eben beschriebenen drei Gruppen (Hauptargumente, Mittelfeld, Rest) schon eine bedeutsame Rolle.

Bewertung
In der Gruppe mit den Hauptargumenten zählen die KLP-Argumente dreifach, im Mittelfeld doppelt, ansonsten einfach.

Beispiel: Verkaufsleiter eines Autohauses
So könnte die Argumentationsliste eines (hier nur als einfaches Verständnisbeispiel) Verkaufsleiters eines Autohauses aussehen. Lassen wir dabei zunächst einmal offen, wie sinnvoll seine Argumente sind, die Rangfolge sortieren wir später:

- *Ich besitze langjährige Erfahrung im Automobil-Verkaufsgeschäft.*
- *Ich habe spezielle Kenntnisse der neuen Modellreihe.*
- *Ich bin hoch motiviert und ehrgeizig.*
- *Ich habe Überzeugungskraft.*
- *Ich bin sehr flexibel, was die Arbeitszeit betrifft.*

- *Meine Umgangsformen sind gut.*

- *Ich komme gut mit Kunden und Mitarbeitern klar.*

- *Ich bin sehr kommunikativ.*

In eine Rangfolge nach Wichtigkeit und in eine Drei-Block-Aufteilung gebracht (Hauptargumente, Mittelfeld, Rest), könnte diese Liste bereits so aussehen:

1. *Ich habe Überzeugungskraft.* **P**

2. *Ich besitze langjährige Erfahrung im Automobil-Verkaufsgeschäft.* **K**

3. *Ich habe spezielle Kenntnisse der neuen Modellreihe.* **K**

4. *Ich bin hoch motiviert und ehrgeizig.* **L**

5. *Ich bin sehr kommunikativ.* **P**

6. *Ich komme gut an bei den meisten Kunden und Mitarbeitern.* **P**

7. *Meine Umgangsformen sind gut.* **P**

8. *Ich bin sehr flexibel, was die Arbeitszeit betrifft.* **L, P**

Bei den Hauptargumenten (1-3) zählen K, L und P dreifach, im Mittelfeld (4–6) zählen sie doppelt, alle restlichen (7–8) nur einfach. Jetzt können Sie klar erkennen, dass die Gewichtung in der Tendenz stimmt, aber auch noch zu verbessern ist. In diesem Beispiel jetzt: K=6, L=3, P=9.

Zweiter Durchgang: Verkaufsleiter eines Autohauses
Hier nun abermals die Verkaufsargumente, etwas umformuliert und in eine andere Abfolge gebracht.

1. *Ich habe Überzeugungskraft.* **P**

2. *Ich bin sehr kontaktfreudig und kommunikationsstark.* **P**

3. *Ich arbeite ambitioniert und ergebnisorientiert.* **L**

4. *Ich habe ein hohes Kosten-Nutzen-Bewusstsein.* **L**

5. *Ich verfüge über langjährige Erfahrung im Geschäft.* **K**

6. *Ich kenne mich speziell mit der neuen Modellreihe gut aus.* **K**

7. *Ich komme auch wegen meiner Umgangsformen gut bei Kunden an.* **P**

8. *Ich bin sehr flexibel und kompromissfähig, was die Arbeitszeit anbetrifft.* **L, P**

Nun würde das Ergebnis so aussehen: P=8, L=6, K=4. Die Leistungsmotivation ist deutlich gestärkt. Können Sie die Verbesserung, die Stärkung der Überzeugungskraft, die dieser Version zugrunde liegt, nachvollziehen? Aus den einfachen Argumenten sind überzeugende Verkaufs-Botschaften geworden. Voraussetzung: Unser Kandidat kann uns zu diesen Punkten durch Berichte überzeugendes Material liefern, um die Glaubwürdigkeit zu unterfüttern.

Nun stellen wir Ihnen einen Präsentationsleitfaden vor, der hilft alle Ihre Vorüberlegungen auch angemessen zu vermitteln. Hier ist jetzt weniger der Inhalt als die Form und Abfolge wichtig.

Wie Sie Ihre Botschaften optimal vermitteln – KBA

Bisher haben wir uns vor allem mit dem *Was* beschäftigt: mit Ihrer Person, Ihren persönlichen Merkmalen und den beruflichen Fähigkeiten: Was ist unbedingt berichtenswert. Jetzt geht es um das *Wie*, um den gelungenen Transfer:

- Was wollen Sie speziell/hauptsächlich von sich vermitteln?

- Wie kommunizieren Sie es erfolgreich?

- Und vor allem: Wie verankern Sie es nachhaltig in den Köpfen Ihrer Zuhörer und Entscheider?

Sie wollen einen Gedanken, eine Idee oder Botschaft einer Person näherbringen. Sie möchten eine Entscheidung beeinflussen. Sie soll so fallen, wie Sie es sich wünschen. Dabei müssen Sie ähnlich vorgehen, wie wir es aus der Welt der Werbung kennen. Darauf basiert das KBA-System, das wir Ihnen nun vorstellen. Es eignet sich hervorragend, um erfolgreich zu kommunizieren und nachhaltig zu überzeugen.

Drei aufeinander abgestimmte Schritte sind dafür zu beachten:

1. Was genau wollen Sie Ihrem Gegenüber, z. B. dem Arbeitsplatzanbieter, kommunizieren? Was ist Ihr Anliegen, Ihr Ziel, was soll bewirkt werden, welcher Eindruck soll entstehen?

   Dies ist der wichtigste und schwierigste Baustein, der die längste Bearbeitungszeit in Anspruch nimmt, die Definition Ihres **Kommunikationsziels**.

2. Wie formulieren Sie aus den sorgfältigen Überlegungen zu Ihrem Kommunikationsziel verständliche, schnell begreifbare, überzeugende **Botschaften**, eine Art Werbespruch, ein Claim, der gelungen vermittelt, wofür Sie stehen, wie Sie sind, was Sie bereits alles getan haben, aktuell tun und auch versprechen zu tun werden (Stichwort VGZ, Seite 191)?

   Hier kommt es besonders auf Ihre Fähigkeit an, etwas auf den Punkt zu bringen.

3. Wie untermauern Sie die ausgewählten und präzise formulierten Botschaften, um deren Glaubwürdigkeit und Überzeugungskraft (mittels **Argumentation** und inhaltlichen Berichten) ebenso zu stärken wie deren Erinnerungsgehalt?

Wir stehen am Anfang eines Drei-Schritte-Programmes: »*Kommunikationsziel definieren – Botschaften formulieren – Argumente zusammenstellen*«.

Das **KBA-System (Kommunikationsziel, Botschaften und Argumentation)** ist ein Leitfaden, eine Art Struktur, eine Meta-Ebene, um inhaltlich sich so zu organisieren, dass bei Ihrem Gegenüber wirklich etwas ankommt und auch bleibt! Es bedeutet, dass Sie sich zunächst mit der Frage auseinandersetzen, was Sie Ihren Gesprächspartnern von sich vermitteln wollen (Kommunikationsziel).

Vielen fällt – wenn überhaupt – noch spontan ein: »*Ich will diesen oder jenen Job*, **d e n n**: *ich bin der Beste, Erfahrenste, Kompetenteste, ganz besonders motiviert …*« – so an diesem Punkt die häufigsten Antworten.

Schön und gut, jedoch auch ziemlich schwach; auch andere Mitbewerber behaupten, am besten geeignet für den Job zu sein, wir sagten es ja bereits. **Jetzt geht es für Sie darum:** Wie können Sie es besser machen und sich damit von anderen positiv abheben?

Das Kommunikationsziel

Zunächst entwickeln Sie ein Kommunikationsziel. Sie haben die Aufgabe, sich genau zu überlegen:

- was für ein Mensch Sie beruflich und privat sind

- was für besondere Fähigkeits- und Leistungsmerkmale Sie auszeichnen und positiv unterscheiden (Stichwort USP)

- was Sie damit zum Wohl des Unternehmens beitragen werden

Ein Beispiel

Ihr definiertes und niedergeschriebenes Kommunikationsziel könnte z. B. so aussehen:

Mein Kommunikationsziel ist es, …

den Personalentscheidern zu vermitteln, dass ich ein Mensch bin, der über außergewöhnliche kommunikative Begabungen verfügt. Darunter ist zu verstehen: Ich bin sehr gut in der Kontaktaufnahme zu anderen, kann mich schnell und gewandt ausdrücken und ohne große Hemmungen mit jedem Menschen leicht ins Gespräch kommen, und das mit Menschen aller Ebenen. Andere vertrauen mir auffällig schnell. Ich wirke auf viele Personen ermutigend und bin ein sehr guter und aufmerksamer Zuhörer. Trotz meiner Freude am Austausch und gezielten Gesprächen kann ich mich abgrenzen und agiere überlegt.

Die Botschaften

In einem zweiten Schritt sollten Sie aus Ihren Zielvorstellungen klare und schnell zu verstehende Botschaften entwickeln. In unserem Beispiel wären das folgende:

Meine drei wichtigsten Botschaften lauten:

Ich bin ein kommunikativ begabter Mensch, der mit anderen mühelos ins Gespräch kommt und dadurch nachhaltige Beziehungen aufbaut.
Ich gewinne schnell das Vertrauen anderer Menschen und bin ein guter und aufmerksamer Zuhörer, aber auch ein präziser Beobachter. Dadurch gelingt es mir, Probleme und deren Ursachen schneller zu erkennen und einer Lösung zuzuführen.

Bei aller Kontakt- und Kommunikationsfreudigkeit kann ich mich auch abgrenzen, bleibe souverän und unabhängig, vernachlässige keinesfalls das Nachdenken und Handeln.

Die Argumentation

»Die Botschaft hör ich wohl, allein es fehlt mir doch der Glaube« – so lautet ein bekanntes Goethe-Zitat. Um diesen Glauben zu schaffen, ist es in einem dritten Schritt wichtig, die Argumente zu finden, die aus den Behauptungen Fakten werden lassen.

Denken Sie also darüber nach:

- Mit welchen beispielhaften Anekdoten, durch welche Detailbeschreibungen können Sie Ihrem Gegenüber verdeutlichen, dass Ihre in den Botschaften enthaltenen Aussagen glaubwürdig sind?

- Welche Situationen, Begebenheiten in Ihrem (Berufs-)Leben verdeutlichen, was Ihre Botschaften als Kurzformeln transportieren sollen?

Wenn Sie hier den richtigen Erzählstoff beisammen haben, stehen Ihre Argumente. Sie können damit die Glaubwürdigkeit Ihrer überlegt ausgewählten Botschaften festigen, untermauern.

In unserem Beispiel könnten *die Argumente* so aussehen:

Antwort 1: *In meinem Job als Abteilungsleiter verfüge ich über ein großes Firmen-Netzwerk, in- wie extern. Ich werde zu vielen privaten Veranstaltungen meiner Kollegen und sogar Vorgesetzten eingeladen, bin mit einigen von ihnen in verschiedenen Vereinen und Interessengruppen. So erhalte ich einen Informationsvorsprung, den ich in meiner Position gut verwenden kann.*

Antwort 2: *Auch zu meinen Mitarbeitern pflege ich ein gutes Verhältnis. So war einer meiner Teammitglieder immer mal wieder einige Tage krankgeschrieben. Ich habe ihn darauf angesprochen. Zunächst wollte er nichts sagen. Nach freundlichem, geduldigem Nachfragen meinerseits gab er jedoch zu, dass er mit seiner neuen Aufgabe nicht klarkommt und sich überfordert fühlt. Wir haben gemeinsam besprochen, dass er eine Weiterbildung erhält, zum anderen einen kleinen Teil des Projektes abgeben kann. Nun ist er wieder fit und voll einsetzbar und hat sich seit dem Gespräch vor einem halben Jahr nicht wieder krankgemeldet ...*

Anhand dieses Beispiels vermitteln Sie auch Ihre ...

Kompetenz: *Meine Ausbildung ... (konkret aber kurz benennen), die Schwerpunkte und Erfolge (dito), ein gewisses Geschick im Umgang mit Menschen.*

Leistungsmotivation: *Die Ziele, die ich mir selbst gesetzt und erreicht habe, im beruflichen Kontext (2–3 Beispiele) aber auch im privaten (dito).*

Persönlichkeit: *Ich bin ein kontakt- und kommunikationsstarker Typ, dem Menschen schnell vertrauen. Ich erweise mich dieses Vertrauens würdig!*

Und Sie können so Ihre Vergangenheit, Gegenwart und Zukunft mit einbeziehen!

Woher komme ich, was habe ich bisher geleistet: *Nach meiner Ausbildung ... habe ich ein Studium ... absolviert und bin dann nach ... gegangen. Ich lernte auf diese Weise ... dadurch gelang es mir dies und das zu begreifen ... und so konnte ich ... Ich habe dadurch ...*

    Dafür stehe ich, so funktioniere ich: *Neulich erfuhr ich von einem Kollegen, dass er an mir dies und das besonders schätzt. Ich kann nur sagen, ich stehe für ... meine wichtigsten Werte sind ... als mein Leitbild habe ich immer ... angesehen. Dieser/jener hat mich besonders beeindruckt durch/weil ... Das hat mich entscheidend geprägt ...*

    Was verspreche ich, zukünftig für meinen Auftraggeber zu leisten: *Aus meiner Sicht sehe ich in dieser Problemkonstellation/in diesem Setting eine besondere Herausforderung für mich, der ....*

Ihre Kernkompetenzen in Sachen ...

... Führung: *Ich komme bestens mit meiner Mannschaft klar, festgemacht daran ...*

... Problemlösungen: *Wir hatten erst kürzlich ... da habe ich mich hingesetzt und überlegt, telefoniert, bin da und dort hingegangen, habe mich ausgetauscht und dann ... durch diese Idee ist es uns gelungen ...*

... Strategie: *Wir standen vor der Aufgabe, wie verdeutlichen wir unseren Kunden, dass ...*
Da habe ich ... dadurch konnten wir ... ist es uns gelungen ... das Entscheidende war ...

... Soziales: *In meinem Team hatten wir ... ich habe daraufhin Gespräche geführt ... bin zu dem und jenen gegangen. Im Ergebnis ...*

... und Persönliches: *Neulich stand ich vor dem Problem in meiner Firma und musste mich entscheiden. Persönlich empfand ich ...*

... und die vier Arbeits-Ebenen/Themen, das, was Sie jetzt zu Ihrer/Ihrem ...

- beruflichen Orientierung (Macht- u. Leistungsanspruch)

- Arbeitsverhalten (Arbeitsweise, -stil)

- sozialen Komponenten (Sozialverhalten, Umgang mit Menschen)

- psychischen Konstitution (Seelenzustand, Wesensart)

... preisgeben wollen, können Sie leicht inhaltlich selbst füllen!

Ein weiteres Beispiel

Ein 45-jähriger Vertriebsleiter hat folgendes Kommunikationsziel und daraus abgeleitet diese Botschaften und Argumente für sich und seine Gesprächspartner entwickelt:

Kommunikationsziel

Ich kann gezielt Einfluss auf meine Mitmenschen ausüben und Projekte initiieren sowie Dinge bewegen. Ich bin in der Lage, wichtige Ziele auszuwählen, und sie auch erfolgreich zu realisieren. Das habe ich in der jüngsten Vergangenheit erfolgreich unter Beweis gestellt. Vom Handwerker bis zum Vorstands-

vorsitzenden, ich kann mit allen gut aus- und ins Geschäft kommen, auf allen Ebenen, in drei Sprachen. Bei allen bin ich gut angesehen, weil ich direkt und offen bin und dadurch berechenbar und zuverlässig.

Botschaften

Ich beherrsche mein Metier: Mein Werkzeug sind die Menschen, meine Mitarbeiter und meine Kunden. Ich habe »ein Händchen für Menschen«.
Ich kann etwas bewegen, kann andere begeistern und Menschen, Kunden wie Mitarbeiter erfolgreich an mich binden. Ich bin außerordentlich beziehungsstark.
Ich stehe für Orientierung und für Machbarkeit. Meine besonderen Merkmale:
Ausdauer, Frustrationstoleranz, Optimismus ohne Blauäugigkeit, positiv denkend.
Ich bin direkt, und deshalb auch nicht immer bequem aber ehrlich,
manchmal vielleicht sogar etwas zu undiplomatisch, ungeduldig aber berechenbar,
insgesamt aber verlässlich und loyal.

Argumentation

Hier folgen wieder zu allen vier Aussagen Berichte und Erlebnisse, die verdeutlichen, dass diese Botschaften reale Aussagen sind, welche belegt werden können ...

Hinweise und Tricks, wie Sie rhetorisch überzeugend Ihr Kommunikationsziel, Ihre Botschaften und Argumente vortragen, finden Sie im Kapitel Rhetorik ab Seite 249.

Das Vorstellungsgespräch

Jedes Vorstellungsgespräch verläuft nach bestimmten Regeln. Die einzelnen Phasen und auch die Fragen stehen vorher fest. Wir besprechen nachfolgend zahlreiche Fragen, die Ihnen gestellt werden können. Dazu skizzieren wir deren jeweiligen Hintergrund und helfen Ihnen, Ihre individuellen Antwortstrategien zu finden. Die Hauptsache ist, dass Sie wissen, was Sie an Informationen vermitteln wollen. Im Vorstellungsgespräch wollen Sie Ihr Gegenüber von sich, Ihren Fähigkeiten und Ihrem Leistungsangebot überzeugen. Ihre gründliche Vorbereitung ermöglicht es Ihnen, Ihre Argumente überzeugend vorzutragen und auch auf entsprechende Fragen professionell zu antworten.

Gesprächsablauf und Fragenrepertoire

Wie das Vorstellungsgespräch im Einzelnen abläuft, können Sie bis zu einem bestimmten Grad mit beeinflussen, ja, sogar steuern. Ihre Angaben im Bewerbungsanschreiben, Lebenslauf und in den Anlagen und die Art und Weise, wie Sie antworten, wie ausführlich und in welchem Stil Sie was mitteilen, haben einen deutlichen Einfluss auf den weiteren Verlauf des Gesprächs.

Doch zunächst zum typischen Ablauf mit den zu erwartenden Fragen.

Ablauf und Themen des Vorstellungsgesprächs

1. Begrüßung und Einleitung des Gesprächs
2. Motive der Bewerbung und Leistungsmotivation
3. Ausbildung und beruflicher Werdegang
4. berufliche Kompetenz und Eignung
5. persönlicher, familiärer und sozialer Hintergrund
6. Gesundheitszustand
7. Informationen für den Bewerber
8. Arbeitskonditionen
9. Fragen des Bewerbers
10. Abschluss des Gesprächs und Verabschiedung

Nach dieser Übersicht möchten wir Ihnen die zehn Phasen des Vorstellungsgesprächs detailliert erläutern. Dazu haben wir das folgende Schema gewählt:

• Fragen, die an Sie gerichtet werden

• Hintergrund dieser Fragen

• Hinweise für optimale Antworten

Die nachfolgenden Abschnitte dieses Buchs geben Ihnen einen umfassenden Überblick, welche Fragen im Einzelnen auf Sie zukommen können. Sehr wichtig ist es uns, Sie mit dem Hintergrund der einzelnen Fragen vertraut zu machen, der sich – insbesondere in der Real- und Stresssituation Vorstellungsgespräch – nicht immer auf den ersten Blick erschließt.

So klingt z. B. die aufmunternde Aufforderung »Erzählen Sie doch mal etwas über sich« wie eine Einladung zum harmlos-lockeren Partygeplauder. Dahinter steckt ein komplexer Persönlichkeitstest, ein Versuch, Ihre Privatsphäre zu erkunden.

Unsere Hinweise sind keine Vorgaben oder gar konkrete Formulierungsvorschläge, sondern sollen Chancen und Gefahren einzelner Antwortmöglichkeiten verdeutlichen. Diese können jedoch Ihr eigenes Bemühen, eine persönliche Antwortstrategie zu entwickeln, nicht ersetzen.

Für die vorgestellten rund 300 Fragen gilt: Nicht alle können Ihnen in einem ersten Gespräch gestellt werden. Rechnen Sie mit einer Auswahl von etwa 10 bis 20 Fragen pro Stunde. Sie wissen aber nach dem Studium dieses Fragenkatalogs, was auf Sie zukommen kann, und können sich entsprechend vorbereiten. Böse Überraschungen sind somit ausgeschlossen, Angst und Aufregung können wirksam reduziert werden.

Überblick: Die wichtigsten Fragen

1. Erzählen Sie uns etwas über sich!
2. Warum bewerben Sie sich für diese Position?
3. Was unterscheidet Sie von anderen Bewerbungskandidaten um diese Position?
4. Was erwarten Sie für sich/von uns/von dem Job?
5. Was sind Ihre Stärken/Schwächen?
6. Worauf sind Sie stolz, womit unzufrieden, was sind Ihre Erfolge/Misserfolge?
7. Was möchten Sie in 3/5/10 Jahren erreicht haben?
8. Wo liegen Ihre Arbeitsschwerpunkte?
9. Was, wie und warum haben Sie etwas gemacht bzw. nicht gemacht?
10. Schildern Sie uns bitte einen Ihrer typischen Arbeitstage.
11. Wo liegt Ihr Entwicklungspotenzial?
12. Was schätzen Sie an Ihren Arbeitskollegen/Vorgesetzten, was weniger?
13. Warum wollen Sie die Firma/die Branche verlassen/den Job wechseln?
14. Warum haben Sie diesen Beruf/Tätigkeit (damals/jetzt) gewählt?
15. Wie verbringen Sie Ihre Freizeit?
16. Was sagt Ihr Partner/Ihre Familie zu Ihren Plänen?
17. Was verdienen Sie, und was möchten Sie bei uns verdienen?
18. Welche Fragen haben Sie an uns?
19. Warum sind Sie für uns der/die geeignetste Kandidat/Kandidatin?
20. Was machen Sie, wenn wir uns nicht für Sie entscheiden können?

1. Auftakt: Begrüßung und Einleitung des Gesprächs

Begrüßung, Händedruck und Vorstellung

Hintergrund: Es geht um den ersten Eindruck, die Kontaktaufnahme, das Äußere, Ihre Umgangs-formen und Ihr Auftreten. Schon hier findet eine erste Überprüfung Ihrer Anpassungsfähigkeit und -bereitschaft statt. Sind Sie pünktlich erschienen oder auf die letzte Minute, wirken Sie gehetzt, ängstlich-nervös oder ruhig, natürlich und gelassen – ohne übertriebene Selbstsicher-heit oder sogar Arroganz?

Hinweise: Die bereits angeführten generellen Hintergrundaspekte des Vorstellungsgesprä-ches spielen von der ersten Minute an eine wichtige Rolle. Wer dem Personalchef unpünktlich, abgehetzt und transpirierend gegenübertritt oder wie unter Einwirkung von Psychopharmaka unterkühlt bis gelangweilt wirkt oder gar deutlich genervt reagiert, weil er 20 Minuten warten musste, eröffnet die Schachpartie Vorstellungsgespräch nicht optimal. Auch ein zu kräftiger Händedruck (Marke »Knochenbrecher«) oder verschämte Laschheit (»tote Hasenpfote«) erzeu-gen wenig Sympathie in den ersten wichtigen Sekunden dieser bedeutsamen Begegnung.

Unsere Empfehlung: Lächeln Sie Ihr Gegenüber freundlich an, schauen Sie ihm mitten ins Gesicht, grüßen Sie angemessen (zurück). Falls Ihr Name noch nicht gefallen ist, stellen Sie sich (mit deutlicher Aussprache) vor und versuchen Sie, sich den Namen Ihres Gegenübers einzu-prägen. Letzteres dient dazu, ihn im Gespräch namentlich direkt anzusprechen (nichts hört der Mensch lieber als seinen eigenen Namen). Auch für spätere Nachfassaktionen (siehe Seite 273) ist es hilfreich zu wissen, mit wem man gesprochen hat.

Anmoderation, Smalltalk

- Wir danken Ihnen für Ihr Kommen …
- Haben Sie gut hierher gefunden …?
- Was für ein schöner Tag …
- Was für schlechtes Wetter …

Hintergrund: Ihre Gesprächspartner wollen Sie und sich selbst in einer sogenannten Warming-up-Phase einstimmen, eine freundliche Gesprächsatmosphäre herstellen und Ihre eventuelle Verkrampfung und Prüfungsangst abbauen.

Hinweise: Das ist nett, sollte Sie aber nicht dazu verführen, zu ausführlich auf die Themen einzugehen (Wetter, Anreise, Unterkunft usw.). Wer sich hier beklagt, dass das Hotelbett nicht seinen Erwartungen entsprach, dass er keinen Parkplatz vor der Tür gefunden hat und dass das Wetter so schlecht ist, kann gleich seine Sachen packen und gehen.

Schlecht: *Nun* (das aufgreifend, was als Smalltalk angeboten wird) *lassen Sie uns aber bitte schnellstmöglich zur Sache kommen … Sie haben doch sicherlich wenig Zeit … Mein nächster Termin …*

Besser: *Danke für die Nachfrage* (oder was immer zum Smalltalk passt)*, ich bin …, freue mich heute hier bei Ihnen zu sein und bin auch schon ziemlich gespannt auf unser Gespräch …*

Bedanken Sie sich für die Einladung, bringen Sie zum Ausdruck, wie gerne Sie heute hier sind und dass Sie diese Begegnung zu schätzen wissen. Vielleicht gelingt es Ihnen sogar, ein kleines Kompliment anzubringen (gute Organisation, schöne Räumlichkeiten etc.).

Oft wird Ihnen etwas angeboten: Kaffee, andere Getränke (Säfte, Mineralwasser), etwas zu rauchen, möglicherweise sogar Alkoholisches. Letzteres ist ohne Zögern klar abzulehnen. Auch das Rauchen ist problematisch, vor allem, wenn Ihr Gegenüber selbst keine Zigarette in den Händen hält. Besser also auch hier: Sie lehnen dankend ab. Gibt es eine Kaffeerunde oder wird Mineralwasser bzw. Saft angeboten, sollten Sie sich nicht ausschließen. Falls Sie einen Getränkewunsch äußern dürfen, machen Sie es nicht kompliziert, bringen Sie niemanden in Verlegenheit, vor allem nicht sich selbst. Mit einem Glas Wasser aber kann man nichts verkehrt machen.

Und noch eine Empfehlung: Finden Sie heraus (falls Sie es noch nicht wissen) – notfalls durch direktes Fragen –, wie viel Zeit für Ihr Gespräch vorgesehen ist. So können Sie die Ausführlichkeit und Länge Ihrer Antworten dem vorgegebenen Zeitrahmen anpassen.

Bereits in dieser »Warming-up«-Phase kann es passieren, dass Ihr Gegenüber die Gesprächsphase 7 (Informationen für den Bewerber, Seite 232) vorzieht. Dann wird über die Firma/Institution, die Produkte/Dienstleistungen und deren Bedeutung referiert. Hören Sie interessiert zu, möglicherweise erfahren Sie Dinge, die im späteren Gesprächsverlauf erneut Thema werden (etwa wenn man offen erzählt, wie man sich seinen Traumkandidaten für diesen Arbeitsplatz vorstellt).

2. Bewerbungsmotive und Leistungsmotivation

Es geht um Ihre generelle berufliche Orientierung, Ihren Macht- und Leistungsanspruch, um Führungs- und Gestaltungsmotivation.

Motive der Bewerbung

- Wie ist es zu Ihrer Bewerbung als … in unserem Unternehmen/unserer Institution gekommen?
- Was reizt Sie (besonders) an dieser Aufgabe/Position?
- Warum wollen Sie dies gerade bei uns, in unserem Unternehmen/unserer Institution machen?
- Wie gut kennen Sie unsere Produkte/Dienstleistungen etc.?

Hintergrund: Alle Fragen dienen der Überprüfung Ihrer Motivation und Ihres Interesses. Wie fundiert ist beides? Ist dieser Arbeitsplatz/das Unternehmen erste oder zweite Wahl? Wie sind Image und Stellenwert des potenziellen Arbeitgebers bei Ihnen gewichtet? Wissen Sie den neuen Arbeitgeber zu schätzen?

Hinweise: Auf diese Standardfragen müssen Sie präzise vorbereitet sein und flüssig und wenigstens zehn Minuten gut formuliert referieren können. Es handelt sich um die wichtigsten, entscheidendsten Fragen und Themen im ganzen Gespräch! Dabei darf der Unterhaltungs- und Spannungsfaktor auf keinen Fall zu kurz kommen – was Sie generell für viele Antworten berücksichtigen sollten.

- Warum haben Sie vor, den Arbeitsplatz zu wechseln?
- Weshalb wollen Sie Ihre jetzige Tätigkeit/Position aufgeben?
- Warum haben Sie in Ihrer jetzigen Firma/Institution keine Aufstiegschancen?
- Was sind die Gründe für Ihre Unzufriedenheit?

Hintergrund: Weiterhin geht es um die Motive Ihrer Bewerbung, um Ihre Ausgangs- und Hintergrundsituation. Sind Sie in einer beruflichen/persönlichen Drucksituation oder gar Sackgasse, und wenn ja, warum? Wie hoch ist der Grad Ihrer Unzufriedenheit, und wodurch ist diese bedingt? Drohen Gefahren für das neue Engagement?

Hinweise: Wie begründen Sie den Wunsch nach einem Arbeitsplatzwechsel? Hier muss Ihnen eine überzeugende Argumentation gelingen. Verlieren Sie sich nicht in Details, beklagen Sie sich auf keinen Fall über Ihren jetzigen bzw. über frühere Arbeitgeber/Vorgesetzte oder über Ihre Aufgabenbereiche. Gern wird gehört, dass Sie vorankommen wollen, die neue Aufgabe als Herausforderung betrachten, sie reizvoll finden und dass Sie sich und anderen etwas beweisen wollen.

Schlechte Antwort: *Wissen Sie, ich denke, das kann so nicht mehr weitergehen* (und dann folgen Details aus dem aktuellen Arbeitsleben), *und deshalb muss ich jetzt mal wechseln, hab ich mir so gedacht …*

Besser: *Es gibt verschiedene Gründe, die mich jetzt bewogen haben, mich einmal auf dem Arbeitsmarkt umzuschauen, und da hat mich Ihr Angebot neugierig gemacht. Und nach meiner Recherche sind Sie ja ein ganz besonderes Unternehmen …*

- Was reizt Sie an der neuen Aufgabe?
- Was erwarten Sie speziell von uns, was erhoffen Sie sich?

Hintergrund: Weiterhin geht es um die Überprüfung Ihrer Motivation. Wie gut sind Sie vorbereitet, wie realistisch sind Ihre Einschätzungen?

Hinweise: Wieder sollten Sie variantenreich argumentieren und sich nicht in Widersprüche verstricken oder durch Wiederholungen langweilen. Sind die von Ihnen angeführten Bewerbungsgründe nachvollziehbar? Machen Sie deutlich, dass Sie sich auf die beruflichen Aufgaben und den potenziellen Arbeitgeber gut vorbereitet haben. Gern gehört sind Stichworte wie »Zukunftschancen« und »Image der Firma« – vermeiden Sie aber plumpe Schmeicheleien.

- Üben Sie Ihre jetzige berufliche Tätigkeit gerne aus?
- Was hat Ihnen bisher an Ihrer Aufgabe/Position gefallen, was missfallen und warum?
- Was, glauben Sie, ist bei uns anders?

Hintergrund ist die Sorge, dass Sie Ihre eventuell bestehende Unzufriedenheit mit an den neuen Arbeitsplatz bringen und dass somit nicht objektive, sondern negativ-subjektive Gründe den gewünschten Wechsel bedingen. Einerseits möchte man Sie (ab-)werben, andererseits hat man Angst, dass sich hinter Ihrer Wechselbereitschaft unangenehme Überraschungen auch für den potenziellen neuen Arbeitgeber verbergen.

Hinweise: Selbstverständlich üben Sie Ihre jetzige berufliche Tätigkeit gerne aus und identifizieren sich mit Ihrem Beruf. Schildern Sie Ihre jetzigen Aufgaben zu negativ, wird man an Ihnen zweifeln, bei zu positiver Darstellung wirkt Ihr Wunsch nach einem Arbeitsplatzwechsel unglaubwürdig. Äußern Sie sich daher positiv-neutral und, wenn überhaupt, nur minimal kritisch. Ein Ausweg aus diesem Dilemma ist die plausible Darstellung, worin die Verbesserung durch einen Wechsel für Sie besteht.

- Woher ist Ihnen unser(e) Unternehmen/Institution bekannt?
- Wie gut kennen Sie uns bereits, unsere … (z. B. Produktion/Marktposition/Dienstleistungen usw.)?
- Wie stellen Sie sich Ihre Tätigkeit bei uns vor?

Hintergrund: Die Fragen zur Überprüfung der Qualität Ihrer Vorbereitung auf das Unternehmen und das Vorstellungsgespräch werden konkreter und detaillierter. Wie überzeugend ist Ihre Darstellung, und wie ziehen Sie sich auch bei unangenehmen Fragen aus der Affäre?

Hinweise: Bei guter Vorbereitung kennen Sie das Unternehmen und machen jetzt einen kompetenten Eindruck. Das darf Sie nicht dazu verleiten, sich bei der Frage, wie Sie sich die Tätigkeit beim neuen Arbeitgeber vorstellen, zu sehr zu exponieren. Es ist Sache Ihres Gesprächspartners, Ihnen eine Arbeitsplatzbeschreibung zu geben. Es besteht leicht die Gefahr, dass Sie sich vergaloppieren und als Besser- oder Alleswisser unangenehm auffallen.

- Haben Sie einen persönlichen Bezug zu unserem Unternehmen?
- Kennen Sie Mitarbeiter aus unserem Haus?
- Was haben diese Ihnen über uns erzählt?

Hintergrund: Welche Wertschätzung bringen Sie Ihrem potenziellen Arbeitgeber entgegen? Woher beziehen Sie Ihre Informationen? Wissen Sie, was man wie sagt und was man lieber für sich behält?

Hinweise: Ein persönlicher Bezug zum Unternehmen ist von Vorteil. Wenn Sie sich auf diese Frage vorbereitet haben und die Auskunft glaubwürdig klingt, sammeln Sie Pluspunkte. Lassen Sie sich nicht dazu hinreißen, aus der internen Firmen-Gerüchteküche zu plaudern. Bevor Sie angeben, jemanden aus dem Unternehmen zu kennen, müssen Sie wissen (erahnen), wie dessen Position und Ansehen ist.

- Wo haben Sie sich noch beworben?

- Gibt es konkrete Verhandlungen/Ergebnisse?

Hintergrund: Wieder geht es um die Motivation, die Ernsthaftigkeit Ihrer Bewerbung und Ihre Wertschätzung dieses speziellen potenziellen Arbeitgebers. Ist er erste Wahl, oder rangiert er unter »ferner liefen«? Setzen Sie alles auf eine Karte, oder haben Sie eine Vielzahl von Bewerbungsschreiben ausgestreut?

   Hinweise: Die Aufforderung, Berufswahl- und Arbeitsplatzfantasien zu entwickeln, ist keine Überprüfung Ihrer Kreativität, sondern eher eine Falle. Wie hoch ist Ihre Identifikation mit dieser Bewerbung? Also: Kein Wort über eventuelle Absagen und Fehlschläge, und nichts über parallele Verhandlungen, es sei denn, Sie haben ein konkretes Angebot, das für Sie ernsthaft in Betracht kommt.

- Was bewog Sie damals – im Jahre 200X und dann 200Y – den Arbeitsplatz zu wechseln?

Hintergrund: Wechseln bzw. wechselten Sie im Frieden oder Unfrieden? Gibt es bei Ihnen sich wiederholende Motive, die Sie zum Arbeitsplatzwechsel veranlassen? Spielen dabei in Ihrer Person begründete Probleme eine Rolle (vor denen man sich aus Arbeitgebersicht bewahren möchte)?

   Hinweise: Seien Sie darauf vorbereitet, (auch frühere) Arbeitsplatzwechsel plausibel darstellen zu können. Schuldzuweisungen kommen schlecht an, diese addieren sich auf dem Negativkonto der Person, die sie ausspricht.

   Schlecht geantwortet: *Das liegt ja schon lange zurück, da kann ich mich nicht mehr erinnern, dazu will ich hier nichts sagen, ja da gab es Schwierigkeiten …*

   Besser: *Nun, ich bekam damals einen Tipp, ich solle mich dort vorstellen … und die waren sehr interessiert an mir, machten mir ein attraktives Angebot …*

Leistungsmotivation

- Was hat für Sie Priorität bei Ihrer Arbeit?

- Wie stellen Sie sich im Idealfall Ihre Arbeit vor?

- Was sind – aus Ihrer Sicht – die Vor- und Nachteile der von uns angebotenen Position, und

- wie wollen Sie damit umgehen?

Hintergrund: Wie intensiv haben Sie sich mit diesen Themen auseinandergesetzt? Wie realistisch sind Ihre Einschätzungen? Was für eine Arbeitspersönlichkeit sind Sie? Wie präsentieren Sie sich, welche Merkmale (auch: Persönlichkeit) zeigen Sie oder lassen Sie erkennen? Welche Prognose kann man bei Ihnen aus Arbeitgebersicht wagen?

   Hinweise: Stellen Sie sich geschickt an im Umgang mit schwierigen, weil komplexen Themen? Nicht in Details verlieren und nicht zu sehr »Überflieger« sein. Das realistische Mittelmaß – aber nicht zu glatt – wird honoriert. Wer hier in ein 20-minütiges monologartiges Referat verfällt oder Extrempositionen vertritt, kommt nicht gut an.

- Auf welche Ihrer beruflichen Leistungen und Erfolge sind Sie besonders stolz?

- Und jetzt zu Ihren Misserfolgen ...

Hintergrund: Was haben Sie als Leistungsbeweis anzubieten? Wie gehen Sie mit heiklen, komplexen Fragen um?

    Hinweise: Die Analyse Ihrer Erfolgs- und Misserfolgsberichte lässt viele Rückschlüsse auf Sie als potenziellen Mitarbeiter zu. Wer keine Misserfolge zu berichten weiß, macht sich verdächtig, und wer eingesteht, ein »Millionending« in den Sand gesetzt zu haben, bringt sich ins Abseits. Während Sie bei den Erfolgsberichten etwas großzügiger (aber nicht unglaubwürdig) sein dürfen – insbesondere die Teamleistung sollte hervorgehoben werden –, sollten Sie bei den Misserfolgen eher bei sich selbst bleiben, ohne gravierende, irreparable Schäden zu berichten.

- Wie sehen Sie Ihre Zukunft?
- Was sind Ihre Ziele?
- Was möchten Sie in drei und was in fünf Jahren erreicht haben?

Hintergrund: Wieder geht es um Leistungsbereitschaft und Motivation, um Biss, Drive, visionäre Begabung oder schlicht um Ihre Zukunftsplanung.

    Hinweise: Als leistungsmotivierter Mitarbeiter sind Sie zuversichtlich, was Ihren beruflichen Werdegang betrifft. Aber: Exponieren Sie sich nicht zu sehr, damit man vor Ihnen keine Konkurrenzangst bekommt und glaubt, Sie würden gleich die Säge am Stuhl ansetzen ...

    Schlecht geantwortet: *Über meine Zukunft mache ich mir jetzt hier noch keine Gedanken ...*

    Besser: *Interessante Frage. Ich schätze, wenn ich mich hier gut eingearbeitet habe und zeigen kann, was ich in der Lage bin zu leisten, dann ...*

Weitere Themen und Fragen

Berufliche Entwicklung

- Welche Positionen hatten Sie mit welchen Aufgabenstellungen inne?

- Welche Gründe/Motive gab es für Positions-/Arbeitgeberwechsel?

- Wie bewerten Sie dies alles aus heutiger Sicht?

- Was waren die entscheidenden Positionen/Meilensteine für Ihre Karriere?

- Bitte begründen Sie diese?

- Welche außergewöhnlichen Leistungen/Erfolge können Sie vorweisen?

- Wie erklären Sie (sich) diese?

Besondere Herausforderungen/Schwierigkeiten

- Bitte geben Sie uns Beispiele dafür?
- Wie sind Sie damit umgegangen?
- Welche Art der Lösung ist typisch für Sie?
- Was waren kritische Momente, was Schicksalsschläge in Ihrem Leben?

Aktuelle berufliche Situation

- Was sind Ihre Kernaufgaben?
- Welche Ziele haben Sie?
- Was sind dabei die besonderen Herausforderungen?
- Was ist Ihr aktueller Beitrag zum Unternehmenserfolg?
- Was haben Sie bisher erreicht?

Unternehmenssituation

- Wie beurteilen Sie den Markt, in dem sich Ihr/unser Unternehmen bewegt?
- Wie sehen Sie die Wettbewerbssituation?
- Welche positiven/negativen Trends stellen Sie fest?
- Welche Konsequenzen ziehen Sie daraus/empfehlen Sie?
- Welche Vorstellungen bezüglich Ihres Beitrages haben Sie in der aktuellen Situation, in der sich Ihr und unser Unternehmen befindet?
- Welche Position/Aufgabe streben Sie dabei zukünftig an?

Orientierung und Strategie

- Wie sehen Ihre beruflichen Leitbilder aus?
- Welche berufliche Strategie verfolgen Sie im Berufsalltag?
- Wie sieht oder sähe Ihr Beitrag zur Strategieentwicklung aus?
- Was sind Ihre Ansprüche?
- Welche Hindernisse sehen Sie?
- Welche Kompromisse sind Sie bereit einzugehen?
- Was sind Ihre Empfehlungen bezüglich einer zukünftigen strategischen Ausrichtung?
- Welche Bedeutung hat die Strategie Ihres Unternehmens für Ihren Verantwortungsbereich?
- Welche strategisch wichtigen Projekte bearbeiten Sie aktuell?

3. Ausbildung und beruflicher Werdegang

Jetzt geht es um Ihre Leistungsmotivation und um Ihre Durchsetzungsfähigkeit.

- Wie verlief Ihr bisheriger Berufsweg?
- Aus welchen Gründen haben Sie sich für den Beruf/die Branche/die Arbeitsplätze X, Y und Z entschieden?
- Und warum jetzt für diese neue Position in unserem Haus?

Hintergrund: Planung oder Zufall? Ist ein roter Faden bei Ihren Motiven für Arbeitsplatz- und Positionswechsel erkennbar?

Hinweise: Was Sie in Ihren Bewerbungsunterlagen kunstvoll zu Papier gebracht haben, müssen Sie überzeugend und womöglich ausführlich darstellen und glaubwürdig begründen können. Wichtig ist dabei die Präsentation eines logischen Zusammenhangs zwischen einzelnen beruflichen Stationen. Mit dem Hinweis: »Das steht bereits in meinen Unterlagen!« katapultieren Sie sich aus dem Bewerbungsverfahren.

- Berichten Sie uns etwas über die wichtigsten Aspekte Ihrer bisherigen Tätigkeiten?

Hintergrund: Gelingt es Ihnen, komplexe Sachverhalte überzeugend auf den Punkt zu bringen, und passt dies inhaltlich zu der angebotenen Stelle?

Hinweise: »Aufgrund meiner Arbeitsgebiete/Tätigkeiten X, Y und Z glaube ich, für die Aufgabe/Position gut vorbereitet zu sein« – mit dieser Formulierung könnten Sie der oben genannten Aufforderung nachkommen.

- Was sind zurzeit Ihre konkreten Arbeitsaufgaben?
- Was machen Sie davon gern, was ungern?
- Schildern Sie den Ablauf eines typischen Arbeitstages.

Hintergrund: Hier geht es dem Interviewer darum, einen tieferen Einblick in Ihre derzeitigen Aufgaben zu bekommen und zu überprüfen, ob der gute Eindruck aufgrund Ihrer schriftlichen Bewerbungsunterlagen Bestand hat. Mit anderen Worten: Man versucht, Ihre beruflichen Schwachstellen zu enttarnen.

Hinweise: Diese auf den ersten Blick harmlos klingenden Fragen sind schwieriger zu beantworten, als Sie glauben. Deshalb erfordern sie eine besonders gute Vorbereitung im Hinblick auf den angestrebten Arbeitsplatz. Wer z. B. behauptet, an seinem aktuellen Arbeitsplatz alles nur gut und gerne gemacht zu haben, lügt ausgesprochen ungeschickt. Warum dann der angestrebte Wechsel?

- Warum haben Sie Ihren Arbeitgeber öfter bzw. selten gewechselt?

- Warum haben Sie von diesem zu jenem Arbeitgeber gewechselt, und dann wieder gewechselt?

Hintergrund: Es geht darum, Schwachstellen aufzudecken und den Bewerber mit einer schwierigen und unter Umständen peinlichen Situation zu konfrontieren.

Hinweise: Auch hier ist eine gute Vorbereitung alles. Überlegen Sie sich gute Argumente und eine glaubwürdige Darstellung, auch mit Anerkennung von eigenen Fehlern. Lassen Sie sich nicht aus der Ruhe bringen und reagieren Sie vor allem nicht aggressiv.

Schlecht geantwortet: *Wissen Sie, da gab es nach meinen Fähigkeiten doch eine enorme Nachfrage … Ganz ehrlich, ich habe nicht gewusst, wo ich hätte sonst arbeiten sollen …*

Besser: *Das liegt sicher immer auch ein bisschen im Auge des Betrachters. Aus Ihrer Sicht habe ich zu häufig/schnell gewechselt. Für mich waren da folgende Argumente entscheidend … / Sie wundern sich wie lange ich da war. Nun, ich fühlte mich wohl, war hoch angesehen, meine Leistung wurde geschätzt …*

- An welchen Fortbildungsmaßnahmen haben Sie teilgenommen? Wer hat diese initiiert?

Hintergrund: Überprüfung von Leistungsmotivation und Kompetenz. Betreiben Sie Fortbildung aufgrund von Eigeninitiative oder nur auf Anordnung?

Hinweise: Wenige Sätze reichen hier aus. Es kommt darauf an, dass Sie etwas Relevantes zu berichten wissen. Fachliteratur und der regelmäßige Austausch mit Kollegen sollten selbstverständlich sein. Besser sind Tagungen, Messen, Fortbildungsveranstaltungen etc.

- Was bewundern Sie an Ausbildern, Mitarbeitern, Kollegen, Vorgesetzten?

- Jetzt die Fragen mit umgekehrten Vorzeichen – was missfällt Ihnen an Ausbildern, Mitarbeitern, Kollegen, Vorgesetzten?

Hintergrund: Was sind Ihre Maßstäbe bei der Beurteilung von Vorgesetzten und Kollegen? Worauf kommt es Ihnen an? Wie gehen Sie mit schwierigen Fragen um?

Hinweise: Zeigen Sie Wertschätzung für Vorgesetzte und Kollegen, machen Sie gegebenenfalls deutlich, dass Sie in bestimmten Situationen anders entschieden hätten. Vermitteln Sie Respekt und die richtige Mischung aus Selbstbewusstsein und Loyalität.

- Fühlen Sie sich in Ihren beruflichen Leistungen von Ihren früheren Vorgesetzten angemessen beurteilt?

Hintergrund: Wie gehen Sie mit dem heiklen Thema Leistungsbeurteilung um? Lassen Sie sich provozieren, und nehmen Sie Schuldzuweisungen vor? Ergreifen Sie die erstbeste Gelegenheit, über andere herzuziehen? Sind Sie der Typ des verkannten Genies?

Hinweise: Halten Sie sich bedeckt, und lassen Sie sich nicht provozieren. Vermeiden Sie Klagen über Ihre früheren Vorgesetzten und eine unglückliche Selbstdarstellung.

- Was würden Sie gern an Ihrem jetzigen Arbeitsplatz verändern, wenn Sie Veränderungen durchführen könnten, wie Sie wollen?

Hintergrund: Sind Sie ein notorischer Besserwisser oder gar ein Revolutionär? Ein reiner Provokationstest!

Hinweise: Natürlich gibt es Dinge, die veränderungswürdig sind, aber dies ist hier nicht der Rahmen, detailliert und angemessen die Probleme an Ihrem derzeitigen Arbeitsplatz auszubreiten. Halten Sie sich bedeckt.

Schwach geantwortet: *Lassen Sie mich überlegen, wo fang ich an, ja da gibt es wirklich eine ganze Menge, da ist viel im Argen, da müsste man ...*

Besser: *Im Prinzip bin ich mit den meisten Dingen und Handhabungen zufrieden, wir führen auch regelmäßige Gespräche, was so ansteht, Verbesserungen, oder wenn jemand Probleme hat, dann kann er diese in der Runde offen ansprechen ... Das machen Sie doch sicherlich hier ähnlich ... Ich für mein Teil wünsche mir jetzt eine neue Herausforderung ...*

- Was war bisher Ihr schlimmstes, unangenehmstes (Arbeits-)Erlebnis?

Hintergrund: Ein Persönlichkeitstest in Frageform. Es geht darum, Ihnen auf den Zahn zu fühlen, eventuelle Widersprüche zum Thema »bisherige Misserfolge« aufzudecken.

Hinweise: Aufgepasst – was war Ihre Antwort bei der Frage nach Ihrem größten Misserfolg? Seien Sie vorbereitet, eine harmlose Episode erzählen zu können, und enden Sie möglichst mit der Einsicht, etwas daraus gelernt zu haben.

Schwach geantwortet: *Da muss ich Ihnen mal erzählen, wie ...*

Besser: *So eine richtige Katastrophe habe ich noch nicht erlebt ... Unangenehm war mir, als ich einmal etwas vergaß ...*

Weitere Fragen zur biografischen Entwicklung

- Wie kam es zu Ihrer Berufswahl?
- Wie hat sich Ihr Berufseinstieg gestaltet?
- Welche Schwerpunkte gab es?
- Welche entscheidenden Weggabelungen?
- Wie kam es zur Wahl des jetzigen Arbeitgebers?
- Welche Alternativen hatten oder sahen Sie ansonsten?
- Wie bewerten Sie dies alles aus heutiger Sicht?

4. Berufliche Kompetenz und Eignung

Hier werden allgemeine Kompetenzen, aber auch strategische Kompetenz, Führungskompetenz, Problemlösungskompetenz und soziale Kompetenz geprüft.

Fragen zu Ihrer allgemeinen Kompetenz

- Wie gut kennen Sie sich in unserer Branche/unserem Metier aus?
- Wie schätzen Sie die aktuelle (zukünftige) Marktsituation ein?

Hintergrund: Wie sieht Ihr aktueller (Fach-)Wissensstand aus? Können Sie kompetent mitreden, einschätzen, beurteilen?

Hinweise: Hier gilt das schon mehrfach zum Thema Vorbereitung/Recherche Gesagte. Sollten Sie bei einer dieser Fragen trotz guter Vorbereitung nicht genug Hintergrundwissen haben, bekennen Sie sich dazu. Es macht Sie sympathisch, wenn Sie in Maßen Kenntnislücken zugeben.

- Kennen Sie … (dieses Verfahren, die Person, die Diskussion um etc.)?
- Was ist Ihre Meinung über …?
- Wie beurteilen Sie …?
- Was würden Sie machen, wenn …?

Hintergrund: Test von Informationsstand und Fachwissen bis hin zur Aufforderung, spontan im Gespräch eine Mini-Arbeitsprobe abzulegen.

Hinweise: Hier werden Sie selbst am besten wissen, wie Sie zu antworten haben. Möglicherweise handelt es sich aber auch um eine Testfrage, mit der man Sie aufs Glatteis führen will und das XYZ-Verfahren, von dem man suggestiv behauptet, dass Sie es doch sicherlich kennen, existiert überhaupt nicht. Also bekennen Sie sich gegebenenfalls zum Nichtkennen.

- Welche Publikation (Fachbuch/Artikel) aus Ihrem Arbeitsgebiet hat Sie in der letzten Zeit besonders beschäftigt?
- Welche Fachzeitschriften haben Sie abonniert, lesen Sie regelmäßig?
- Welche Kongresse, Fachtagungen, Weiterbildungen etc. haben Sie in der letzten Zeit besucht?

Hintergrund: Es geht um die Überprüfung von Engagement, Motivation und Kompetenz in fachlicher Hinsicht.

Hinweise: Eine aktuelle, auch fachwissensbezogene Vorbereitung zahlt sich hier aus.

- Was waren Ihre Ausbildungsschwerpunkte?
- Was würden Sie als Ihren aktuellen, spezifischen Arbeitsschwerpunkt bezeichnen?

Hintergrund: Wie kompetent können Sie sich und Ihr Arbeitsgebiet darstellen? Auch die Art und Weise Ihres Vortrags wird an dieser Stelle mitbewertet.

Hinweise: Fragen nach Ihrer Ausbildung (Lehre/Studium) und der ersten beruflichen Einstiegsposition kommen bei einem gestandenen Praktiker seltener vor. Dennoch ist es wichtig, auf derartige Nachfragen, bei denen es auch um die Verknüpfung von Vergangenheit und Gegenwart geht, vorbereitet zu sein.

- Wie lange, glauben Sie, brauchen Sie zur Einarbeitung in Ihr neues Arbeitsgebiet bei uns?
- Auf welchem Gebiet haben Sie noch Defizite, und was gedenken Sie dagegen zu tun?

Hintergrund: Wie realistisch ist Ihre Selbsteinschätzung, und wie gehen Sie mit kritischen Fragen zu Ihrer Person um?

Hinweise: Sagen Sie, dass Sie auf Unterstützung und Kooperation durch den Arbeitgeber hoffen, auf die Sie in der ersten Zeit angewiesen sein werden. Natürlich haben Sie Defizite, die Sie dank der betrieblichen Unterstützung sowie mit Hilfe Ihrer Fortbildungsbereitschaft schnell beheben können.

Empfehlung: Nicht kränken oder provozieren lassen, im Prinzip zustimmen und Mao zitieren: »Handeln heißt lernen.«

Fragen zu Ihrer Strategischen Kompetenz

Unternehmerisches Denken und Handeln

- Wie schätzen Sie die Strategien und Ziele Ihres Unternehmens ein?
- Welchen Einfluss hat die Strategie Ihres Unternehmens auf Ihr eigenes Handeln?
- Wie verbinden Sie Unternehmensziele und Strategien mit Ihrem Tagesgeschäft?
- Wie sorgen Sie dafür, dass all dieses Verhaltensgrundlage für Ihre Mitarbeiter wird?
- Wie haben Sie bisher in Ihrem Unternehmen Strategieentwicklungsprozesse erlebt?
- Was war Ihre Rolle, Ihr Anteil daran?
- Wie erleben Sie die Geschäftsentwicklung Ihres Unternehmens und der wichtigsten Wettbewerber in den letzten Jahren?
- Wie bewerten Sie die aktuelle Situation Ihres Unternehmens auf dem Markt?
- Welche Chancen bieten sich?
- Welche Risiken sehen Sie?
- Was bedeutet das für Ihre Position, für Ihren Aufgaben- und Verantwortungsbereich?

- Welche Erfolgsfaktoren, welche Vorteile gegenüber Mitbewerbern können Sie für Ihr Unternehmen benennen?
- Welche Optimierungsbereiche sehen Sie?
- Welche Unternehmensstrategie sollte aus Ihrer Sicht längerfristig verfolgt werden?
- Welche Beispiele können Sie aus Ihrer Praxis für unternehmerisches Denken und Handeln anführen?
- Was bedeutet für Sie im täglichen Arbeiten ertrags- und kostenbewusstes Handeln?
- Wie vermitteln Sie Ihren Mitarbeitern dieses Denken und Handeln?
- Wie bekommen Sie einen Überblick über den Leistungsstand Ihres Verantwortungsbereichs?
- Wie steht es dort aktuell mit den spezifischen Stärken und Schwächen?
- Welche Maßnahmen haben Sie eingeleitet, um die Schwächen abzustellen?

Organisationsvermögen

- Wie sieht Ihr typischer Arbeitsalltag aus?
- Welche übergeordnete Zielsetzung stellen Sie allen Arbeitsabläufen voran?
- Wie gehen Sie bei der Lösung eines Problems vor? (Beispiele)
- Welche Problemlösungstechniken kennen Sie und welche setzen Sie ein?
- Wie erkennen Sie, dass ein Arbeitsablauf optimal ist?
- In welchen Arbeitsabläufen haben Sie in Ihrer Praxis am häufigsten organisatorische Schwachstellen entdeckt?
- Wie strukturieren Sie Ihren Arbeitsbereich?
- Wie und welche Prioritäten setzen Sie in Ihrem Arbeitsbereich?
- Was war bisher Ihr größtes Erfolgserlebnis beim Organisieren von Arbeitsabläufen?
- Was die größte Panne?
- Wie stellen Sie sicher, dass bei Ihren Mitarbeitern das Arbeitsumfeld ordentlich organisiert ist und keine Rückstände auflaufen?
- Wie verschaffen Sie sich einen Überblick, wenn eine Situation schwierig und kompliziert ist?
- Wie koordinieren Sie Ihre berufliche und private Planung?
- Was behindert Sie bei einer planvollen gut durchorganisierten Arbeits- und Vorgehensweise?
- Welche Optimierungschancen sehen Sie?
- Welche Verbesserungsmöglichkeiten bezogen auf Ihren Arbeitsstil sehen Sie selbst?
- Wie verhindern Sie, dass bei Abwesenheit oder Ausfall Ihrer Person (z. B. Reise oder Krankheit) nichts liegen bleibt?

- Wie managen Sie Ihre Termine?
- Wie gehen Sie mit plötzlichen Terminänderungen um?
- Wie erleben Sie das Schnittstellenmanagement bei Ihnen und wie in anderen Bereichen?

Selbststeuerung

- Wie planen Sie die kommende Arbeitswoche?
- Wie strukturieren Sie Ihren beruflichen Alltag?
- Wie haben Sie bisher für Ihre Firma Langzeiterfolge auf- und ausgebaut?
- Was sind aktuell Ihre Hauptziele?
- Was tun Sie, um diese zu erreichen?
- Welche Prioritäten haben Sie sich selbst gesetzt?
- Wie schätzen Sie Ihren eigenen Arbeitsstil ein?
- Wo sehen Sie dabei Stärken und Optimierungsbedarf?
- Wie hat sich Ihre Arbeitsorganisation und Ihre Zeitplanung im Laufe Ihrer beruflichen Entwicklung verändert?
- Was sind aus Ihrer Sicht die wichtigsten Aufgaben einer Führungskraft?
- Welche Hilfsmittel setzen Sie ein für Ihre Arbeitsplanung?
- Wie organisieren Sie Ihren Arbeits- und Verantwortungsbereich?
- Was sind Ihrer Meinung nach die wichtigsten Merkmale einer Führungskraft?
- Welche Entwicklungschancen sehen Sie bei Ihrem Arbeitsstil?
- Was erwarten Sie von Ihren Vorgesetzten?
- Was verstehen Sie unter Selbstmanagement?
- Warum braucht es Vorgesetzte?
- Wer oder was hat Sie in Ihrem Berufsleben gefördert?
- Wer oder was hat Sie in Ihrem Berufsleben behindert oder gebremst?
- Was stört Sie in beruflicher Hinsicht an Ihnen selbst, womit sind Sie unzufrieden?

Fragen zu Ihrer Führungskompetenz

- Was bedeutet Mitarbeiterführung?
- Wie definieren Sie die Hauptaufgaben einer Führungskraft?
- Welchen Führungsstil bevorzugen Sie?

Hintergrund: Haben Sie sich mit diesen Begriffen und der dazu geführten aktuellen Diskussion auseinandergesetzt? Wie ist Ihr Standpunkt, wie sieht Ihre persönliche Philosophie aus?

Hinweise: Zeigen Sie Kompetenz durch fundiertes Hintergrundwissen, das Sie prägnant in ein bis zwei Minuten zum Ausdruck bringen können.

- Was zeichnet Ihrer Meinung nach eine gute Führungskraft aus?
- Was einen guten Vorgesetzten?
- Was einen guten Mitarbeiter?
- Was zeichnet Ihrer Meinung nach eine schlechte Führungskraft aus?
- Was einen schlechten Vorgesetzten?
- Was einen schlechten Mitarbeiter?
- Worin unterscheiden Sie sich Ihrer Meinung nach von Ihrem jetzigen Vorgesetzten?

Hintergrund: Haben Sie ein idealtypisches Anforderungsprofil – auch für Ihre eigene Person? Wissen Sie, worauf es ankommt? Wie gehen Sie mit schwierigen Fragen um?

Hinweise: Besonders heikel ist die letzte Frage. Der Unterschied liegt in der Position, das bedeutet: Gehalt und Verantwortung. Zeigen Sie Wertschätzung für Ihren Vorgesetzten, machen Sie aber auch gegebenenfalls deutlich, dass Sie in bestimmten Situationen anders entschieden hätten. Zeigen Sie Respekt und die richtige Mischung aus Selbstbewusstsein und Loyalität.

Weitere Fragen zu Ihrer Führungsstärke

Mitarbeitersteuerung

- Wie delegieren Sie Aufgaben?
- Welche Aufgaben delegieren Sie, welche bearbeiten Sie konsequent selbst?
- Welche Probleme sind in diesem Zusammenhang schon mal aufgetreten?
- Was haben Sie daraus für Rückschlüsse gezogen?
- Welche Aufgaben delegieren Sie gern und warum?
- Welche ungern und warum?
- Was machen Sie, wenn ein Mitarbeiter nicht mitzieht?
- Welche Kriterien entscheiden, was Sie delegieren und was nicht?
- Welche Rolle spielt Kontrolle in Ihrer täglichen Arbeit, in Ihrem Verantwortungsbereich?
- Wie vermitteln Sie Ihren Mitarbeitern Ziele?
- Wie motivieren Sie Ihre Mitarbeiter, delegierte Aufgaben qualitativ und quantitativ gut zu erledigen?

- Welchen Entscheidungsspielraum geben Sie Ihren Mitarbeitern bei der Aufgabenlösung?
- Welche Probleme sehen Sie beim Delegieren?
- Welche beim Kontrollieren und Beurteilen?
- Welche Probleme haben Sie persönlich beim Delegieren, Kontrollieren und Beurteilen?
- Was machen Sie, wenn von Ihren Mitarbeitern Ziele, Leistungen und Verhaltensweisen für längere Zeit nicht erreicht bzw. erbracht werden?
- Wie gelingt Ihnen die richtige Balance zwischen zielorientierter Durchsetzung und motivierender Unterstützung?
- Wie ermutigen Sie Ihre Mitarbeiter, eine neue und schwierige Aufgabe trotz erhöhten Risikos anzugehen?
- Welche Gefühle kennen Sie, wenn Mitarbeiter Ihre Erwartungen bei delegierten Aufgaben permanent positiv, aber auch negativ, übertreffen?
- Welche Anforderungen stellen Sie an Ihre Mitarbeiter?

Mitarbeiterentwicklung

- Wie dürfen wir uns Ihre Mitarbeiter/Kollegen vorstellen?
- Welche Stärken, welche Schwächen haben bestimmte Mitarbeiter?
- Was tun Sie, damit sich Ihre Mitarbeiter weiterentwickeln?
- Was ist Ihr Selbstverständnis als Vorgesetzter und Führungskraft?
- Was ist Ihr Selbstverständnis als Vorgesetzter insbesondere im Hinblick auf die Personalentwicklung?
- Was ist Ihr Verständnis von Mitarbeiterförderung?
- Was ist Ihr persönlicher Beitrag zur Förderung Ihrer Mitarbeiter?
- Welche Erfolge können Sie berichten?
- Welche Misserfolge haben Sie erlebt?
- Was haben Sie aus beidem gelernt?
- Wie sorgen Sie dafür, dass Ihre Mitarbeiter optimal eingesetzt werden?
- Wie erkennen Sie das Entwicklungspotenzial eines Mitarbeiters?
- Welche Mittel und Methoden der Verbesserung der Mitarbeiter-Performance kennen Sie?
- Wie erkennen Sie die Grenzen von Entwicklungsfähigkeit?
- Welche Instrumente der Personalentwicklung kennen Sie?
- Welche setzen Sie bevorzugt ein und warum?
- Welche eher weniger und warum?

- Wie können Sie gewährleisten, dass von Ihren Mitarbeitern neu erworbenes Wissen im beruflichen Alltag umgesetzt wird?
- Wie tragen Sie dafür Sorge, dass Wissen aus Seminaren von Ihren Mitarbeitern in der Praxis zur Anwendung kommt?
- Welche Kompetenzen, welches Wissen werden Ihre Mitarbeiter zukünftig am dringendsten brauchen?

Entscheidungsverhalten

- Wie würden Sie Ihr eigenes, berufliches Entscheidungsverhalten beschreiben?
- Wie gehen Sie an Entscheidungen heran?
- Wie treffen Sie Entscheidungen, eher intuitiv oder eher methodisch?
- Welchen Entscheidungsstil bevorzugen Sie und warum?
- Warum fällt Ihnen diese Form der Entscheidungsfindung eher leichter, jene eher schwerer?
- Was ist aus Ihrer Sicht das Grundproblem aller Entscheidungen?
- Wie verhalten Sie sich, wenn eine schnelle Entscheidung notwendig wird?
- Wie reagieren Sie, wenn Ihre Entscheidung deutlich kritisiert wird?
- Was halten Sie für besser: einen entscheidungsfreudigen Manager oder einen, der sich darauf beschränkt, Mitarbeiterentscheidungen vor deren Ausführung zu kontrollieren?
- Welche Beispiele, welche Begründung können Sie dafür anführen?
- Welche von Ihnen getroffene Entscheidung mussten Sie schon einmal zurücknehmen?
- Warum? Und was für Konsequenzen hatte das?
- Was haben Sie daraus gelernt?
- Wie würden Sie in einer ähnlichen Situation heute entscheiden?
- Was bedeutet es für Sie, die Dinge jederzeit sicher im Griff zu haben?
- Was sollte permanentes Lernen, die Weiterbildung für Mitarbeiter sein?
- Wie gehen Sie vor, wenn es darum geht, von einem Mitarbeiter eine Sonderleistung zu verlangen?
- Wie oft haben Sie sich in der letzten Woche bei Ihren Mitarbeitern erkundigt, ob diese Schwierigkeiten bei der Arbeits- und Aufgabenbewältigung haben?
- Welche Rolle nehmen Personengruppen wie Vorgesetzte, Kollegen und Mitarbeiter – wenn ein Entscheidungsprozess ansteht – bei Ihnen ein?
- Wie können Sie sicherstellen, dass Ihre Entscheidungen von Ihren Mitarbeitern umgesetzt werden?

Weitere Fragen zu Ihrer Problemlösungskompetenz

Logisches, systematisches Denken und Handeln

- Welche Problemlösungstechniken kennen und welche bevorzugen Sie?
- Wie gelangen Sie in schwierigen Situationen zu einer Entscheidung?
- Wie gehen Sie – konkret an einem Beispiel – Probleme an?
- Wie planen Sie konkret an einem Beispiel neue Vorhaben?
- Wie setzen Sie Ihre Ideen und Vorhaben in die Tat um?
- Wie und vor allem was lernen Sie daraus für Ihr zukünftiges Problemlösen?
- Wie wird sich der Markt für Ihr Produkt/Ihre Dienstleistung verändern?
- Welche Entwicklungen sehen Sie dort?
- Was sind notwendige Schritte, um die Wettbewerbsfähigkeit zukünftig zu sichern?
- Wie behalten Sie in Stress- und Krisensituationen den Überblick?
- Wie gehen Sie an neue Aufgaben oder Projekte heran?
- Wie setzen Sie Prioritäten?
- Wie stellen Sie sicher, dass Sie die notwendigen Informationen und Zusammenhänge erkennen und die richtigen Prioritäten gesetzt haben?
- Aus welchen Vorgängen/Erfahrungen haben Sie bisher am meisten gelernt?
- Was verstehen Sie unter analytischem Denken?
- Wo und wie setzen Sie das in Ihrer Praxis ein?
- Welche Planungs- und Kontrollprozesse kennen Sie und wie setzen Sie diese um?
- Worauf kommt es Ihrer Erfahrung nach bei Entscheidungen besonders an?
- Wie hoch ist Ihre Detailorientierung?
- Wie schätzen Sie sich ein, mehr Kopf- oder mehr Bauch-Mensch?

Veränderungsbereitschaft, innovatives, kreatives Potenzial

- Wie könnten Sie die Geschicke Ihres Unternehmens/Ihrer Abteilung noch besser lenken?
- Was sollte Ihrer Einschätzung nach kurz-, mittel- und langfristig verändert werden, um bestens für die Zukunft gerüstet zu sein?
- Was verbinden Sie mit dem Wort »Veränderung«?
- Welche Negativerfahrungen fallen Ihnen bei dem Wort »Veränderung« ein?
- Wie setzen Sie Ideen in Taten um?
- Welche konkreten Veränderungsprozesse haben Sie schon erlebt?

- Wie bringen Sie Ihren Mitarbeitern Veränderungen und Neuerungen nahe, wenn diese sich damit schwertun?

- Wie könnte man die Kreativität der Mitarbeiter Ihres Bereichs steigern?

- Wie nutzen Sie die Kreativität anderer Menschen?

- Welche Ideen, Neuerungen, Veränderungen haben Sie für Ihren Bereich umgesetzt, vorangebracht?

- Was halten Sie von sogenannten Querdenkern?

- Für wie kreativ, für wie innovativ halten Sie sich selbst?

- Was waren bisher in Ihrem Verantwortungsbereich Ihre besten Ideen und Vorschläge?

- Wie sieht es dabei mit der Umsetzung aus?

- Bei welchen Veränderungen, Neuerungen haben Sie eine wichtige Rolle gespielt?

- Wie gehen Sie mit Mitarbeitern um, die immer wieder mit neuen, verrückten Ideen Unruhe ins Team bringen?

- Was ist Ihrer Einschätzung nach vorteilhafter bei einem neuen Mitarbeiter: viel Erfahrung oder viele neue Ideen?

- Welche neuen Trends/Entwicklungen können Sie in Ihrem Verantwortungsbereich beobachten?

- Wie denken Sie darüber?

- Was sollte sich idealerweise niemals verändern dürfen?

Kognitive Flexibilität

- Welche Erfahrungen haben Sie bis heute geprägt?

- Wie stellen Sie sich die von Ihnen angestrebte Position/das Aufgabengebiet vor?

- Sollte man allen Branchentrends folgen?

- Wann ja, wann und warum nicht, was sind Ihre Erfahrungen?

- Wie sind Sie auf diese Ideen gekommen?

- Was war erfolgreich, wo gab es aber auch Schwierigkeiten?

- Wie sind Sie damit umgegangen?

- Wenn Sie Ihren Bereich reorganisieren müssten, wie würden Sie vorgehen?

- Mit welchen Schwierigkeiten müssten Sie rechnen?

- Was könnten Sie dagegensetzen?

- Was ist reizvoller für Sie: Eine Aufgabe erst zum Abschluss zu bringen, um dann eine neue anzufangen, oder gleich mehrere Aufgaben parallel zu bearbeiten?

- Welches Wissen haben Sie sich in letzter Zeit neu angeeignet?

- Wozu tendieren Sie eher: hoher Qualitätsanspruch gepaart mit Gründlichkeit oder Begeisterung und Schnelligkeit gepaart mit Experimentierfreude?
- Woran erkennt man Ihrer Einschätzung nach einen geistig wachen Mitarbeiter?
- Welche Vor- und Nachteile, Chancen und Risiken sehen Sie an einem solchen Mitarbeiter?
- Welche Fachmessen haben Sie in den letzten zwei Jahren besucht?
- Welche Fort- und Weiterbildungsaktivitäten haben Sie in den letzten zwei Jahren unternommen?
- Was möchten Sie in den nächsten zwei Jahren noch lernen?

Weitere Fragen zu Ihrer sozialen Kompetenz
Kommunikationsvermögen

- Welchen Stellenwert hat die Kommunikationsfähigkeit eines leitenden Mitarbeiters?
- Wie würden Sie Ihren Kommunikationsstil beschreiben?
- Welchen Stellenwert hat Überzeugungskraft für einen Vorgesetzten?
- Wie gehen Sie vor, wenn Sie Ihren Gesprächspartner (Vorgesetzter, Mitarbeiter, Kunde) überzeugen wollen?
- Wie gehen Sie mit unterschiedlichen Gesprächspartnern um?
- Welche Typologien kennen Sie?
- Mit welchem Typus kommen Sie besser, mit welchem schlechter zurecht und warum?
- Was kennzeichnet einen Stelleninhaber, der eine überdurchschnittliche Überzeugungskraft hat?
- Welche Hilfsmittel kennen Sie, um Ihre Zuhörer noch besser zu erreichen?
- Welche überzeugenden Argumente haben Sie für Ihre Produkte/Dienstleistungen?
- Wenn Sie Ihre Kunden überzeugen wollen, mit welchen Einwänden müssen Sie rechnen?
- Warum diese, und was führen Sie dagegen an?
- Wie gehen Sie vor, wenn Sie eine Neuerung einführen wollen, die auf den Widerstand Ihrer Mitarbeiter stößt?
- Wie gehen Sie mit Schwierigkeiten um, die Sie mit dem Betriebsrat haben?
- Wie gehen Sie mit Schwierigkeiten um, wenn es Ihr Vorgesetzter/Ihr Mitarbeiter/ein wichtiger Kunde ist?
- Wie verhindern Sie Schwierigkeiten mit diesen unterschiedlichen Gruppen?
- Wie bereiten Sie sich auf ein schwieriges Gespräch vor?
- Welche Überzeugungserfolge können Sie uns vorstellen, aber auch welche Misserfolge?
- Wie schaffen Sie es in Ihrem privaten Umfeld, Menschen für sich und Ihr Anliegen zu gewinnen?

Zusammenarbeit

- Welche Aufgaben erledigen Sie lieber allein, welche bevorzugt im Team?

- Wie kommen Sie zu dieser Unterscheidung?

- Wie kommen Sie generell zu Entscheidungen?

- Was sind bei einer Zusammenarbeit Ihrer Erfahrung nach die wichtigsten Weichensteller?

- Wie erreichen Sie eine optimale Zusammenarbeit?

- Wie gut können Sie mit Kompromissen leben?

- Wie erreichen Sie tragfähige Kompromisse?

- Wie gehen Sie mit Konflikten um?

- Was sind Ihre Stärken und Schwächen in Konfliktsituationen?

- Welche Entwicklungsmöglichkeiten sehen Sie für sich, in Konfliktsituationen noch besser zu reagieren?

- Wie würden Sie Ihr Feedback-Verhalten beschreiben (positives und negatives)?

- Wie entwickelt ist Ihr Gefühl für die Stimmungslage Ihres Gegenübers?

- Wie beurteilen Sie die Zusammenarbeit in Ihrem Team/Verantwortungsbereich?

- Wie die mit Ihren Kollegen und Vorgesetzten?

- Was sind Ihre Beurteilungskriterien dafür bei den unterschiedlichen Gruppen?

- In welchen Bereichen oder bei welchen Aufgaben arbeiten Sie mit welchen Personen gut zusammen?

- In welchen Bereichen oder bei welchen Aufgaben könnte die Zusammenarbeit besser sein?

- Bei welchen Aufgaben oder Tätigkeiten klappt die Zusammenarbeit nicht und warum?

- Was haben Sie unternommen, um die Zusammenarbeit zu verbessern?

- Wie groß ist das Vertrauen in Ihre Mitarbeiter und umgekehrt: Wie hoch ist das Vertrauen Ihrer Mitarbeiter in Sie?

Weitere Themen und Fragen

Aktuelle berufliche Situation

- Was sind Ihre aktuellen Kernaufgaben?

- Welche Ziele verfolgen/verfolgten Sie?

- Was sind/was waren dabei die besonderen Herausforderungen?

- Was ist Ihr aktueller Beitrag zum Unternehmenserfolg?

- Was haben Sie bisher erreicht?

- Was wollen Sie zukünftig noch erreichen?

Besondere Herausforderungen/Schwierigkeiten

- Was sind für Sie besondere Herausforderungen?
- Bitte geben Sie uns Beispiele dafür!
- Wie sind Sie damit umgegangen?
- Welche Art der Lösung ist typisch für Sie?
- Was waren wirklich kritische Momente, was Schicksalsschläge in Ihrem Leben?

Zukünftige berufliche Entwicklung

- Welche Erwartungen haben Sie?
- Was ist Ihre Strategie?
- Wie sieht Ihre Aktionsplanung, wie die konkreten Schritte dafür aus?

Das KLP-Modell angewandt auf Kompetenz-Fragen

Gerade bei dem wichtigen Themenkomplex der Fragen nach Ihrer (Fach-)Kompetenz denken Sie bitte an das KLP-Modell in Verbindung mit dem VGZ-Modell (siehe Seite 191). Im Folgenden finden Sie das entsprechend modifizierte Modell, welches wir hier angepasst haben an die konkreten Fragesituationen des Vorstellungsgesprächs.

Bei jedem Feld zu bedenken: Kommunikationsziel? Wie lauten Ihre Botschaften? Welche Argumente belegen das?	**Vergangenheit** Erfahrungen	**Gegenwart** Heutige Werte	**Zukunft** Versprechen
Kompetenzen Fachkompetenzen Bildungsstand Problemlösungskompetenz strategische Kompetenz	Berufliche Erfahrungen Welche Fachkompetenzen haben Sie sich in der Vergangenheit angeeignet? Was haben Sie gelernt?	Mit welchem Fachgebiet beschäftigen Sie sich derzeit? In welchen Bereichen sind Sie fit?	Welche Fachkompetenzen werden Sie sich in Zukunft aneignen? Haben Sie klare Vorstellungen von dem, was Sie lernen möchten?
Leistungsmotivation Ihre berufliche Orientierung Macht- u. Leistungsanspruch Ihr Arbeitsverhalten Arbeitsweise und Stil	Wie haben Sie in der Vergangenheit gearbeitet? Wie haben Sie Ihre Ziele erreicht?	Durch welche Arbeitsweise zeichnen Sie sich heute aus? Haben Sie Ihre persönlichen Ziele erreicht?	Wo wollen Sie hin? Wie entwickelt sich Ihr Leistungsanspruch? Wird sich Ihr Arbeitsstil ebenfalls weiterentwickeln?
Persönlichkeit Ihr Sozialverhalten Umgang mit Menschen Ihre psychische Konstitution stabil oder labil sympathisch oder nicht	Gab es schwierige Phasen in Ihrem Leben, die Sie erfolgreich gemeistert haben? Und vor allem: wie? Hatten Sie oft Streit oder berufliche Konflikte?	Wofür stehen Sie persönlich - hier und heute?	Wie wird Ihre private und berufliche Persönlichkeitsentwicklung aussehen? Welche Prioritäten setzen Sie in den nächsten Jahren?

5. Persönlicher, familiärer und sozialer Hintergrund

In dieser Gesprächsphase geht es um drei Bereiche:

- Wer und wie sind Sie?
- Mit wem leben Sie zusammen und wie sind diese Personen?
- Wie sieht Ihr erweitertes soziales Umfeld aus?

Von Ihren Antworten erwartet man sich Aufschlüsse über Ihr Selbstbewusstsein, Ihre Teamfähigkeit, Ihre Verträglichkeit und Ihr Einfühlungsvermögen.

Zu Ihrer Person

- Wir wollen Sie gerne näher kennenlernen. Erzählen Sie etwas über sich.
- Wie würden Sie sich selbst kurz charakterisieren?
- Was würden Ihre Freunde über Sie erzählen?

Hintergrund: Ein umfassender Persönlichkeits-Check-up, der nur eine einzige Frage benötigt. Ein unverstellter Versuch, in die Schränke und Schubladen Ihrer Persönlichkeit zu schauen. Es geht darum, die dunkle Seite des Mondes zu entdecken und so einen weiteren Mosaikstein zur zentralen Frage des Bewerbungsverfahrens hinzuzugewinnen: Passt der Bewerber in unser Unternehmen?

    Hinweise: Hier haben Sie es mit Interviewern zu tun, die unter Umständen in Ihre Privatsphäre eindringen wollen, und es liegt an Ihnen, sich darauf vorzubereiten. Beginnen Sie bei solchen offenen Fragen immer erst damit, die berufliche Ebene anzusprechen und erst später – wenn überhaupt notwendig – die private.

- Was sind Ihre Stärken/Schwächen?
- Was ist Ihr größter Erfolg/Misserfolg (beruflich/privat)?
- Was war bisher in Ihrem Leben Ihr schlimmstes Erlebnis?

Hintergrund: Wie stellen Sie sich dar? Wie glaubwürdig wirken Sie dabei? Kann man Schwächen entdecken?

    Hinweise: Sie sollten mit Gelassenheit sowohl die positiven als auch einige harmlose negative Dinge darstellen und vertreten (die berufliche Seite zuerst; vielleicht geht der Interviewer schon zur nächsten Frage über, bevor Sie zur Darstellung der Schwächen und Misserfolge im privaten Bereich kommen). Überlegen Sie sich genau, welchen Grad an Offenheit Sie sich bei der Darstellung von Schwächen und Misserfolgen leisten können. Nicht vergessen: Sie befinden sich nicht im Beichtstuhl!

- Was schätzen Sie an anderen, was nicht? (Arbeitskollegen/Vorgesetzte/Freunde/Bekannte)
- Haben Sie Leitbilder?

Hintergrund: Durchleuchtung der Persönlichkeit.

Hinweise: Hier ist zu beachten, dass jede Aussage über andere immer auch eine Mitteilung über Sie selbst bedeutet.

- Warum sollten wir gerade Sie einstellen?
- Was können insbesondere Sie für das Unternehmen tun?

Hintergrund: Ein Test Ihres Selbstbewusstseins und Selbstvertrauens. Sind Sie in der Lage, die für Sie sprechenden Eigenschaften im Hinblick auf die angestrebte Position prägnant zusammenzufassen?

Hinweise: Obwohl diese Frage zu den Standardfragen gehört, trifft sie viele Bewerber überraschend und unvorbereitet. Ihnen sollte es nicht so gehen, nutzen Sie Ihre Chance!

Schlecht geantwortet: *Na, das sollten schon Sie selber herausfinden/beurteilen können, da kann ich nicht viel zu sagen …*

Besser: *Aus meiner Sicht spricht für mich … erstens: …, zweitens: …, drittens: …*

- Was machen Sie in Ihrer Freizeit?
- Welche Hobbys haben Sie?
- Wie heißt Ihr Lieblingsschriftsteller?
- Welche Buchtitel würden wir auf Ihrem Nachttisch finden?
- Welche Sportarten betreiben Sie?

Hintergrund: Es geht um das Kennenlernen der »ganzen Person«, um Ihr Interessenspektrum, um Besonderheiten, Hobbys, kulturelle Aktivitäten und Neigungen. Denken Sie auch an Ihre körperliche Fitness.

Hinweise: Die Beantwortung sollten Sie nicht dem Zufall überlassen, und die Antwort »Polo spielen« macht einen anderen Eindruck als die Beschäftigung mit Briefmarken. (Vorsicht beim Bluffen – auf Nachfragen vorbereitet sein!)

Schlecht geantwortet: *Mein Herz schlägt für …, also eine richtige Leidenschaft von mir, wobei ich alle Zeit der Welt vergessen kann … am liebsten würde ich das den ganzen Tag/einen Beruf daraus machen … aber leider … man muss ja noch Geld verdienen/arbeiten gehen …*

Besser: *Ich tanke am besten auf und gewinne neue Kräfte und Ideen dadurch, dass ich Sport mache/ mich dieser oder jener Sache widme …, entspanne …*

- Was bedeutet Teamarbeit für Sie persönlich?

Hintergrund: Extra- oder introvertiert – das ist hier die Frage. Sind Sie Einzelkämpfer oder Gruppenmensch?

Hinweise: Heutzutage werden insbesondere teamfähige Leute gesucht – auch wenn später in der Realität jeder gegen jeden (an)tritt.

- Mit welchen Menschen arbeiten Sie gern/ungern zusammen?
- Hatten Sie schon mal Schwierigkeiten mit Vorgesetzten und/oder Kollegen?
- Mit wem hatten Sie Schwierigkeiten, warum, wie sind Sie damit umgegangen, was haben Sie daraus gelernt?

Hintergrund: Es geht weiter ganz unverstellt zur Sache – oder: Wie ist es um Ihr Konfliktlösungspotenzial bestellt?

Hinweise: Wenn es Ihnen bei diesen Fragen die Sprache verschlägt, spricht das gegen Sie. Jeder Mensch bevorzugt bestimmte Arbeitspartner und hat schon mal Schwierigkeiten mit anderen gehabt. Sie müssen nur wissen, was Sie darüber preisgeben wollen und auf welche Weise.

- Worüber können Sie sich so richtig ärgern?
- Was macht Sie wütend?
- Was bereitet Ihnen Sorgen?

Hintergrund: Fortsetzung der Psychodiagnostik. Wie gehen Sie mit diesen Fragen um? Kann man Sie damit ärgern oder verängstigen?

Hinweise: Verschließen Sie sich nicht (nicht verkrampfen), aber lassen Sie auch nicht die Katze aus dem Sack. Weichen Sie auf (relativ) Unverfängliches aus (die letzte Heimniederlage Ihres Lieblingsclubs, Ihre Schwiegermutter in spe, Hundekot auf der Straße, die Vernichtung von Lebensmitteln im EU-Raum, schlechte Theater- und Konzertaufführungen usw.). Auch das Sorgen-Thema sollten Sie ähnlich geschickt umschiffen.

Schlecht geantwortet: *Nichts – oder haben Sie wirklich so viel Zeit, dass ich jetzt mal aushole …*

Besser: *Da gibt es immer etwas, worüber man sich so richtig aufregen könnte, jedoch frage ich mich oft, ob es sich lohnt und überlege dann, diese Energie lieber dafür zu nehmen, etwas zu verändern … zum Beispiel neulich in unserem Verein …* (hier zunächst eher etwas aus der privaten Ebene anbieten).

- Wie gehen Sie mit Kritik um?

Hintergrund: Wieder so eine Frage, um Ihre Persönlichkeit zu testen.

Hinweise: Es kommt sicherlich immer darauf an, wer Sie wann, wie und weshalb kritisiert. Kritik bringt Sie nicht um, aber vielleicht weiter.

- Was sind Ihre ganz persönlichen Lebensziele?
- Was möchten Sie persönlich für sich in naher/ferner Zukunft erreichen?

Hintergrund: Lebensplanung und Zielsetzungen beruflicher wie privater Art gehören zum Idealbild des »guten« Bewerbers.

Hinweise: Lernen, Leistung, Vorwärtskommen. Dabei geht es primär um Berufliches – vermeiden Sie private Offenbarungen.

- Was sind Ihrer Meinung nach die größten Missstände ...

  - in der Welt
  - in unserem Land
  - in Ihrer Heimatstadt
  - in dem Unternehmen, in dem Sie derzeit arbeiten?

Hintergrund: Wie differenziert ist Ihre Kritikfähigkeit? Welchen Einblick erlauben Ihre Antworten in persönliche Grund- und Werthaltungen, ja sogar in Ihre Persönlichkeitsstruktur? Im letzten Frageteil geht es um Ihre Loyalität zu Ihrem jetzigen Arbeitgeber.

Hinweise: Wer auf allen vier Ebenen (Welt, Land, Stadt, Firma) das Umsichgreifen der Korruption/Bereicherung beklagt, sagt damit (unwissentlich) mehr über sich als über die objektiven Missstände. Sie können das Wort »Korruption« durch Pornografie, Werteverfall, Egoismus auf allen Ebenen und vieles mehr ersetzen – jede Aussage beleuchtet mehr die Persönlichkeit des Antwortenden als die vordergründig abgefragten Missstände. Achtung: Damit ist diese Frage nichts anderes als ein Persönlichkeitstest!

Auch wenn Sie auf den verschiedenen Ebenen unterschiedliche Missstände benennen, wird der geschulte Zuhörer den gemeinsamen Oberbegriff herauszuhören versuchen, um Rückschlüsse auf Ihre Persönlichkeit vorzunehmen.

Ein weiteres Ziel ist es, Sie über größere Zusammenhänge (also Welt, Land, Stadt) von der für den Interviewer eigentlich interessanten Frage abzulenken: welche Kritikbereitschaft Sie Ihrem aktuellen Arbeitgeber gegenüber einnehmen (Stichwort Loyalität).

Bei den globalen Missständen könnten Sie auf Kriege, Umweltzerstörung, Hunger in der dritten Welt etc. hinweisen; in unserem Land vielleicht auf die Arbeitslosigkeit und das Problem der Steuerumverteilung; in Ihrer Stadt auf Verkehrs-, Bau- und Umweltprobleme; in Ihrer Firma sehr vorsichtig auf die noch nicht optimal organisierte Gleitarbeitszeit etc.

- Welche Eigenschaften sollte Ihr potenzieller Nachfolger für Ihren alten Arbeitsplatz haben?
- Welche Eigenschaften sollte Ihr Stellvertreter haben?

Hintergrund: Erneute (versteckte) Aufforderung zur Selbstcharakterisierung und Aufdeckung der Konflikte am jetzigen Arbeitsplatz.

Hinweise: Verplaudern Sie sich nicht bei dem Versuch, Konflikthintergründe an Ihrem aktuellen Arbeitsplatz zu erhellen. Die zweite Frage zielt noch einmal auf Ihre persönlichen Qualitäten, aber auch auf eventuelle Schwächen.

• Was machen Sie, wenn wir uns für einen anderen Bewerber entscheiden?

Hintergrund: Wie verarbeiten Sie Frustrationen, und inwieweit zeigen Sie dies?

   Hinweise: Sie wären weder völlig zerknirscht und am Boden zerstört, noch heilfroh und glücklich, wenn Sie diesen Job nicht bekämen. Bringen Sie zum Ausdruck, dass Sie eine Entscheidung gegen Sie als Kandidat bedauern, aber akzeptieren würden. Sie sind gut verankert und nicht auf den neuen Arbeitsplatz angewiesen.

Weitere Fragen zu Ihrer Persönlichen Kompetenz

• Wie würden Sie sich bezogen auf Ihre persönlichen Eigenschaften beschreiben?

• Wie realistisch ist Ihre Einschätzung von sich selbst?

• Wie empfinden Sie, wenn Sie hart kritisiert werden?

• Wie reagieren Sie auf ungerechtfertigte Kritik?

• Welcher Reihenfolge gäben Sie den Vorzug: zuverlässig, tatkräftig, dynamisch?

• Was davon sind Sie mehr, was weniger?

• Wie schätzen Sie Ihre Stärken und Schwächen im Vergleich zu anderen Führungskräften ein?

• Wo haben Sie Optimierungsfelder?

• Welches Entwicklungspotenzial sehen Sie bei sich selbst?

• Was sind konkrete Entwicklungsfelder?

• Über welche besonderen Entwicklungsfelder bei sich können Sie uns rückblickend berichten?

• Welche Lernfelder sehen Sie für sich in der Zukunft?

• Welchen Stellenwert messen Sie beruflichem Erfolg in Ihrem Leben bei, und was sind Sie bereit dafür zu tun?

• Worin sollte eine Führungskraft Ihren Mitarbeitern Vorbild sein?

• Welche Vorbilder haben Sie geprägt, und wie erfüllen Sie Ihre Vorbildrolle?

• Welche Eigenschaften sollten Ihre Mitarbeiter besser nicht von Ihnen übernehmen?

• Wofür möchten Sie mit Ihrem Team im Gesamtunternehmen Vorbild sein?

• Wie erleben Sie Ihre Kollegen bezüglich Ihrer Verlässlichkeit, und warum ist das so?

• Welche Gründe gäbe es für Sie, Vereinbartes zurückzunehmen?

• Welche Verantwortung spüren Sie gegenüber Ihrem Arbeitgeber und Ihren Mitarbeitern?

• Würden Sie sich als loyal bezeichnen, und wo hört die Loyalität aus Ihrer Sicht auf?

Weitere Themen und Fragen zu relevanten persönlichen Aspekten

- Was gibt es Interessantes über Sie privat zu erfahren?
- Wie steht es mit Familie, Hobby, Freizeitgestaltung?
- Welche Prioritätensetzung haben Sie diesbezüglich?
- Wie handhaben Sie die Work-Life-Balance?
- Wie tanken Sie auf? Wobei können Sie so richtig entspannen?

Zu Ihrer Familie

- Wie sieht Ihre aktuelle Lebenssituation aus?

Hintergrund: Mit wem leben Sie zusammen? Allein, mit Lebens- oder Ehepartner?

Hinweise: Verliebt, verlobt, verheiratet, geschieden? Alles Dinge, die den Arbeitgeber eigentlich nichts angehen. Dennoch sollten Sie freundlich-positiv antworten und Ihre private Lebenssituation als stabil und unterstützend darstellen.

- Stellen Sie uns doch bitte Ihre Familie vor.

Hintergrund: Informationen über den Bewerber und das Milieu, das ihn umgibt oder aus dem er kommt.

Hinweise: Gehen Sie nicht zu sehr ins Detail, Sie müssen sich nicht rechtfertigen, warum Sie verheiratet sind oder warum nicht, warum Sie sich keine oder zahlreiche Kinder leisten und was Ihre Eltern gemacht haben.

- Was macht Ihre Frau/Ihr Mann beruflich, und wo?

Hintergrund: Abchecken der sozialen Verhältnisse.

Hinweise: Seien Sie sich darüber im Klaren, dass Sie eine relativ konfliktfreie, heile Welt präsentieren müssen.

- Was sagt Ihr/e Lebenspartner/in, was die Familie zu Ihren Plänen? (Probleme, eventuell Umzug/ Arbeitszeiten etc.)

Hintergrund: Bekommen Sie Unterstützung? Ist Ihr/e Lebenspartner/in mit Ihren Plänen einverstanden, oder gibt es da Hemmnisse?

Hinweise: Wer hier nicht überzeugend positiv auftritt oder gar zugeben muss, noch nichts besprochen zu haben, sammelt Minuspunkte.

Schlecht geantwortet: *Warum interessiert Sie das … was geht denn Sie das an?*

· **Besser:** *Der geht voll und ganz in seinem Beruf auf, ist sehr zufrieden/erfolgreich … hat Verständnis für meine beruflichen Pläne und unterstützt mich …*

Zu Ihrem sozialen Hintergrund

• Gibt es Bereiche, in denen Sie sich besonders engagieren?

Hintergrund: Gibt es politische oder soziale Prioritäten, für die Sie sich bisher engagiert haben (Parteien, Gewerkschaften, Bürgerinitiativen, Kirche, Vereine, soziale Institutionen – z. B. Anonyme Alkoholiker, Spastikerhilfe, Greenpeace etc.)?

   Hinweise: Machen Sie sich bewusst, welches Bild Sie von sich entwerfen, wenn Sie das eine oder andere soziale Engagement ansprechen.

• Mit welchen Menschen sind Sie gerne zusammen?

• Und was verbindet Sie mit diesen?

Hintergrund: Es gilt das Sprichwort: »Zeige mir deine Freunde, und ich sage dir, wer du bist.«

   Hinweise: Alles, was Sie über andere Personen sagen, lässt Rückschlüsse auf Ihre eigene Person zu.

6. Gesundheitszustand

Es geht um Ihre körperliche und emotionale Stabilität und Belastbarkeit.

• Waren Sie schon einmal ernstlich krank?

• Bestehen bei Ihnen gesundheitliche Einschränkungen mit beruflichen Auswirkungen?

• Krankenhausaufenthalte/Unfälle/Allergien/Schwangerschaft?

Hintergrund: Man möchte sich von Ihrer uneingeschränkten physischen und psychischen Leistungsfähigkeit überzeugen.

   Hinweise: Absolute Gesundheit gibt es wohl nicht. Lassen Sie dennoch keine Zweifel daran aufkommen, dass es bei Ihnen keine berufsrelevanten Beeinträchtigungen gibt. (Sie sind ja hier nicht beim Arzt!)

   Der Arbeitgeber darf sich nur nach aktuellen Erkrankungen erkundigen, die die berufliche Leistungsfähigkeit einschränken. Hier werden sehr häufig die rechtlich zulässigen Frage-Grenzen überschritten – also aufgepasst! Sollten Sie Zweifel haben, ob Sie ganz gesund sind, fragen Sie Ihren Arzt, aber lassen Sie keine Zweifel im Vorstellungsgespräch aufkommen. Bagatellerkrankungen, auch ein Heuschnupfen oder eine Allergie, gehen den Arbeitgeber nichts an.

• Waren Sie im letzten Jahr mehr als zwei Mal beim Arzt?

• Wer ist Ihr Hausarzt? Haben Sie einen Hausarzt?

Hintergrund: Fangfragen zur Überprüfung des Gesundheitszustandes im Hinblick auf vom Arbeitgeber befürchteten etwaigen Fehlzeiten.

   Hinweise: Achtung aufgepasst – nicht (ver)plappern. Das sind Rhetoriktricks, auf die Sie nicht hereinfallen dürfen.

Schlecht geantwortet: *Lassen Sie mich mal überlegen … also bei Herrn Dr. Heinze, da waren wir drei Mal, nein vier … und dann noch der Dr., wie hieß der bloß, von dem ich ins Krankenhaus eingewiesen wurde …*

Besser: *Wissen Sie, in diesem Jahr war ich nur bei der Vorsorge, aber das war ja der Zahnarzt, und im letzten Jahr, ich kann mich nicht erinnern …*

Weitere Fragen zu Ihrer Belastbarkeit

• Welche Situationen setzen Sie unter hohen Stress?

• Warum und wie gehen Sie damit um?

• Wie gehen Sie mit Stimmungsschwankungen um?

• Was kann Sie so richtig auf die Palme bringen?

• Wobei sind Sie schon mal in einen Gewissenskonflikt geraten und wie sind Sie damit umgegangen?

• Wo sehen Sie die Grenzen Ihrer Leistungsbereitschaft?

7. Informationen für den Bewerber

Wenn Ihr Interviewpartner Ihnen ausführlich erzählen will, wie es bei ihm in der Firma/Institution zugeht, sollten Sie gut zuhören.

Hintergrund: Selbstdarstellungslust und Imagepflege auf Arbeitgeberseite.

Hinweise: Hören Sie aufmerksam zu, unterbrechen Sie nicht leichtfertig, machen Sie einen stark interessierten Eindruck, fragen Sie nach und eröffnen Sie Ihrem Gegenüber auf diese Weise neue Selbstdarstellungsfelder. Verdeutlichen Sie aber auch, dass Sie sich vorbereitet haben und einige Informationen bzw. Details bereits wussten, ohne arrogant zu wirken. So sammeln Sie Sympathiepunkte.

Die Informationen für den Bewerber können auch am Anfang des Gespräches stehen. Dann haben sie unter Umständen die Funktion, das Gespräch einzuleiten und die Aufregung des Bewerbers abzubauen.

8. Arbeitskonditionen

Dieser Abschnitt umfasst die Besprechung verschiedenster Themen, die sowohl Rahmenbedingungen als auch inhaltliche Aspekte des potenziellen Arbeitsplatzes betreffen. Am Beispiel der Unterpunkte eines fiktiven Arbeitsvertrages zeigen wir auf, worum es hier gehen kann:

Aufgabengebiet, Arbeitszeit, Probezeit, Kündigungsfristen, Kompetenzen und Vollmachten, Urlaubsregelung, Bezahlung, Geheimhaltungspflichten, Konkurrenz-/Wettbewerbsschutz, Nebenbeschäftigung, Vertragsänderungen, sonstige Abmachungen, Sondervereinbarungen wie

z. B. Dienstwagen, Altersversorgung, Umzugskosten, Reisekostenvergütung, Trennungsentschädigung, Unfallversicherung, Sonderzahlungen bei längerer Erkrankung etc.

Detailliert verhandelt werden diese Aspekte erst, wenn Sie in die engere Wahl gekommen sind. Halten Sie sich also mit Fragen in diese Richtung in einem ersten Vorstellungsgespräch zurück. Trotzdem an dieser Stelle zwei Kernfragen:

- Welche Gehaltsvorstellung haben Sie?

- Wie hoch sind Ihre aktuellen Bezüge?

Hintergrund: Das alte Spiel – »Der Preis ist heiß«.

Hinweise: Können Sie den Wert Ihrer Arbeitsleistung angemessen einschätzen? In welchem Verhältnis steht Ihre Forderung zu Ihren jetzigen Bezügen?

- Wann könnten Sie bei uns anfangen?

- Wenn wir uns für Sie entscheiden, brauchen wir Sie sofort. Ist das möglich?

Hintergrund: Wie integer sind Sie, wie loyal Ihrem alten Arbeitgeber gegenüber? Wie weit lassen Sie sich unter Druck setzen und manipulieren?

Hinweise: Tappen Sie nicht in die Loyalitätsfalle, auch wenn Ihnen viel an diesem neuen Job liegt. Sie verlassen Ihren alten Arbeitsplatz nicht Hals über Kopf, laufen nicht einfach davon. Die vertraglichen und arbeitsrechtlichen Spielregeln sind allgemein bekannt. Trotzdem: Gegen eventuelle Sondierungsgespräche mit Ihrem alten Arbeitgeber bezüglich eines früheren Austrittstermins ist nichts zu sagen.

9. Fragen des Bewerbers

Fast in jedem Vorstellungsgespräch gibt es einen Rollenwechsel, bei dem plötzlich Sie fragen dürfen und Ihr Gesprächspartner antwortet.

Hintergrund: An klugen Fragen erkennt man einen klugen Kopf – und einen motivierten und kompetenten Bewerber. Was Sie wissen wollen, wird hinterfragt, auf Sinngehalt und aktives Interesse hin überprüft.

Hinweise: Sollten Sie mit Themen auffallen, die Sie im Vorfeld hätten klären oder durch aufmerksames Zuhören längst hätten speichern können, erzielen Sie einen negativen Effekt; ebenso wenn Sie zuerst auf die Betriebsrente oder Urlaub zu sprechen kommen. Sinnvolle Fragen können sich auf folgende Aspekte beziehen: Aufgabengebiet, Zuständigkeit, Verantwortung, Kooperationspartner, globale Bezahlung. Gehen Sie hier nicht weiter ins Detail.

Es macht einen guten Eindruck, wenn Sie Fragen schriftlich vorbereitet haben und sich auch während der verbalen Ausführungen Ihres Gegenübers gelegentlich Notizen machen. **Tipp!**

Beispiele:

- Ist diese Position/dieser Arbeitsplatz neu geschaffen worden oder fester Bestandteil in Ihrem Unternehmen?
- Wer hat diese Aufgabe bisher wahrgenommen?
- Mit welchem Erfolg, was gab es für Probleme?
- Warum ist der Arbeitsplatz frei geworden?
- Was macht der ehemalige Stelleninhaber jetzt?
- Haben Sie eine detaillierte Stellenbeschreibung? Darf ich die sehen und mitnehmen?
- Gibt es ein Organigramm (Organisationsplan), in dem der ausgeschriebene Arbeitsplatz dargestellt wird?
- Mit welchen Personen/Abteilungen werde ich zusammenarbeiten?
- Welche speziellen Erwartungen haben Sie an den neuen Stelleninhaber?
- Was meinen Sie, sollte dieser als Erstes tun, was ist das Wichtigste?
- Besteht die Möglichkeit, meine neuen Kolleginnen und Kollegen, mit denen ich zusammenarbeite, vorab kennenzulernen?
- Welchen beruflichen Hintergrund haben die zukünftigen Kollegen/Vorgesetzten?
- Wie ist die Einarbeitungsphase geplant? (Ansprechpartner, Programm, Ort, Dauer)
- Welche späteren Entwicklungsmöglichkeiten gibt es für mich von dieser Position aus?
- Welche Fort- und Weiterbildungsangebote gibt es in Ihrem Unternehmen?
- In Ihrer Anzeige schreiben Sie … Was verstehen Sie darunter?
- Welche aktuellen Vorhaben stehen in Ihrem Hause in naher Zukunft an?
- Welche Probleme in Ihrem Unternehmen bedrücken Sie am meisten?
- Wie würden Sie den Führungs- und Umgangsstil in Ihrem Haus charakterisieren?

Machen Sie nicht den Fehler, die Fragen so zu formulieren, als ob Sie sicher wären, dass Sie morgen anfangen zu arbeiten und im nächsten Moment den Arbeitsvertrag unterschreiben. Dieser und seine Konditionen sind noch tabu. Auch ein Nachfragen in Richtung: »Wie werden Sie sich entscheiden, wann höre ich von Ihnen, und wie sind meine Chancen?« ist in diesem Moment nicht opportun.

Zeigen Sie Geduld und Gelassenheit. Geben Sie Ihrem Gegenüber nicht das Gefühl, dass Sie ihn bedrängen. Zeigen Sie sich interessiert, aber auch abwartend.

10. Abschluss des Gesprächs und Verabschiedung

• Warum sollten wir gerade Ihnen diese Stelle geben?

• Können Sie bitte noch einmal kurz zusammenfassen, was Ihre Stärken, aber auch Ihre Schwächen sind?

Hintergrund: Erneut geht es um positive wie negative Eigenschaften, die Sie charakterisieren und die vor allem in einem Bezug zum angestrebten Arbeitsplatz stehen sollten.

Hinweise: Diese Aufforderung können Sie gut benutzen, um noch einmal die wichtigsten Argumente für Ihre Person und Bewerbung zusammenfassend vorzutragen (im Stil etwa: 1. …, 2. …, 3. …). Negative Argumente fallen Ihnen nicht ein – überlassen Sie diese Ihrem Gesprächspartner.

Zum Schluss geht es um den Versuch eines angenehmen Abgangs, oft aber auch um Imagepflege für den Arbeitgeber. Man wird sich bei Ihnen für den Besuch, die Bewerbung und das Interesse an der Firma/Institution bedanken. Wichtig: Versuchen Sie zu klären, wie es weitergeht, wer voraussichtlich wann zu welcher Entscheidung gelangt. Dies alles sollte ohne Bedrängung, Ungeduld oder gar Selbstzweifel vorgetragen werden. Kommen Sie nicht auf die Idee, direkt oder verklausuliert zu fragen: »Wie werden Sie sich entscheiden?« Das braucht Zeit, und die haben Sie, denn Sie stehen ja nicht (erkennbar) unter Druck.

Unser Formulierungsvorschlag: »Was meinen Sie, wie sollten wir verbleiben? Soll ich Sie anrufen – sagen wir in einer Woche –, oder melden Sie sich, bekomme ich Nachricht von Ihnen?«

> **Keep smiling, auch zum Ende hin. Beim Rausgehen vor der Bürotür die Contenance bewahren. Die Tür nicht zuknallen, nicht erleichtert aufatmen (höchstens ganz leise), keine Flüche, aufrecht gehen …**

Tipp!

Spezialfragen an Bewerber ohne aktuellen Arbeitsplatz

Sollten Sie sich ohne aktuelles Arbeitsengagement bewerben, erwarten Sie besondere Fragen, z. B.:

• Wie kam es zu der Arbeitslosigkeit?

• Was würde mir Ihr letzter Arbeitgeber über Sie erzählen, wenn ich ihn jetzt anriefe?

Hintergrund: Tragen Sie eine Mitverantwortung für Ihre Arbeitslosigkeit? Haben Sie mehr oder weniger daran Schuld? Werden Sie bei der Ankündigung, mit dem letzten Arbeitgeber Kontakt aufzunehmen, nervös?

Hinweise: Bleiben Sie bei diesen Fragen gelassen, auch wenn es schwerfällt. Seien Sie vorbereitet, und überzeugen Sie durch eine glaubwürdig und plausibel klingende Argumentation. Keine Anklagen und Jammertiraden. Nicht aus dem Nähkästchen plaudern, selbst wenn Sie noch so unschuldig sind und Ihr Herz überläuft. Ihr Gegenüber wird es Ihnen nicht danken.

Schlechte Antwort: *Wenn damals der Müller nicht gewesen wär, der hat mich so richtig reingeritten, und dann erst der Chef. Der konnte mich sowieso nie leiden ...*

Besser: *Ich wurde aufgrund der Sozialauswahl-Kriterien damit konfrontiert. Ich war noch relativ neu (alternativ: jung, hatte bessere Chancen auf dem Arbeitsmarkt, ohne Familie, die anderen schon sehr lange dabei ...) ...*

- Wie lange dauert diese Arbeitslosigkeit bereits an? Wie oft haben Sie sich schon erfolglos beworben?

Hintergrund: Schwachstellen finden.

Hinweise: Einerseits gilt es zu zeigen, dass Sie sich aktiv um einen neuen Arbeitsplatz bemüht haben, andererseits sind 100 Ablehnungen keine Empfehlung. Finden Sie das richtige Maß – etwa so: Einige Bewerbungen laufen, die Ergebnisse stehen noch aus.

- Was haben Sie zwischenzeitlich gemacht?

Hintergrund: Was für ein Mensch sind Sie (aktiv/ruhig)? Haben Sie etwas unternommen (Bewerbungen) und/oder sich fortgebildet?

Hinweise: Wer von langem Ausschlafen, Hobbys, Urlaub und Wohnung renovieren erzählt, hat keine Chancen. Die Teilnahme an Fortbildungsmaßnahmen kommt auf jeden Fall gut an.

- Trauen Sie sich die Aufgabe wirklich zu?

Hintergrund: Wie ist Ihr Selbstwertgefühl/Ihr Selbstbewusstsein trotz Ihrer schwierigen Situation?

Hinweise: Verdeutlichen Sie, warum Sie sich die gestellten Aufgaben zutrauen können, ohne überheblich zu wirken. Bleiben Sie ruhig, gelassen und höflich.

Frauenfragen – zum Umgang mit männlichen Vorurteilen

Über 50 Prozent der Frauen im Alter zwischen 15 und 65 Jahren sind in Deutschland berufstätig. In Spitzenpositionen von Wirtschaft, Industrie und Handel findet man dagegen nicht einmal sechs Prozent von ihnen. Selbst im öffentlichen Dienst ist die Quote nicht viel besser. Die Vorstellungsgespräche leiten in der Regel Männer. Mit welchen speziellen Fragen muss Frau rechnen?

- Was sagt denn Ihre Familie dazu (Partner/Kinder, so Sie welche haben)?
- Wie können Sie Beruf und Familie miteinander vereinbaren?

Hintergrund: Welche Unterstützung haben Sie, mit welchen Schwierigkeiten sind Sie zu Hause konfrontiert?

Hinweise: Für Bewerberinnen ist dies eine Frage, bei der die Antwort gut bedacht sein sollte. Frauen mit Kindern brauchen einen Mann, der hundertprozentig hinter den beruflichen Plänen seiner Partnerin steht. Und so sollten Sie ihn auch darstellen, damit der potenzielle Arbeitgeber nicht daran zweifelt, dass der Partner im Notfall für die Kinder da sein wird.

Aber auch für Bewerberinnen ohne Kinder kann die Frage nach der Einstellung des Partners zu ihrer Berufstätigkeit eine Falle sein: Inwieweit würde der Partner beruflich zurückstecken, um seiner Frau eine Karriere zu ermöglichen? Ebenfalls nicht zu unterschätzen: Was würde bei einem berufsbedingten Ortswechsel des Partners passieren? Denn auch wenn sich eine Trendwende abzeichnet – noch immer geben viele Frauen ihren Arbeitsplatz auf, wenn der Ehemann sich beruflich verändert.

Schlechte Antwort: *Da muss ich erst mal nachfragen …*

Bessere Antwort: *Die finden, das ist eine prima Idee und haben sofort ihre Unterstützung angeboten …*

- Wie regeln Sie das mit den Kindern (sofern Sie welche haben und die noch zu versorgen sind) …? Oder der Haushalt …?
- Sind Ihre Kinder öfter krank?

Hintergrund: Nicht die Sorge um die Gesundheit Ihrer Kinder, sondern die Sorge um Ausfallzeiten und damit Kosten beschäftigt hier den Arbeitgeber.

Hinweise: Ihre Kinder haben Gott sei Dank die einschlägigen Krankheiten schon hinter sich … Jedoch Vorsicht vor zu glatter Darstellung und dem Neid, den man Ihnen entgegenbringen könnte.

Schlecht geantwortet: *Das wird schon, das bekomme ich bestimmt in den Griff …*

Besser: *Wissen Sie, wir haben das große Glück, dass meine (Schwiegereltern/Tanten etc.) ganz in der Nähe wohnen, wir haben ein Au-pair etc., für eine gute Versorgung ist also durch … gesorgt …*

Und wenn Sie ledig sind, aber im »heirats- und gebärfähigen Alter«, kommen Fragen wie:

- Wie stellen Sie sich Ihre Zukunft vor?
- Wie sieht Ihre Lebensplanung aus?

Hintergrund: Auch hier geht es um die Themen Heirat und Kinder. Der Arbeitgeber befürchtet ökonomische Einbußen infolge von Fehlzeiten (Schwangerschaft, Krankheiten der Kinder etc.). Eine andere Variante: Falls Sie einen Mann haben, der viel Geld verdient, wird Ihnen schnell mangelnde Arbeitsmotivation unterstellt.

Hinweise: Bleiben Sie cool – lassen Sie sich nicht provozieren, denn das ist es, was Ihr Gegenüber unter anderem will: Sie aus der Reserve locken.

Zu Schwangerschaften: Nach einem Urteil des Europäischen Gerichtshofs vom 08. 11. 1990 ist die Frage nach einer Schwangerschaft selbst dann unzulässig, wenn sich nur Frauen auf den Arbeitsplatz bewerben. Sie ist nur noch für Stellen zulässig, die eine schwangere Frau nicht antreten könnte (z. B. als Mannequin oder Schauspielerin).

Ob Sie in absehbarer Zeit Kinder haben möchten oder wie Ihre Familienplanung aussieht, sind ebenfalls unzulässige Fragen, die in Ihre Intimsphäre eingreifen. Hier dürfen Sie ungestraft lügen (siehe auch Seite 257).

Eine weitere typische Frage, die einem Mann so wohl nie gestellt werden würde:

- Meinen Sie es wirklich ernst, wollen Sie richtig einsteigen?

Hintergrund: Klassisches männliches Vorurteil. Man will Ihre Motivation nochmals hinterfragen.

Hinweise: Wenn Sie sich während des Gesprächs durch die Frage nach Ihrem »wahren« beruflichen Engagement in die Enge getrieben sehen, heißt wie immer das oberste Gebot: Cool bleiben. Reagieren Sie situationsbedingt und versuchen Sie, die Bedenken Ihres Gegenübers zu zerstreuen.

www. Auf *www.berufsstrategie-plus.de* haben wir Ihnen nochmals die Liste mit den 300 wichtigsten Fragen an Führungskräfte zusammengestellt. Zum Selbstausdrucken, gliedern und beantworten. Außerdem nochmals die wichtigsten Regeln für das Vorstellungsgespräch, kompakt zusammengefasst.

Gesprächsführung und Gesprächspsychologie

Einzel- oder Gruppengespräch

Bei Vorstellungsgesprächen ist zwischen Einzel- und Gruppengesprächen zu unterscheiden. Die Gesprächsdauer ist unterschiedlich und schwankt je nach Bewerberanzahl und zu besetzender Position zwischen einer und sechs Stunden. Sie kann von einer Tasse Kaffee bis zu einem ausgedehnten Abendessen reichen.

In der Regel treffen Sie als Führungskraft allein auf einen oder mehrere Interviewpartner; möglich ist jedoch auch eine Konstellation, bei der anfangs mehrere Bewerber einem Auswahlgremium gegenübersitzen (eher praktiziert in den Gehaltsklassen 50 000 bis 80 000 Euro p. a.).

Hintergrund dieser Gruppenvorstellungsrunde ist der Wunsch, die Bewerber direkt miteinander zu vergleichen, sie in eine Konkurrenzsituation zu bringen und dadurch mehr über sie zu erfahren. Ferner geht es darum, den Umgang der Bewerber miteinander zu beobachten. Daraus werden Rückschlüsse gezogen, etwa im Hinblick auf Teamfähigkeit, Durchsetzungsvermögen, Anpassungsbereitschaft usw. Besonders im Rahmen firmen- bzw. institutionsinterner Aufstiegsverfahren sind Gruppenauswahlgespräche üblich.

Sollten Sie in einer größeren Bewerbergruppe antreten müssen, können Sie unter Umständen von der Präsentationstechnik Ihrer Mitbewerber profitieren. In der Regel beginnt ein Gruppengespräch mit einer kurzen Vorstellungsrunde – »Stellen Sie sich bitte kurz vor, und erzählen Sie uns, warum Sie sich hier beworben haben.«

Wer hier als Bewerber den Anfang macht oder Schlusslicht ist, hat es deutlich schwerer als alle anderen. Vorteilhafter sind die Positionen kurz nach dem Start im ersten oder auch gegen Ende der Vorstellungsrunde im letzten Drittel – jedoch ohne der Letzte zu sein. Diese bieten bessere Chancen, denn: anfangs ist die Aufnahme- und Zuhörbereitschaft des Auswahlgremiums höher. Und gegen Ende können Sie hoffen durch einen bemerkenswerten Beitrag die Aufmerksamkeit und das Kurzzeitgedächtnis der Auswähler zu erobern.

Unsere Empfehlung für diejenigen, die die Rolle des »Alpha«- oder »Omega-Huhns« wahrnehmen: Sprechen Sie die Anfangs- oder Endposition humorvoll an (»Einer muss ja den Anfang machen, ich will mich nicht in den Vordergrund drängen, aber …« bzw. »Den letzten beißen die Hunde, aber einer muss ja das Schlusslicht bilden …«). Wenn es Ihnen gelingt, Schmunzler auf sich zu ziehen, sammeln Sie Pluspunkte.

> **Zeigen Sie beim Gruppengespräch eher Zurückhaltung, drängen Sie sich nicht in den Vordergrund, ohne dabei vollkommen introvertiert-stumm zu sein. Zeigen Sie sich konstruktiv-wertschätzend, setzen Sie sich jedoch auch freundlich-bestimmt durch, wenn es die Situation verlangt.**

Tipp!

Fragetechniken

In einem Vorstellungsgespräch ist es für Sie als Bewerber wichtig, dass Sie die Fragen möglichst geschickt beantworten. Wie ein Vorstellungsgespräch abläuft, können Sie zwar nicht allein bestimmen, aber wesentlich durch Ihre Antworten, Bemerkungen und Fragen steuern. Dabei ist zunächst für Sie die Information wichtig, wie viel Zeit für Ihr Vorstellungsgespräch vorgesehen ist. Ob Sie 20 Minuten oder zwei Stunden für Ihren Auftritt haben, macht einen wesentlichen Unterschied in der Gestaltung.

Generell gilt: Führen Sie das Gespräch defensiv. Sie sind der Bewerber, der Fragen zu beantworten hat. Versuchen Sie nicht, die Rollen umzukehren und immer wieder mit Gegenfragen zu kontern.

Bis zu etwa 80 Prozent der Gesamtzeit (gemäß wissenschaftlicher Untersuchungen) verbringen Sie im Vorstellungsgespräch mit Zuhören, das heißt, Ihr Gegenüber spricht. Das ist zwar eher eine Tendenz als die Regel, dennoch: Lassen Sie Ihren Interviewer reden, und hören Sie ihm aufmerksam zu. Wenn es Ihnen zudem noch gelingen sollte, einige verständnisvolle, kurze Zwischenbemerkungen zu machen oder bestätigend zu nicken, haben Sie schon einiges gewonnen. Sollte es Ihnen gelingen, Ihrem Gegenüber das Gefühl zu vermitteln, ihn zu verstehen, wird er das mit entsprechenden Sympathiepunkten honorieren.

Die Technik der positiven Verstärkung können Sie sehr gut bei Fernsehjournalisten beobachten, die ihre Interviewpartner durch beständiges, zustimmendes Kopfnicken ermuntern, in ihrem Redefluss fortzufahren – mag der Inhalt auch fragwürdig sein …

Es kann aber auch umgekehrt sein, weil man Sie zum Erzählen bringen will. In so einem Fall haben Sie es wahrscheinlich mit einem Profi zu tun, der 10 bis 20 Prozent des Vorstellungsgesprächs bestreitet und Ihnen die restlichen 80 bis 90 Prozent einräumt. Seien Sie auch darauf gefasst.

Es gibt oftmals die Möglichkeit, Fragen (insbesondere bei den kniffligen Themen) von zwei Ebenen aus zu begegnen. Die eine ist die *berufliche*, die andere die *private* Ebene, von der aus Sie die Ihnen gestellten Fragen beantworten können.

Die Standardfrage »Was sind Ihre Stärken?« würden Sie in einer Vorstellungsgesprächssituation intuitiv mit etwas Beruflichem (also von der *beruflichen Ebene* aus) beantworten (z. B. »Ich bin ehrgeizig«). Sie kämen wohl kaum auf die Idee mit »Ich bin ein guter Liebhaber …« zu antworten (was ja wohl die *private Ebene* wäre).

Anders bei einer Frage in Richtung »Was sind Ihre Schwächen?« Da ist es geschickter, mit einer harmlosen, eher privaten Schwäche anzufangen (beispielsweise: »Ich hebe viele Dinge auf, man weiß nicht, wann man so etwas mal wieder gebrauchen kann … Meine Frau sagt, zu viele Dinge …«), statt gleich zuzugeben, dass die PC-Kenntnisse zu wünschen übriglassen.

Verdeutlichen Sie sich, bei welchen Fragen Sie bewusst auf eine andere Ebene ausweichen werden, als man es von Ihnen erwartet. Das ist Ihr gutes Recht, und so gewinnen Sie Zeit, bleiben keine Antwort schuldig und machen durchaus eine gute Figur, ohne sich – insbesondere in heiklen Bereichen – zu offenbaren.

Der Klassiker ist die obige Frage nach den Dingen, mit denen Sie unzufrieden bis unglücklich sind, die Sie belasten, die Sie selbst bei sich gerne ändern würden etc. Hier ist ein kurzer Ausflug auf die private Ebene (Spanisch lernen, weil Sie dort immer wieder hinfahren, mit dem

Naschen aufhören, Bach- und Mozart-Kompositionen zu unterscheiden lernen) geschickt und liefert weniger Material, das gegen Sie Verwendung findet, als wenn Sie sich in allen beruflichen Schwächen offenbaren.

- Wir wollen Sie gern kennenlernen. Erzählen Sie uns doch bitte etwas über sich.

Unter Rhetorikfachleuten gilt die Frage als Königin der Dialektik. Und in der Tat: Gute Fragen zu stellen, ist weitaus schwieriger, als sie zu beantworten. Mit Fragen kann man ein Gespräch hervorragend lenken. So erfreut sich die offene Frage besonderer Beliebtheit. Sie erlaubt dem Gefragten nicht, einfach mit Ja oder Nein zu antworten (wie die sogenannte geschlossene Frage), sondern provoziert längere Antwortsätze und eine ausführlichere verbale Darstellung. So hofft der Fragende, dass sein Gegenüber seinen freien Assoziationen folgt und er dadurch umfang-reichere Informationen erhält. An einigen Beispielen können wir das gut verdeutlichen. Die (geschlossene) Interviewerfrage:

- Hatten Sie an Ihrem letzten Arbeitsplatz (persönliche) Schwierigkeiten?

… ist heikel (Fragehintergrund: Bewerbermotive, Arbeitsplatzwechsel; Hypothese: schwieriger Mensch), lässt den Bewerber aber wahrscheinlich schnell mit Nein antworten.

- Mit welchen (persönlichen) Schwierigkeiten mussten Sie sich an Ihrem letzten Arbeitsplatz auseinandersetzen?

… hat den gleichen Hintergrund, ist aber jetzt als offene Frage gestellt und damit viel schwieriger. Niemand kann hier mit einem schlichten »Nein« antworten.

Wenn diese Fragetechnik professionell angewandt wird, der Befragte Raum und Zeit hat, ausführlich zu berichten, und der Interviewer ihn gelegentlich durch eine freundliche Miene, Kopfnicken und zustimmende Äußerungen begleitet, werden in der Regel optimale Informati-onsgewinne erzielt.

Alternativ kann Ihr Interviewer die Frage nach den persönlichen Schwierigkeiten am letzten Arbeitsplatz auch so formulieren:

- Wie haben Sie es erfolgreich geschafft, persönliche Schwierigkeiten, die man Ihnen am letzten Arbeitsplatz gemacht hat, gut zu überwinden?

Durch die gut vorgetragene und positiv verpackte, wohlwollend klingende Frage werden sich zwei Drittel der Bewerber verführen lassen, Dinge zu erzählen, die im Vorstellungsgespräch bes-ser nicht erwähnt werden sollten.

Die eben beschriebene Fragetechnik stellt einen kritischen Sachverhalt (persönliche Schwie-rigkeiten) in den Hintergrund und verkauft dessen erfolgreiche Überwindung dem Gefragten als gute Gelegenheit, sich selbst vermeintlich positiv darzustellen. Auf diese Art von »Verführung« fallen viele Bewerber herein. Der Verschiebung der Aufmerksamkeit auf ein weniger heikles Besprechungsthema – in diesem Fall auch noch positiv verpackt (Durchsetzungsvermögen) – ist nur schwer zu widerstehen. Entscheidend bleibt aber trotz aller Fragen und gesprächstechnischen Raffinessen, was Sie von sich und über Ihre Arbeit erzählen wollen. Das bedarf einer intensiven Vorbereitung und Reflexion.

Ein weiteres Beispiel:

- Wo sehen Sie für sich noch ein weiteres Entwicklungspotenzial?

Wer wüsste hier nicht einiges aufzuführen! Nicht so bei der Frage:

- Wo sehen Sie für sich noch Defizite, und wann wollen Sie sich diesen stellen?

Kommen wir zu der ersten offenen Aufforderungsfrage zurück:

- Wir wollen Sie gern kennenlernen. Erzählen Sie uns doch bitte etwas über sich.

Dieser so nett vorgetragenen Bitte wird sich der Bewerber kaum entziehen können und unter Umständen weit ausholen. Wer hier bei Adam und Eva, seiner frühesten Kindheit, Schul- und Ausbildungszeit etc. anfängt, um nach 15 Minuten bei Höhepunkten seiner beruflichen Laufbahn anzukommen und dann noch willig sein Privat- und Familienleben zu offenbaren, langweilt und demonstriert, dass er Wesentliches nicht von Unwesentlichem unterscheiden kann.

Andere offene Fragen, z. B.:

- Was ist wichtig in Ihrem Leben?

sind immer in Bezug auf den angestrebten Arbeitsplatz mit seinen spezifischen Aufgaben zu beantworten und sollten nicht als Gelegenheit verstanden werden, in epischer Breite Einblick in die Privatsphäre zu geben (obwohl dies durchaus Ziel der Frage sein kann).

Weitere Fragetechniken und wie Sie am geschicktesten darauf reagieren, stellen wir Ihnen in den folgenden Kapiteln vor.

Gerissene Ausfragetechniken

Natürlich sollen Sie nicht hinter jeder Frage eine Falle wittern, dennoch ist es gut zu wissen, welche Art von Fragen mit welchem Ziel eingesetzt werden. Hierzu wollen wir Ihnen noch einige Fragetechniken vorstellen. Es gibt:

- Faktenfragen

- Erzählfragen

- Beurteilungs-/Bewertungsfragen

- Handlungsfragen

Faktenfragen

- Wo haben Sie nach Ihrer Ausbildung gearbeitet?
- Wie lange waren Sie bei der Firma XYZ beschäftigt?
- Was sind aktuell Ihre wichtigsten Arbeitsaufgaben?

Hier sollten Sie kurz und knapp auf den Punkt kommen. Also nicht: »Ach ja, die Firma XYZ. Mein Gott, wenn ich an diese Zeit zurückdenke. Ja, kennen Sie da den Abteilungsleiter Herrn Schmidt, der hat mir sehr imponiert, als er kurz entschlossen …« Ermüden Sie Ihr Gegenüber nicht und verhindern Sie, dass man Sie als Schwätzer einstuft.

Erzählfragen

Man möchte Sie gerne zum Reden bringen, um möglichst viel von Ihnen zu erfahren. Ihr Gegenüber möchte sich ein Bild von Ihnen machen und sehen, was Sie von sich preisgeben.

- Erzählen Sie uns doch einmal etwas von sich. Wir möchten Sie gern näher kennenlernen.
- Wie kam es denn zu Ihrer Bewerbung bei unserem Unternehmen?
- Was sind Ihre größten Stärken und Schwächen?

Anders als beim ersten Typ geht es bei der Erzählfrage darum, etwas ausführlicher zu werden und nicht nur kurz und knapp ein, zwei Sätze anzubieten. Wenn man meint, genug von Ihnen gehört zu haben, signalisiert man das. Diese Art der Fragen dient dazu, abzuchecken, wie leicht oder schwer es ist, mit Ihnen ins Gespräch zu kommen, kurz: wie es um Ihre kommunikativen Fähigkeiten bestellt ist. Ein paar Minuten sollten Sie am Stück erzählen können.

Beurteilungsfragen

Mit Bewertungs- und Einschätzungsfragen möchte man herausfinden, wie gut entwickelt Ihr Urteilsvermögen ist, ob Sie ein Gespür für Trends und Entwicklungen haben.

- Was glauben Sie, wie wird sich der Benzin-/Energie-Preis langfristig entwickeln?
- Welche Maßnahmen sind geeignet, um den weiteren Preisverfall bei … einzudämmen?
- Wie beurteilen Sie die allgemeine wirtschaftliche Lage in unserer Branche?

Erläutern Sie auch hier ausführlich, wie Sie die Lage einschätzen und wie Sie zu Ihrer Beurteilung (Einschätzung oder auch Bewertung) gekommen sind.

Bewertungsfragen

Sehr ähnlich sind auch die Bewertungsfragen. Haben Sie eine eigene, fundierte Meinung und sind Sie mutig genug, diese zu vertreten, ohne sich erst zu vergewissern, ob Ihr Gegenüber dem zustimmt? Typische Bewertungsfragen sind z. B.:

- Wie sehen Sie unsere Markposition im Vergleich zu Mitbewerbern/zur Konkurrenz?

- Stichwort Umweltschutz – sind Sie für eine Sonderabgabe?

- Was halten Sie von unserem neuen Produkt?

Es ist wichtig, dass Sie klar und deutlich Ihre Meinung kundtun. Seien Sie mutig und stehen Sie zu Ihrem vorgetragenen Standpunkt. Aber denken Sie daran, dass es sich wirklich nur um eine Meinung handelt. Geben Sie keine Statements ab à la »Sehen Sie, es ist doch folgendermaßen …«. Sagen Sie besser: »Ich persönlich denke …« oder »Meiner Meinung nach ist es so und so …«. Damit bringen Sie zum Ausdruck, eine eigene Ansicht zu haben, ohne rechthaberisch zu sein und andere Haltungen als die Ihre zu dulden.

Handlungsfragen
Um herauszufinden, ob Sie Probleme rasch analysieren können und schnell zu »des Pudels Kern« kommen, stellt so mancher Interviewer gern Handlungsfragen. Beispiele:

- Wie würden Sie die Marketingkampagne für einen neuen … (z. B. Joghurt) planen?

- Was kann man tun, um die interne Kommunikation innerhalb eines Unternehmens zu verbessern?

- Was müsste unternommen werden, um unsere Kunden noch fester an uns zu binden?

Fragen dieser Art sind typisch, um zu testen, wie Ihre analytischen und konzeptionellen Fähigkeiten sind. Denken Sie beim Antworten daran, nicht alles im Alleingang zu bewältigen. Auch Delegationsbereitschaft und -fähigkeit sowie Teamorientierung könnten von Ihnen erwartet werden. Wie gelingt es Ihnen, andere mit einzubeziehen und zu motivieren? Auch daraufhin wird Ihre Antwort abgeklopft. Oft geht es bei derlei Fragen weniger um Inhalte und ihre tatsächliche Umsetzbarkeit. Viel interessanter ist es, herauszufinden, was für ein Typ Mensch Sie sind. Sind Sie kooperativ, verträglich und passen Sie gut ins vorhandene Team, oder ist zu befürchten, dass Sie eher ein Querulant und eigenwilliger Kauz sind, womöglich Unruhe ins Unternehmen bringen könnten?

Neben den aufgeführten vier Fragetypen, existieren noch weitere, die in Vorstellungsgesprächen eingesetzt werden:[8]

- Nach- und Konkretisierungsfragen

- Widerstands- bzw. Kontrapunkt-Fragen zum gängigen Stereotyp

- Enthüllungsfragen (zirkuläre, projektive, abstrakte Fragen)

- Ketten-Fragen

---

8 Diese stammen aus dem Buch *Bewerber aus der Reserve locken* (München 2000/2002) von Eberhardt Hoffmann, einem Personalpsychologen. Dieser rät Personalentscheidern, den Bewerbern deutlich schärfere Fragen zu stellen, da die meisten Fragen in unseren *Hesse/Schrader-Büchern* bereits veröffentlicht seien (danke für dieses Kompliment!).

Konkretisierungsfragen

Darunter sind Nachfragen zu verstehen, die es dem Personalentscheider erleichtern sollen abzuschätzen, ob der Kandidat sich nur oberflächlich vorbereitet hat und eventuell flunkert oder ob das von ihm Gesagte mehr persönliche Substanz enthält und somit der Wahrheit und Arbeitsalltagsrealität entspricht. Ein Beispiel hilft dies zu verdeutlichen.

Wie Sie bereits wissen, kommt es von Seiten des Personalers garantiert zu der Frage: »Warum bewerben Sie sich bei uns …?« So oder ähnlich gefragt, bekommt der Personalauswähler eine Antwort des Bewerbers in Richtung:

Ich suche eine neue Herausforderung …, sah Ihre Anzeige …, habe gehört …, kenne die Produkte/ Dienstleistungen Ihres Unternehmens und möchte gerne bei Ihnen die Herausforderung annehmen …

Meistens wird hierauf wenig eingegangen. Nun folgt eine nächste Frage an den Bewerber, wie etwa:

- Helfen Sie mir bitte, wie muss ich mir Ihre Situation vorstellen …?

- Warum suchen Sie …, lesen Sie die Stellenanzeigen?

- Wieso suchen Sie eigentlich eine neue Herausforderung?

- Was verstehen Sie unter einer neuen Herausforderung?

- In welcher Situation befinden Sie sich arbeitsmäßig momentan?

- Was konkret kennen Sie von uns …, was haben Sie über uns gehört … etc.?

Die inhaltliche Qualität der Antworten auf solche Nachfragen ist für die Prüfer ein Hinweis, ob es sich um »ehrliche« oder um eher »taktische (einstudierte)« Antworten handelt. Durch sorgfältige Vorbereitung und Flexibilität im Denken begegnen Sie solchen Nachfragen souverän und auch inhaltlich glänzend. Dies gelingt Ihnen umso besser, je mehr Energie Sie in die Vorbereitung und vor allem in das, was Sie als Botschaft vermitteln wollen, investieren.

Widerstands- bzw. Kontrapunktfragen

Eine Frage wie beispielsweise: »Wie stehen Sie zur Teamarbeit?« wird zumeist stereotyp mit einer bejahenden, positiven Bewertung beantwortet. Um herauszufinden, wie Sie wirklich darüber denken, muss sich der geschickte Interviewer schon mehr einfallen lassen, z. B. mit folgenden Fragen:

- Wo sehen Sie die Grenzen für Teamarbeit?

- Wann ist aus Ihrer Sicht Teamarbeit nicht angezeigt?

- Welche Rahmenbedingungen müssen nach Ihrer Erfahrung vorhanden sein, damit Teamarbeit erfolgreich sein kann?

- Teamarbeit bringt auch immer wieder Probleme mit sich. Wo sehen Sie die Hauptprobleme oder Knackpunkte?

- Kann man wirklich in vielen Fällen von Teamarbeit sprechen, oder lügt man sich da nicht in die eigene Tasche?

Anhand der Fragebatterie merken Sie, dass Sie als Antwortender nicht mit einem so einfachen Statement wie »Teamarbeit ist in der heutigen komplexen Arbeitswelt notwendig und stets zu fördern« davonkommen. Sollten Sie dennoch darauf stereotyp positiv reagieren, wird man Sie bestenfalls für unerfahren im Umgang mit Teamarbeit halten. Hier ist eine differenzierte Beantwortung notwendig, und dabei werden Sie – zumindest wenn Sie nicht vorbereitet sind – eine Menge von sich und Ihrer Wertewelt preisgeben.

So sollten Sie nicht von Ihrer negativen Erfahrung im jetzigen Arbeitsteam sprechen, von den Kollegen, die sich als Ideenräuber profilieren, den Vorgesetzten, die nicht durchblicken, der allgemeinen Ungerechtigkeit und überhaupt … Sie merken schon, was wir damit andeuten wollen. Kluge Antwortmöglichkeiten sind etwa:

- *Der Koordinierungsaufwand ist bei Teamarbeit nicht unerheblich.*
- *Teams benötigen eine längere Anlaufzeit, um produktiv zu werden.*
- *Es besteht immer die Gefahr, dass Einzelne ein Team dominieren.*
- *Konformitätseffekte können leichter in einer Gruppe auftreten.*
- *Entscheidungsprozesse können länger dauern, stets verschoben werden.*
- *Ein Einzelner kann sich als Trittbrettfahrer verstecken.*
- *Ein Profilneurotiker kann ein ganzes Team sprengen.*
- *Die Risikobereitschaft kann ungünstig erhöht sein.*

    usw.

Das Konstruktionsprinzip dieses Fragetyps lautet: Auf welche Frage antwortet der Bewerber stereotyp wie alle Bewerber mit in etwa den gleichen Inhalten und Wertungen. Und wie reagiert er, wenn er genötigt wird, eine konträre Position zu formulieren oder mindestens zu kommentieren.

Hier wird nicht nur die Glaubwürdigkeit der Aussagen überprüft, sondern auch die geistige Flexibilität. Grund genug, sich vorher mit dieser Frageform zu beschäftigen. Entscheidend bleibt: Was wollen Sie von sich vermitteln, und wie geschickt positionieren Sie Ihren Standpunkt.

Enthüllungsfragen

Die folgenden drei Fragetypen gehören zu den Enthüllungsfragen, denn durch den gedanklichen Umweg verführen Sie unvorbereitete Kandidaten dazu, unreflektiert zu plaudern:

Zirkuläre Fragen

Dieser Fragetyp wird angewendet, wenn es um die Einschätzung der eigenen Person, der Stärken und Schwächen des Bewerbers geht, und dies durch scheinbar Dritte abgefragt werden soll wie beispielsweise:

- Was schätzen Ihre Kollegen an Ihnen …, was Ihr direkter Vorgesetzter?

- Was würde mir Ihr Chef über Sie nicht gerne so offen sagen …?

- Was könnte ich im Arbeitszeugnis, das Ihr Vorgesetzter schreibt, über Sie lesen?

- Was mögen Ihre Kunden an Ihnen (nicht) so besonders gern …?

- Wie würde Ihr Vorgesetzter/Kollege/Ausbilder etc. Sie beschreiben …?

- Was meinen/glauben Sie, würde der/die Person über Sie sagen/denken/meinen in Bezug auf … etc.?

- Warum glauben Sie, würde Ihr Vorgesetzter Sie so und so einschätzen?

Fragen dieser Art können unvorbereitete Kandidaten dazu verführen, unreflektiert und unkontrolliert zu plaudern bei dem Bemühen, wirklich zu vermitteln, was Dritte sagen und denken würden. In einer Prüfungs- und damit Stresssituation, wie sie beim Vorstellungsgespräch üblich ist, kann dieser kleine gedankliche Umweg (Was würde XY über Sie zum Thema ABC sagen?) einen Bewerbungskandidaten weit »öffnen«. Andererseits würde eine zu stereotype Antwort den Verdacht erhärten, Sie seien vorbereitet (im Sinne von auswendiggelernt) und könnten (vor allem wollten) nicht einen differenzierten Einblick gewähren …

Projektive Fragen

Diese Art ähnelt den eben beschriebenen zirkulären Fragen. Hierbei will man etwas von Ihnen erfahren und fragt Sie vordergründig, was Sie glauben oder zu wissen meinen, wie der/die/das … denkt, handeln würde oder beispielsweise etwas einschätzt. Statt Sie direkt zu fragen, was Sie am liebsten in Ihrem Betrieb ändern würden oder kritisieren, bietet man Ihnen an, dieses stellvertretend über bzw. durch eine dritte Person zu äußern. Beispiel:

- Womit sind Ihre Arbeitskollegen zurzeit besonders unzufrieden …?

- Welche Prioritäten bei der Arbeit haben Ihre Kollegen/Ihr Vorgesetzter …?

- Was denken Sie, kritisieren Ihre Kunden an dem Unternehmen, der Dienstleistung, den Produkten etc. gelegentlich/öfter/am häufigsten …?

- Beschreiben Sie bitte die Werthaltung Ihres Vorgesetzten.

- Wie stehen Sie dazu?

- Warum denken Sie dies bzw. das (im Kontext zur vorherigen Frage und Ihrer Aussage dazu) etc.?

Auch hier können Ihre Antworten intensiv hinterfragt und Sie um Konkretisierung gebeten werden.

Abstrakte Fragen

Eine andere Möglichkeit, Sie zum Erzählen zu bringen und bei Ihnen an viel »persönliches Material« zu gelangen, sind offene Fragen wie:

- Was ist Ihr Lebenstraum?
- Wovor fürchten Sie sich?
- Welche Ziele verfolgen Sie?
- Was ist Ihr Lebensmotto?
- Was sind Ihre Grundwerte?
- Was bedeutet Erfolg/Arbeit/Qualität etc. für Sie?
- Was können Sie nicht leiden, was bringt Sie zum Wahnsinn ... etc.?
- Worüber können Sie sich so richtig schön ärgern ...?

Das Prinzip ist klar. Wer hier erzählt, macht in der Regel bedeutsame Aussagen über sich und seine »(Werte-)Welt«. Kurzum: der perfekte Persönlichkeitstest. Besonders mit der Mischung: erst eine konkrete, dann eine abstrakte Frage, kann man Sie aus der Reserve locken.

Kettenfragen

Dank dieses Fragetyps soll die »Mehrgleisigkeit« des Denkens eines Bewerbers überprüft werden können. Es geht dabei um die clevere Beantwortung solcher Fragen:

- Was war das bisher größte Problem in Ihrem Arbeitsleben, und wie sind Sie damit umgegangen?
- Wer oder was hat Ihnen dabei geholfen, wie lange haben Sie gebraucht, um das Problem zu lösen, und welche Lehren für die Zukunft können Sie daraus ziehen?

Mittels einer zwei- oder dreigliedrigen Frage will man sehen, welchen Teil Sie zuerst beantworten (Rangfolge) und welchen eventuell nicht. Gut vorstellbar, dass es in dieser durch Anspannung gekennzeichneten Situation bei Ihnen nur zu Teilantworten kommt. Daher: Bleiben Sie ruhig und widmen Sie sich nacheinander jeder Fragestellung.

Tipp!

Lassen Sie sich nicht provozieren, fragen Sie zurück, ob Sie eine Frage, die Ihnen merkwürdig vorkommt, richtig verstanden haben, und reagieren Sie mit Gelassenheit. Möglicherweise will man herausbekommen, wie Sie reagieren, wenn man Sie persönlich angreift, kritisiert und/oder hinterfragt. Noch etwas sehr Wichtiges: Sprechen Sie nie schlecht über andere Menschen (z. B. frühere oder heutige Vorgesetzte, Kollegen, Mitarbeiter etc.), auch wenn Sie allen Grund dazu hätten. Hier geht es um die Überprüfung Ihrer Loyalität, und ein »Plaudern aus dem Nähkästchen« wird kein potenzieller Arbeitgeber honorieren.

Grundsätzlich gilt: Höflichkeit, Freundlichkeit, Blickkontakt, Bemühtheit und Interesse tragen wesentlich dazu bei, die Sympathiegefühle Ihres Gegenübers zu mobilisieren. Und: Behalten Sie beim Sprechen die Kontrolle über Ihren Körper: Wer mit der Hand vor dem Mund spricht, kann sich nur schwer verständlich machen, und wer sich alle Augenblicke nervös durchs Haar fährt, überzeugt nicht.

Rhetorik – die besten Antwortstrategien

Nun ist es nicht Anliegen dieses Buches, einen Lehrgang in Dialektik oder Rhetorik zu ersetzen. Dennoch ist es von Nutzen, einige rhetorische Techniken zu kennen, um möglichst geschickt mit auftretenden Fragen oder Einwänden umgehen zu können.

Vorab die Basisstrategie, die im Vorstellungsgespräch bei wechselseitigem Frage- und Antwort-Spiel zum Erfolg führt:

- Sympathie, Vertrauen und Glaubwürdigkeit herstellen

- Informationsdefizite abbauen

- Übereinstimmungen deutlich werden lassen

- Ihre Person und Ihren Standpunkt überzeugend vertreten

Auch wenn Sie nicht immer mit unangenehmen Fragen konfrontiert werden – auf Arbeitgeberseite bestehen in der Regel oftmals Bedenken, Vorurteile und Zweifel, mit denen Sie als Bewerber rechnen müssen. Wie gehen Sie damit um?

Hier bietet die Fünfsatz-Argumentation ein gutes gedankliches Rüstzeug sowie praktische Hilfe und Orientierung. Sie leistet hervorragende Dienste, wenn Sie Ihre Statements situativ und hörerbezogen vortragen.

1. Benennen Sie klar und kurz Ihren Standpunkt:
   Ich bin davon überzeugt, für die Aufgabe der richtige Kandidat zu sein.

2. Präsentieren Sie Ihre Argumente:
   Meine Qualitäten für diese Position sind … (Fähigkeiten, Kenntnisse, Erfahrungen …)

3. Untermauern Sie dies durch Beispiele und Beweise:
   Ich habe mit Erfolg zum Beispiel … gemacht. Als Nachweis für … kann ich anführen … usw.

4. Begegnen Sie möglichen Einwänden oder kommen Sie ihnen zuvor:
   Sie werden jetzt denken … Ich versichere Ihnen …

5. Ziehen Sie das Fazit:
   Aus diesen Gründen (1. …, 2. …, 3. …) traue ich mir die Aufgabe zu und werde sie erfolgreich bewältigen.

Berücksichtigen Sie bei dieser Vorgehensweise, dass

- Sie Ihre Munition, die Argumente, nicht zu früh »verschießen«

- bei mehreren Argumenten das beste am Schluss, das zweitbeste am Anfang stehen sollte

- sich Ihr Gegenüber auf das schwächste Argumentationsglied Ihrer Kette konzentrieren wird.

Tipp! **Wie Sie mit Einwänden umgehen, ist oftmals wichtiger und bringt mehr Sympathiepunkte als der vermeintlich argumentative Sieg. Begreifen Sie also den vorgebrachten Einwand immer auch als Wunsch nach Verständnishilfe, und unterstützen Sie das Orientierungsbedürfnis Ihres Gesprächspartners.**

Wie Sie Einwänden begegnen

Standardtechniken der Rhetorik, die Sie kennen und anwenden sollten, sind die bedingte Zustimmung, die Umformulierungsmethode, die Verzögerungstechnik und die Vorteil-Nachteil-Methode.

Die bedingte Zustimmung

Sie greifen einen Teilaspekt des vorgebrachten Einwandes heraus, dem Sie aus taktischen Erwägungen (bedingt) zustimmen, um daraufhin Ihren eigenen Standpunkt umso besser zu präsentieren. Im Anschluss daran relativieren Sie den vorgebrachten Einwand insgesamt.

Beispiel: Der Interviewer wendet ein, Sie seien für die verantwortungsvolle Position noch zu jung. »Das ist ein wichtiger Punkt, den Sie da ansprechen. Sie haben Recht. Ich bin XX Jahre alt. Sollte man aber die Vergabe dieser wichtigen Aufgabe allein vom Alter des Bewerbers abhängig machen …?« – »Nein, das sicherlich nicht …«, wird die Antwort lauten …

»Sehen Sie … ich bin ganz Ihrer Meinung. Es gibt da andere, wichtigere Kriterien, die …Wir sind uns also darin einig, dass … viel größere Bedeutung hat.«

Die Umformulierungsmethode

Hierbei wird der Einwand durch eine (tendenziöse) Umformulierung weitestgehend entschärft. »Wenn ich Sie richtig verstanden habe, kommt es Ihnen auf die Erfahrung und – sagen wir mal – Reife an, die für die zu besetzende Position mit ausschlaggebend sein sollten …« Jetzt können Sie mit Ihren Erfahrungen argumentieren und andere Kriterien in den Vordergrund rücken oder als wichtig herausstreichen.

Die Verzögerungstaktik

Sie signalisieren, den Einwand verstanden zu haben, und bitten darum, zunächst noch dies und das sagen, erklären, zeigen, fragen zu dürfen, was Sie sofort tun und somit die ganze Sache möglichst voranbringen. In jedem Fall kommt das Gespräch so zu einem anderen Punkt, der den vorherigen Einwand (hoffentlich) vergessen oder nicht mehr interessant erscheinen lässt. »Eine interessante Frage, kann ich aber zunächst noch einmal darauf hinweisen, dass …«

Die Vorteil-Nachteil-Methode

»Ich habe Sie doch richtig verstanden – bitte korrigieren Sie mich, wenn ich da jetzt falsch liege –, Sie meinen also, das Alter sei für diese Position von großer Bedeutung. Da gebe ich Ihnen natürlich Recht. Der Vorteil eines jüngeren Kandidaten liegt bei …, der Nachteil eines älteren bei … Aus meiner Sicht ist der Vorteil eines älteren …, der Nachteil eines jüngeren aber nicht so gravierend, so dass ich hier den Standpunkt vertreten möchte: Der Vorteil eines jüngeren Kandidaten überwiegt doch ganz deutlich … und ist natürlich auch abhängig von anderen Faktoren …«

Hier wird der gebotene Einwand aufgenommen, Vor- und Nachteile werden abgewogen. Da Sie das selbst formulieren, liegt das Ergebnis in Ihrer Hand und ist damit gut steuerbar. Dies hilft, Ihre Position auszubauen, und in dem genannten Beispiel führen Sie – nicht völlig uneigennützig – gleich weiter zu anderen argumentativen Positionen.

Vom Umgang mit unangenehmen Fragen

Welche Fragen fürchten Sie im Vorstellungsgespräch? Machen Sie sich eine Liste mit für Sie unangenehmen Fragen (Ihre Angstfragen) und versuchen Sie, wie bei den anderen Themen auch, sich Antwortmöglichkeiten vorab zu überlegen.

Reagieren Sie beispielsweise im Vorstellungsgespräch sehr zurückhaltend auf die Frage: »Was spricht gegen Sie als Bewerber für diese Aufgabe?« Denken Sie daran, wie meisterhaft es Politiker verstehen, auf unangenehme Fragen zu antworten. Da wird beispielsweise die Frage nach der Erklärung für eine erdrutschartige Wahlniederlage damit beantwortet, dass man sich zunächst einmal ganz herzlich bei den Wählerinnen und Wählern sowie den vielen Helfern für die außergewöhnliche Unterstützung und das entgegengebrachte Vertrauen bedankt und sich dann beklagt, wie aggressiv der Wahlkampf doch von der Gegenseite geführt wurde.

Heben Sie an dieser Stelle – bei der Frage, was gegen Sie als Bewerber spricht – eher noch einmal hervor, was für Sie spricht, und bieten Sie nach wohlkalkuliertem Zögern einen oder maximal zwei Punkte an, die aber nicht wirklich gegen Sie sprechen.

Manchmal kann es auch sinnvoll sein, Einwände zu akzeptieren (z. B., dass Sie zu oft gewechselt haben), statt sich krampfhaft herauszureden. Offenheit kann auch entwaffnend und damit sympathiefördernd sein.

Häufige Standardeinwände gegen Bewerber sind:

- bereits zu alt

- noch zu jung

- zu wenig erfahren

- viel zu teuer

- über- oder unterqualifiziert

- zu lange am gleichen Arbeitsplatz

- zu oft gewechselt

- falsches Geschlecht (wird nicht direkt angesprochen!)

- gesundheitlich labil (wird eher gedacht als ausgesprochen)

- zu kritisch

- zu schüchtern

- falsche (auch ehemalige) politische Überzeugung und/oder Parteizugehörigkeit usw.

Mal das eine und dann wieder das genaue Gegenteil – für Sie als Bewerber also nur bedingt kalkulierbar.

Mit zu den unangenehmen Punkten gehören auch Fragen wie:

- Was würden Sie machen, wenn …?

Und dann folgen Katastrophenszenarien, fast unlösbare Aufgaben und Situationsbeschreibungen, die Sie aus dem Stegreif lösen oder doch wenigstens bearbeiten sollen. Manche Interviewer leiten einen Provokationstest etwa mit den Worten ein:

- Was würden Sie sagen, wenn wir Ihnen den Arbeitsplatz nicht anbieten, weil …?

Hier empfiehlt sich folgende Strategie: »Darauf würde ich Ihnen antworten, dass ich Ihr Argument einerseits verstehe, andererseits aber doch anführen möchte, dass …« Im Grunde geht es bei dieser Fragetechnik darum zu sehen, ob und wie Sie Gelassenheit bewahren und in der Lage sind, mit solchen Bemerkungen sachlich-professionell umzugehen. Wirkliche Einwände gegen Ihre Person wird man nie direkt mit Ihnen diskutieren!

Im Folgenden stellen wir Ihnen Antwortbeispiele für harmlos klingende Fragen vor, die es genauso in sich haben wie die bereits bekannten Fragestellungen:

- **ALT:** Was sind Ihre aktuellen Schwächen?
- **NEU:** Wo sehen Sie für sich noch Entwicklungspotenzial?

Vorsicht, Falle! Mit dem positiv klingenden Wort »Entwicklungspotenzial« will Ihr künftiger Arbeitgeber nur eines: Ihre Schattenseiten aufspüren. Bieten Sie zwei Beispiele an: Zunächst ein privates, dann, wenn Sie weiter aufgefordert werden, ein harmloses aus dem beruflichen Bereich. Beispielsweise können Sie leider Brahms von Mozart nicht unterscheiden und sind auch kein ausgesprochener Computerfreak – können aber alle Programme bedienen, die Sie für Ihren Job brauchen. So räumen Sie etwas ein, relativieren es aber sofort wieder.

- **ALT:** Was bieten Sie uns? Warum sollten wir uns für Sie entscheiden?
- **NEU:** Wovon wollen Sie mich überzeugen?

Gehen Sie freundlich, aber bestimmt in die Offensive und antworten Sie, dass Sie hier sind, um Ihr Gegenüber von Ihren Fähigkeiten zu überzeugen. Dann zählen Sie diese der Reihe nach auf.

- **ALT:** Welche Probleme hatten Sie an Ihrem vorherigen Arbeitsplatz?
- **NEU:** Was würde mir Ihr Vorgesetzter über Sie sagen, wenn ich ihn jetzt anriefe?

Geben Sie keine Unstimmigkeiten mit Ihrem Ex-Boss oder den Kollegen zu. Zeigen Sie, dass Sie nicht auf den Mund gefallen sind und sich in andere Menschen hineinversetzen können, ohne sich selbst zu schaden. Fangen Sie etwa so an: »Ich weiß es zwar nicht ganz genau, aber er würde wahrscheinlich sagen …«, und dann zählen Sie noch einmal Ihre Vorzüge auf.

- **ALT:** Warum haben Sie kein besseres Arbeitszeugnis bekommen?
- **NEU:** Was steht aus Höflichkeits- und Kulanzgründen nicht in diesem Arbeitszeugnis?

Weisen Sie den unterschwelligen Vorwurf zurück; geben Sie keine Schwächen zu, sondern ergänzen Sie Ihr Zeugnis. Zum Beispiel: Eigentlich hätte noch der Erfolg dieses oder jenes Projekts erwähnt werden müssen.

Weitere unangenehme Fragen:

- Warum sollten wir Ihnen diese Position nicht anbieten?
- Was spricht gegen Sie als Kandidat?
- Was sind Ihre Schwächen, Nachteile, Defizite?
- Was haben Sie alles in Ihrem (Berufs-)Leben trotz aller guten Vorsätze (noch) nicht erreicht?

- Welches war Ihr größter (beruflicher) Misserfolg oder Ihre größte Enttäuschung?
- Was haben Sie daraus gelernt, und welche Konsequenzen haben Sie gezogen?
- Wovor fürchten Sie sich?
- Was kann Sie so richtig ärgerlich machen?
- Was mögen Sie nicht oder schätzen Sie bei anderen nicht (bei der Arbeit, bei Kollegen, Mitarbeitern, Vorgesetzten, Kunden, sich selbst)?
- Stellen Sie uns aus Ihrer beruflichen Laufbahn bitte Negativ-Vorbilder vor und erklären Sie uns Ihre Wahl.
- Was würden Sie in Ihrem (Berufs-)Leben anders machen, wenn Sie noch einmal ganz von vorn anfangen könnten?
- Was wollen Sie wann und wie (beruflich) in Ihrem Leben erreicht haben?
- Was sind Ihre persönlichen (beruflichen) Ziele?
- Haben Sie ein Lebensmotto?
- Was denken Sie über den Sinn des Lebens?
- Wie definieren Sie für sich die Begriffe: Verantwortung, Schwäche, Leistung etc.?
- Wie sollte Ihr Stellvertreter sein?
- Worin sollte er Sie ergänzen? Was sollte er haben, vorweisen, was Sie nicht haben?
- Was machen Sie, wenn wir Sie nicht nehmen?
- Was würden Sie tun, wenn Sie nicht mehr zu arbeiten bräuchten?

Auch wenn Sie sich nicht auf alle Fragen vorbereiten können: Es kommt darauf an, eine generelle Beantwortungsstrategie und Umgangsweise für sich zu entwickeln, um mit diesen Themen gut fertig zu werden. Denn: Wer fragt, sollte eine Antwort bekommen. Bestimmen Sie jedoch selbst, was Sie erzählen wollen. Lassen Sie sich nicht dazu hinreißen, Dinge auszuplaudern, die Sie nicht mitteilen wollen. Gehen Sie in schwierigen Situationen diplomatisch vor, bewahren Sie Haltung und Gelassenheit. Das Motto könnte lauten: Kontrollierte Spontaneität.

Das Stressinterview

Eine selten praktizierte Interviewform ist das sogenannte Stressinterview. Man konfrontiert Sie mit unangenehmen und unerwarteten Fragen, um Sie so zu verunsichern und Ihr Selbstbewusstsein zu erschüttern. So können Sie mit Beschuldigungen, Sarkasmen, Zynismen, ironischen Bemerkungen konfrontiert werden, die oft keinen Bezug zum potenziellen Arbeitsplatz haben. Aber auch Komplimente werden ab und an eingestreut, um Sie weiter zu verunsichern.

Nach einer Anwärmphase – sie dient der Entspannung und der Bereitschaft, sich dem interviewenden Gesprächspartner zu öffnen – wird beim Stressinterview gezielt versucht, Sie unter

Druck zu setzen. Behauptet Ihr Gegenüber im Gespräch, Ihre Angaben und Aussagen seien »geschönt« und man solle doch »Klartext miteinander reden« – dann ist dies möglicherweise der Gong zur ersten Runde.

Wie reagieren Sie darauf? Nicht zu heftig, auch wenn es schwerfallen sollte. Bleiben Sie sachlich, gelassen, warten Sie ab. Versuchen Sie, alle Fragen so knapp wie möglich zu beantworten, und stehen Sie auch unangenehme Schweigepausen durch – schweigen Sie einfach mit.

Beispiel:

Interviewer: »Finden Sie nicht auch, dass Sie für diese Position viel zu unerfahren sind, ohne ausreichende Kompetenz?«

Mögliche Antwort Ihrerseits: *Nein, da bin ich anderer Meinung.* (Nun abwarten. Nur nicht aus Verunsicherung oder Verzweiflung anfangen zu argumentieren.)

Interviewer: »Ich habe den deutlichen Eindruck gewonnen, dass man in Ihrer Abteilung recht froh wäre, wenn Sie die Firma verlassen würden.«

Mögliche Antwort Ihrerseits: *Das ist Ihr subjektiver Eindruck. Ich weiß nicht, wie Sie dazu kommen. Ich sehe das anders.* (und STOP – nicht weitererzählen!)

Interviewer: »Sie haben sich auf Ihrem letzten Posten vor der Lösung konkreter Probleme gedrückt. Wie glauben Sie jetzt, bei uns mit den hier auf Sie wartenden praktischen Aufgaben und den damit verbundenen Schwierigkeiten klarzukommen?«

Mögliche Antwort Ihrerseits: *Ich teile nicht Ihre Einschätzung meiner Erfahrung im Umgang mit konkreten Problemen. Und was den Arbeitsplatz angeht: Ich traue es mir sehr wohl zu, die dort anstehenden Probleme lösen zu können.*

Interviewer: »Sie vermitteln den Eindruck, recht unbeherrscht und impulsiv zu sein. Das macht Ihnen doch sicherlich häufig Schwierigkeiten?«

Ihre mögliche Antwort: *Ich weiß nicht, wie Sie darauf kommen. Damit habe ich in der Regel keine Schwierigkeiten.*

Interviewer: »Na sehen Sie, Sie sagen es selbst: in der Regel. Es gibt also doch Ausnahmen.«

Ihre mögliche Antwort: *Eigentlich nicht. Aber wie Sie selbst sagen, Ausnahmen bestätigen die Regel. Im Allgemeinen ist das jedenfalls so. Und bei mir auch.*

Diese Dialog-Kostprobe soll Ihnen Antwortmöglichkeiten aufzeigen. Ein geschulter Stressinterviewer wird Ihnen kaum die Möglichkeit lassen, ungeschoren aus so einer Situation herauszukommen. Wenn Sie sich also von vornherein darüber im Klaren sind, dass diese Fragen nur Ihrer Provokation dienen und Sie gezielt verletzen sollen, dann können Sie entsprechend gelassen und defensiv reagieren. Sollten Sie allerdings zu cool bleiben, wird es ggf. stärkere Provokationen von Seiten des Interviewers geben. Möglicherweise erreicht das Gespräch einen Punkt, an dem Sie sich Frechheiten, Unterstellungen etc. von Ihrem Gegenüber in angemessen aggressiver und dennoch höflicher Form verbitten sollten, so zeigen Sie, dass Sie in der Lage sind, sich abzu-grenzen. Neben dem gezielten Versuch, jemanden durch provokative und beleidigende Fragen aus der Reserve zu locken, lassen manche Interviewer den Bewerber durch Passivität auflaufen. Lange Schweigepausen oder eine abwartende, desinteressierte Haltung sollen:

a) Sie in Zugzwang bringen, viel zu reden und damit möglichst etwas von sich preiszugeben;

b) Ihr Verhalten – auch in puncto Körpersprache (s. Seite 258 ff.) – in einer Schweigesituation testen und so Ihre Stressresistenz prüfen.

Halten Sie also durch und bleiben Sie gelassen. Auch Fragen wie

• Was sind Ihre größten Schwächen?

• Falls Sie überhaupt Freunde haben, wie kommen die eigentlich mit Ihnen klar?

sollten Sie mit Gleichmut ertragen. Fängt man an, Ihnen Dummheit zu unterstellen, etwa nach dem Motto

• Sie bewerben sich hier um eine Position – ist die nicht drei Nummern zu groß für Sie?

dürfen Sie ruhig darauf hinweisen, dass man sich mit Ihnen wohl nicht so viel Mühe geben würde, wenn man von vornherein davon überzeugt gewesen wäre, Sie passten nicht in diese Position.

Noch ein Provokationsbeispiel: »Eigentlich sitzen mir hier auf diesem Platz nur Leute gegen-über, die wirklich exzellente Leistungen aufzuweisen haben. Sie können in dieser Hinsicht nicht viel vorweisen. Sicherlich haben Sie andere Qualitäten, sonst hätten Sie sich ja wohl nicht bei uns beworben? Nun, die Zeit ist knapp, am besten Sie berichten mir etwas über sich. Ich werde Sie nicht unterbrechen.«

Sogar auf so eine breite und offene Frage können Sie sich vorbereiten. Sie sollten immer in der Lage sein, fünf bis zehn Minuten das Gespräch allein zu bestreiten und dabei nicht zu langweilen. Erwarten Sie jedoch kein interessiertes oder gar begeistertes Gesicht von Ihrem Gegenüber. Der wird sich Mühe geben, gelangweilt dreinzuschauen.

Hinweis: Bedenken Sie bei einem Stressinterview, ob Sie bei einem Unternehmen, das Sie so behandelt, wirklich arbeiten möchten. Machen Sie sich deutlich, was Ihnen unter Umständen erspart geblieben ist, wenn Sie auf einen Arbeitsplatz bei einem solchen Arbeitgeber verzichten.

Tipp!

> **Wittern Sie nicht hinter jeder Frage eine Falle. Es geht darum, Sie kennenzulernen – und wer möchte nicht gerne wissen, mit wem er es zu tun hat! Bei einem wirklichen Stressinterview: Weisen Sie ruhig und gelassen darauf hin, wenn Ihre Grenzen an Tole-ranz und Geduld überschritten werden. Zeigen Sie, dass Sie sich abgrenzen können, verweigern Sie sich, und weisen Sie Intimfragen zurück. Schweigepausen oder -momente ertragen Sie in freundlicher Gelassenheit.**

Ihr Recht zu lügen

So, wie der Gesetzgeber den Begriff Notwehr kennt, existiert für das Bundesarbeitsgericht (BAG) der Sachverhalt der Notlüge. Darunter ist zu verstehen, dass bestimmte Fragen im Vorstellungsgespräch nicht wahrheitsgemäß beantwortet werden müssen, wenn der Bewerber davon ausgehen muss, dass von einer bestimmten Antworttendenz die Vergabe des Arbeitsplatzes abhängen könnte.

Vorab: Bestimmte Fragen und Themen dürfen im Bewerbungsverfahren nicht behandelt werden. Es sind nur Fragen erlaubt, die in direktem Zusammenhang mit dem zu besetzenden Arbeitsplatz stehen. Unzulässig ist prinzipiell die Ausforschung der politischen Meinung ebenso wie Fragen zu (auch früherem!) gewerkschaftlichen Engagement oder nach privaten Plänen in puncto Heiraten, Familienplanung, zur Freizeitgestaltung und Hobbys. Frühere Krankheiten und die Frage nach einer Schwangerschaft sollten genauso tabu sein wie die nach den Berufen von Eltern, Geschwistern und Freunden. Das Gleiche gilt für das Ausforschen Ihrer privaten Vermögensverhältnisse (z. B. Schulden).

Verboten sind außerdem Fragen nach Vorstrafen, soweit ganz allgemein gefragt wird, also nicht nur nach solchen Vorstrafen, die »einschlägig« sind; unzulässig ist auch das Verlangen, ein polizeiliches Führungszeugnis vorzulegen sowie Fragen nach laufenden Ermittlungsverfahren. Unzulässig ist auch die Frage nach der früheren Arbeitsvergütung (sie dient ja u. a. dazu, Lohnansprüche des Bewerbers zu dämpfen); zulässig ist diese Frage jedoch dann, wenn sich daraus für die konkret in Aussicht genommene Tätigkeit Folgerungen ziehen lassen, z. B. wenn die Höhe der Vergütung Rückschlüsse auf die mit der früheren Tätigkeit verbundene Verantwortung ermöglicht und die in Aussicht genommene Position ebenfalls besonders verantwortliche Aufgaben mit sich bringt.

Beantwortet der Bewerber eine unzulässige Frage falsch, so hat dies für die Wirksamkeit des Arbeitsvertrages keinerlei nachteilige Folgen. Dies ist zwangsläufig die Konsequenz des eingeschränkten Fragerechts des Arbeitgebers.

Bewerber dürfen persönliche Umstände verheimlichen oder auf entsprechende Fragen konsequent lügen. Und mehr: Allzu neugierige Arbeitgeber müssen Schadenersatz fürchten. Nachdem die Materie vor deutschen Arbeitsgerichten jahrzehntelang auf Sparflamme köchelte, machte der Europäische Gerichtshof (EuGH) in Luxemburg Dampf. Ansatzpunkt ist die Gleichberechtigung der Geschlechter und die als Tabuzone geschützte Intim- und Privatsphäre.

Es gibt jedoch auch Ausnahmen: Wenn jemand für die katholische Kirche arbeiten will, ist die Frage nach seiner Religionszugehörigkeit durchaus zulässig. Einsichtig ist auch die Frage nach früheren Krankheiten bei Piloten oder Zugführern.

Körpersprache

Sie erinnern sich: Ihre Worte tragen nur zu etwa 10 Prozent zu einer überzeugenden Vorstellung bei, während die Stimme, Aussehen und Körpersprache über 90 Prozent ausmachen!

Was Sie ohne Worte kommunizieren

Körpersprache hat im Vorstellungsgespräch eine entscheidende Bedeutung – sie unterstützt die Glaubwürdigkeit Ihrer Worte und trägt wesentlich zum Erfolg Ihres Vorhabens bei. Denn: Nicht nur was Sie sagen, sondern besonders das Wie ist Anlass für Interpretationen und damit Orientierungs- und Entscheidungshilfe. Ein Bewerber, der mit zitternden Händen und Schweißperlen auf der Stirn berichtet, wie er ein neues Außendienstabrechnungssystem erfolgreich entwickelt und durchgesetzt hat, wirkt nicht überzeugend. Ein Kandidat hingegen, der lächelnd, mit offenem Blickkontakt und interessiert-entspannter Sitzhaltung seine Botschaft vorträgt, punktet.

Doch worauf genau achten Personalentscheider? Im Wesentlichen geht es bei der Beurteilung von Körpersprache um

- Blickverhalten
- Mimik
- Gesten
- Körperhaltung
- Sprechweise
- Geruch

Welche Bedeutung eine bestimmte Haltung, Geste oder Mimik hat, ist jedoch sehr vielschichtig, d. h. nicht immer eindeutig zu interpretieren. Diese Vielschichtigkeit versucht man durch bestimmte Richtlinien zu vereinfachen. Diese sind nicht unbedingt ernst zu nehmen, da Sie jedoch wissen sollten, wie Ihr Verhalten, ggf. interpretiert wird, möchten wir Ihnen gern im Folgenden einen Überblick über Interpretationsmöglichkeiten geben.

Wichtig: Wer sich ohne eine angemessene Spannung im Vorstellungsgespräch präsentiert, wird nicht für motiviert gehalten.

Körpersignal	Bedeutung
Blickverhalten	
Augen betont weit offen	Aufmerksamkeit, Aufnahme-bereitschaft, Sympathie, Welt-offenheit signalisierend, Flirtverhalten
verengte Augenöffnung	Konzentration, Entschlossen-heit, Eigensinn, Kleinlichkeit, überkritische Haltung
zugekniffene Augen	Abwehr, Unlust
gerader Blick	Offenheit, reines Gewissen, Vertrauen
schräger Blick	abschätzende Zurückhaltung
häufiger Blickkontakt	Sympathie
häufiges Wegsehen	mangelnde Sympathie oder Verlegenheit
auffällig häufiger Lidschlag	Unsicherheit, Befangenheit, u. U. nervöse Störung
Mimik	
offenes Lächeln	offene Heiterkeit, unein-geschränkte Mitfreude
gequältes Lächeln	ironisch, schadenfroh, blasiert, ängstlich
überwiegend geöffneter Mund	Mangel an Selbstkontrolle
zusammengepresster Mund	Zurückhaltung, Reserviertheit, Verkniffenheit, Kontaktarmut
Mundwinkel nach unten	Bitterreaktion, Pessimist, depressiv
Mundwinkel nach oben	Aktivität bis Abwehr
Heben der Augenbrauen	Ungläubigkeit oder Arroganz
Gesten	
übertrieben kräftiger Händedruck (»Knochenbrecher«)	Rücksichtslosigkeit, Angeberei
kräftiger Händedruck ohne Übertreibung	Aufrichtigkeit, Sicherheit

Körpersignal	Bedeutung
Gesten	
schlaffer Händedruck (»tote Hasenpfote«)	Unsicherheit, kontaktarm, leicht beeinflussbar
Hand wegziehen	Verschlossenheit
verschränkte Arme	
– bei Männern	Ablehnung, Verschlossenheit
– bei Frauen	Selbstschutz, Angst
Hand vor den Mund halten	
– während des Sprechens	Unsicherheit
– nach dem Sprechen	will das Gesagte zurücknehmen
Sprecher hält Armlehnen mit Händen fest	Aggressivität, aber etwas unsicher, neigt zur Weitschweifigkeit
Kopf auf Hände stützen	Nachdenklichkeit, Erschöpfung, Langeweile
Spitzdach mit den Händen formen	Arroganz, Abwehr gegen Einwände
Hände reiben	selbstgefällig, selbstzufrieden
spielende Hände	Zeichen von Erregung, Nervosität, Befangenheit, Angst, Verwirrung
mit dem Finger auf den Gesprächspartner zeigen	Angriff, Wut
Hand zur Faust verkrampfen	Wut, verhaltener Zorn
Anfassen der Nase	Nachdenklichkeit, kritische Haltung, Verlegenheit
über den Hinterkopf streichen, Zupfen an den Ohren	Verlegenheit, Unbehagen, Ärger
Streichen des Kinns	Nachdenklichkeit, Zufriedenheit
Finger zum Mund nehmen	verlegen, unsicher
mit den Fingern trommeln	Nervosität, Ungeduld
häufiges Spielen mit dem Ring	Eheprobleme, frustriert vom häuslichen Leben
häufiges Abnehmen der Brille	Ablehnung, Angriff, Nervosität

Körpersignal	Bedeutung
Körperhaltung	
Achselzucken, die Handflächen nach außen	passive Hilflosigkeit
übereinandergeschlagene Beine	
– zum Gesprächspartner hin	Aufbau eines Sympathiefeldes
– vom Gesprächspartner weg	Ablehnung, Unwillen
– und Knie in die Hand gestützt	kritisch, skeptisch
dicht aneinandergestellte Füße beim Sitzen	schuldhafte Ängstlichkeit, Einzelgänger, überkorrekte Grundeinstellung
breit auseinanderklaffende Beine beim Sitzen	sorglose Unbekümmertheit, Rücksichtslosigkeit
friedlich ruhende Sitzhaltung	Selbstsicherheit, aber auch robuste Unbekümmertheit, seelische Erschöpfung
alarmbereite Sitzweise (auf dem Sprung sein)	Mangel an Selbstvertrauen und Sicherheit, auch Misstrauen, innere Unruhe, Angst
Füße um die Stuhlbeine legen	Unsicherheit, Suche nach Halt
Füße nach hinten nehmen	Ablehnung
mit den Füßen wippen	Arroganz, Ungeduld, Sicherheit, Aggressivität
steife, militärische Körperhaltung, geziert aufrecht	Unterdrückung von Angst
breitbeinig dastehen, Daumen in den Achselhöhlen	Selbstsicherheit
den Oberkörper weit nach vorn lehnen	Interesse, Sympathie, Wunsch zu unterbrechen
den Oberkörper weit zurücklehnen	Desinteresse, Ablehnung

Körpersignal	Bedeutung
Sprechweise	
lautstarke Stimme	Vitalität, Selbstbewusstsein, Kontaktfreude, aber auch Unbeherrschtheit, Geltungsdrang
leise, flüsternde Stimme	Schwäche, mangelndes Selbstbewusstsein, aber auch Sachlichkeit, Bescheidenheit
schnelles Sprechtempo	Impulsivität, Temperament, aber auch ungezügelt, nervös
langsames Sprechtempo	antriebsschwach, aber auch Sachlichkeit, Besonnenheit, Ausgeglichenheit
wechselndes Sprechtempo	innere Unausgeglichenheit
ausgeprägte Pausengestaltung	Disziplin, Selbstbewusstsein
starke Akzentuierung	Lebhaftigkeit, Gefühlsstärke
schwache Akzentuierung	Uninteressiertheit, mangelnde geistige Flexibilität
Geruch	
parfümiert	werbend
überstark parfümiert	unsicher, vernebelnd
Schweißgeruch	ängstlich, unordentlich

Gehaltsverhandlungen

Es liegt auf der Hand, dass ein Arbeitnehmer, der seinen Arbeitsplatz wechselt, auch sein Einkommen verbessern will. Eine Verbesserung von etwa 15 Prozent ist dabei für den Um- bzw. Neueinstieg der Regelfall. Informieren Sie sich daher gründlich, was Sie für die Position, für die Sie sich bewerben, an Gehalt erwarten können. Je nachdem, welche Qualifikation oder Vorerfahrung Sie einbringen und welche zukünftige Leistung Sie glaubwürdig in Aussicht stellen, werden sich Ihre Gehaltswünsche realisieren lassen – eine überzeugende Verhandlung vorausgesetzt.

Die richtige Strategie, wenn's ums Geld geht

Gerade bei der Suche nach Führungskräften setzen Arbeitgeber immer ein zweites oder drittes Vorstellungsgespräch an. Hier geht es darum, noch offene Fragen ausführlich abzuklären, einen fundierten persönlichen Eindruck zu bekommen und Sie als Kandidaten Ihren potenziellen Kollegen vorzustellen, um ggf. deren Meinung mit zu berücksichtigen. Jetzt ist der passende Zeitpunkt für die Gehaltsfrage gekommen.

Zeigen Sie dabei Besonnenheit, und vermitteln Sie nicht den Eindruck, dass es Ihnen nur ums Geld geht. Beide Seiten – Arbeitgeber und Arbeitnehmer – müssen einen tragbaren Kompromiss in der Gehaltsfrage finden. Vereinbaren Sie beispielsweise, dass nach einer Einarbeitungsphase (ca. sechs bis neun Monate) Ihr Gehalt automatisch um XX Prozent angehoben wird.

Verdeutlichen Sie sich und Ihrem Arbeitgeber in jedem Fall, dass Sie sind nicht bereit sind, Ihre Arbeitsleistung unter Wert zu verkaufen. Den richtigen Preis für Ihre Leistung zu bestimmen, gehört zu den wichtigsten Vorüberlegungen.

Die einschlägigen Wirtschaftszeitungen und -zeitschriften (z. B. *Capital*, *Wirtschaftswoche*, *Handelsblatt*) bieten regelmäßig Übersichten, was in den verschiedenen Branchen und Positionen verdient wird. Nun liegt es bei Ihnen, die eigenen Fähigkeiten, Ihren Erfahrungsschatz zu »taxieren« und ein Preismarketing für Ihre »Ware« Arbeitskraft vorzunehmen.

Bevor Sie sich in eine Gehaltsverhandlung begeben, sollten Sie sich ferner mit den folgenden Überlegungen intensiv auseinandersetzen. Dazu beantworten Sie am besten die folgenden 14 Fragen schriftlich.

1. Welches Jahresbruttoeinkommen wünschen Sie sich realistischerweise?

2. Womit/wodurch rechtfertigen Sie diese Summe?

3. Welches Jahresbruttoeinkommen erzielen Sie derzeit?

4. Wie hoch ist die Differenz zwischen Ihrem jetzigen und dem von Ihnen realistisch erwünschten Jahresbruttoeinkommen?

5. Wie erklärt sich aus Ihrer Sicht die Differenz?

6. Wie aus der Sicht Ihres jetzigen Arbeitgebers?

7. Womit/Wodurch ist aus Ihrer Sicht die Steigerung Ihres Einkommens gerechtfertigt?

8. Wie viel Geld geben Sie monatlich aus, d. h. wie hoch sind im Durchschnitt Ihre monatlichen Lebenshaltungskosten?

9. Wie viel Geld bräuchten Sie monatlich zur freien Verfügung (also netto auf Ihrem Privatkonto), um über die Runden zu kommen?

10. Wie viel haben Sie derzeit monatlich für Ihren Lebensunterhalt zur Verfügung?

11. Wie hoch ist die Differenz zwischen real verfügbarer und realistisch gesehen benötigter Monatsnettosumme?

12. Korreliert die Netto-Differenz mit dem von Ihnen realistisch gewünschten und angestrebten Jahresbruttoeinkommen – nach entsprechender Umrechnung auf Monats-Netto-Basis?

13. Was, glauben Sie, muss Ihr Arbeitgeber an Gesamtkosten im Jahr allein für Ihre Beschäftigung aufwenden? (Ihr Bruttogehalt plus 50 bis 100 Prozent rechnen Experten.)

14. Was schätzen Sie, bringen Sie mit Ihrer Arbeitskraft dem Unternehmen an jährlicher Einnahme?

Sicher werden sich bei der Beantwortung der einen oder anderen Frage Irritationen einstellen. Doch besser jetzt, als in der Gehaltsverhandlung selbst. Denn wenn Sie sich über diese Fragen und deren Hintergründe im Klaren sind, sind Sie gut präpariert für die anstehenden Gehaltsverhandlungen.

Nicht selten versucht der potenzielle Arbeitgeber, durch direktes Erfragen das aktuelle Gehalt des Bewerbers in Erfahrung zu bringen. »Unzulässig ist ... die Frage nach der früheren Arbeitsvergütung (sie dient ja unter anderem dazu, eventuelle Lohnansprüche des Bewerbers zu dämpfen)«, so Eckehart Stevens-Bartol, Richter am Bayerischen Landessozialgericht [9]. Denn will ein Arbeitnehmer bei einem Wechsel eine Gehaltssteigerung von 20 Prozent oder mehr, wird der potenzielle Arbeitgeber überlegen, ob dieser das Geld auch wert ist bzw. ob nicht eine geringere Gehaltssteigerung ausreichend wäre. Argumente wie z. B. Alter, Erfahrung, Einarbeitungszeit etc. werden dafür gern angeführt.

Auch im umgekehrten Fall gibt es Probleme: Wenn z. B. ein Bewerber aktuell 100 000 Euro im Jahr verdient, sich neu orientieren möchte und auf ein Stellenangebot meldet, das pro Jahr 80 000 Euro in Aussicht stellt, wirkt dies auf potenzielle Arbeitgeber verdächtig. Sind Sie bereit, bei einem Wechsel auf Gehalt zu verzichten, vermutet der potenzielle Arbeitgeber massiven Druck und bezieht Sie daher möglicherweise nicht in die engere Wahl ein. Er geht davon aus, dass bei einer Gehaltsverschlechterung die Motivation des Arbeitnehmers zu wünschen übrig lässt. Es gibt also gute Gründe, einem potenziellen neuen Arbeitgeber Ihr aktuelles Gehalt nicht detailliert zu offenbaren.

---

9   E. Stevens-Bartol: *Bewerbung, Einstellung, Vertragsschluss.* München 1990, vgl. S. 216.

Beispiel:

Interviewer: »Wie hoch ist Ihr Einkommen zurzeit?«

Bewerber: *Ich kann mir gut vorstellen, mit den von Ihnen im Inserat angebotenen 80 000 Euro p.a. zunächst auszukommen.*

Interviewer: »Wie darf ich das verstehen, wie meinen Sie das?«

Bewerber: *Wenn ich gesagt habe ›zunächst‹, dann gehe ich davon aus, dass sich im Laufe der Zeit vielleicht Gehaltserhöhungen ergeben werden.*

Interviewer: »Aber sicher doch, selbstverständlich. Wie sieht denn Ihr aktuelles Monatseinkommen aus?«

Bewerber: *Nun meine Jahresbezüge bei meinem jetzigen Arbeitgeber unterscheiden sich schon etwas von dem, was Sie in Ihrem Angebot benannt haben. Gibt es bei Ihnen im Hause bereits Vorstellungen, wann Sie bereit wären, über eine Gehaltsverbesserung nachzudenken?*

Wieder ist der Personalchef (hoffentlich) abgelenkt. So könnte es dem Bewerber gelingen, das Gespräch von der Frage nach seinen aktuellen Bezügen wegzuführen, ohne sich offenbart zu haben bzw. lügen zu müssen.

Natürlich können Sie sich als Bewerber auf die direkte Frage nach den aktuellen Bezügen nur schlecht verweigern. Andererseits sitzt Ihnen weder ein Finanzbeamter der Steuerfahndung gegenüber noch Ihr Steuerberater, so dass Sie etwas großzügiger auf- bzw. abrunden können und auf weitere Vergünstigungen, Sozialleistungen besonderer Art, Extras usw. hinweisen oder diese überschlagsartig mit einrechnen, um den Jahreseinkommensbetrag schön gerundet zu präsentieren. Zum Beispiel hätten Sie auf die oben gestellte Frage antworten können: »Ich erwarte im Jahr mindestens 75 000 EUR.«

Selbstverständlich bieten wir Ihnen auch zu diesem Themenkomplex weitergehende Unterstützung und Informationen an, sei es im direkten persönlichen Training oder in der Einschätzung, welches Gehalt in Ihrem Fall angemessen wäre. Lesen Sie mehr dazu unter *www.berufsstrategie.de*.

Testauswahlverfahren

Ob Sie bereits gestandene Führungskraft sind oder Ein- bzw. Aufsteiger – die Wahrscheinlichkeit, dass Ihre »Eignung« im Bewerbungsverfahren getestet wird, ist groß. Besonderer Beliebtheit erfreut sich das Assessment Center (AC), das wohl härteste Personalauswahlverfahren.

Tests und Assessment Center

Die Durchführungszeit beträgt ein oder zwei Tage (selten drei), an denen sechs bis zwölf Teilnehmer zwischen acht und zwölf verschiedene Übungen bestreiten. Dabei werden die Kandidaten von drei bis sechs Personen beobachtet. Da Zeit Geld ist, veranstalten immer mehr Unternehmen innerhalb weniger Stunden eine Art Mini-AC. Die wichtigsten im AC gebräuchlichen Testverfahren sind:

- individuell auszuführende Arbeitsproben und Aufgabensimulationen
- Gruppendiskussionen (mit und ohne Rollenvorgabe)
- Gruppenaufgaben mit Wettbewerbs- und/oder Kooperationscharakter
- Vorträge und Präsentationen
- Rollenspiele (meist zu zweit, z. B. Verkaufs-, Mitarbeiter-Problem/Konflikt-Gespräch)
- Einzel-, Gruppen- und Panelinterviews
- Unternehmensplanspiele
- Intelligenz- und Leistungstests
- Persönlichkeits- und Interessentests
- biographische Fragebögen

 www. Praktische Erfahrungsberichte von Bewerbern können Sie auf unseren Seiten *www.berufsstrategieplus.de* nachlesen oder in unserem Buch *Assessment Center für Führungskräfte* (STARK Verlag 2010).

Online-Assessment / e-Assessment Center (e-AC)

Im elektronischen Medienzeitalter war es nur eine Frage der Zeit, wann das Internet seine Rolle auch für die AC-gesteuerte Personalauswahl wahrnehmen würde. Und so ist es kaum verwunderlich, dass immer mehr Unternehmen versuchen, per Internet die Bewerberflut zu bewältigen. Sie lassen die Kandidaten durch Rekrutierungsspiele und Online-Assessments laufen, um so mögliche High Potentials schnell zu identifizieren. Online-Assessment Center setzen auf eine Erfassung von:

- verbalen Fähigkeiten

- nummerischen Fähigkeiten

- diagrammatischen Fähigkeiten (z. B. Tabelleninterpretation)

- mechanisch-physikalischen Fähigkeiten

Am häufigsten werden Wissens- und Persönlichkeitstests eingesetzt, die versuchen, das Bildungsniveau und wesentliche Charaktermerkmale der Online-»Spieler« zu erfassen. Hierbei geht es um:

- Eigenschaften

- Interessen

- Motive und Motivation

- Verhaltenstendenzen

- Arbeitsumfeldpräferenzen

- bevorzugte Vorgehensweisen und Führungseigenschaften

Drei typische Konstruktionsprinzipien liegen einem Online-AC zu Grunde:

Bei **normativen** Testverfahren wird durch eine gezielte Abfrage ermittelt, wie sich die untersuchten AC-Kandidaten im Vergleich zu einer oder mehreren Referenzgruppen sehen. Da sich die Ausprägung von Merkmalen zwischen Geschlechts-, Alters-, Ausbildungs-, Berufs- und Bevölkerungsgruppen unterscheidet, kann man so die AC-Kandidaten einer Gruppe zuordnen. Daraus abgeleitete Typisierungen ermöglichen die Bildung von Merkmalen für ganz bestimmte Personengruppen und erlauben eine interindividuelle Vergleichbarkeit der Messwerte. Bekannte Vertreter dieser Verfahren sind z. B. das Bochumer Persönlichkeitsinventar (BIP), der 6PF, der OPQ32 Test und viele weitere. Die Mehrzahl der Persönlichkeitstests gehört in diese Gruppe.

Die **ipsativen** Testverfahren ermitteln im Gegensatz zu den normativen Testverfahren, welche Verhaltensweisen und/oder Fähigkeiten in bestimmten Situationen von den AC-Kandidaten in der Vergangenheit immer wieder erfolgreich angewendet wurden. Dabei wird unterstellt, dass dieses Verhalten bevorzugt eingesetzt und so zum individuellen Verhaltensmuster (bei vergleichbaren Situationen) wird. Über ein Anforderungsprofil können nun gewünschte und vorhandene Verhaltensmuster verglichen werden.

Das ermöglicht einen Vergleich von Eigenschaftsausprägungen zwischen den Kandidaten. Bekannte Vertreter dieser Verfahren sind z. B. Thomas International, DISC, Harrison Assessments.

Bei **kriterienorientierten** Testverfahren soll durch Befragung ermittelt werden, ob und wie stark ein bestimmtes Merkmal, eine Eigenschaft oder Verhalten ausgeprägt ist. Dabei werden jedoch weder interindividuelle Vergleiche angestellt, noch wird untersucht, ob dieses Verhalten intraindividuell ein klassisches Verhaltensmuster darstellt. Letztlich ist dieses Verfahren eine Mischung aus dem ipsativen und dem normativen Ansatz. Bekannte Vertreter sind der CAPtain-Test sowie Alpha-Plus.

Hauptargumente für den gezielten Einsatz von E-Recruiting-Tools sind eine angebliche Kostenreduktion und Handhabungseffizienz, Mehrsprachigkeit und leicht zu interpretierende Ergebnisse sowie die Entkopplung von Eingabe- und Ausgabesprache (kann quasi in allen Ländern/Sprachen zum Einsatz kommen). Auch das damit angestrebte innovative Image spielt eine Rolle. Einige Personaler[10] halten ihre Online-Tests für genauso effektiv wie einen klassischen Paper & Pencil-Test, der mit Bewerbern vor Ort durchgeführt werden müsste.

Einige Beispiele: Bereits kurz nach der Jahrtausendwende startete Siemens mit seinem Bewerberspiel *Challenge Unlimited* einen ersten Versuch, sich der Bewerberflut »modern« zu erwehren und technisch einen guten Eindruck zu machen.

Als Cyber Consultants schlüpfen Bewerber im Siemens Online-AC-Spiel in die Rolle von Beratern, deren Aufgabe es ist, eine virtuelle Stadt zu unterstützen. Entscheidungsstärke, Kreativität und Teamfähigkeit stehen auf dem virtuellen Prüfstand. Zum Einsatz kommen Persönlichkeits- und Leistungstests, die auch die soziale Kompetenz der Teilnehmer abprüfen sollen. Erfolgreiche Kandidaten werden anschließend zu einem mehrteiligen persönlichen Auswahlverfahren eingeladen. Später folgte das Online-Assessment-Center *PERLS*, und auch IT-Dienstleister und Banken zogen nach. Das Hamburger Unternehmen Cyquest ist auf Online-Recruitings per e-Assessment spezialisiert. Seit 2001 schickt Cyquest Jobsuchende auf *Karrierejagd durchs Netz*. Wer sich gern als Jäger betätigt, darf die »Onleins«, fünf Comicfiguren mit Kopfantennen, gegen »die böse Macht DARQ« verteidigen.

Angelehnt an *Challenge Unlimited* startet der Teilnehmer nach vollzogener Registrierung in eine Abenteuergeschichte (z. B. eine Expedition zum Nordpol). Hierbei sind die Assessment-Fragen nach Soft Skills und Hard Facts, Persönlichkeitsfragen und Postkorbübungen mehr oder weniger geschickt ins Spielgeschehen eingebettet. Einige Aufgaben sind nur zu bewältigen, wenn der Spieler die Webseiten der Partner-Unternehmen aufsucht, um sich dort zu informieren. Somit werden zwei Entwicklungen vereint: das E-Cruiting- und der Infotainment-Ansatz. Dieser verbindet Information und Unterhaltung durch Einbindung der Teilnehmer in eine Rahmenhandlung; parallel werden Firmenimage oder Produktvorteile der Cyquest-Auftraggeber vorstellt. Auf solch spielerische Art angelockte Nachwuchskräfte absolvieren ein elektronisches Assessment, das ein umfassendes Bewerberprofil von ihnen erzeugt. Die somit generierte Bewerberdatenbank ist die Grundlage für weitere E-Recruiting- Maßnahmen.

Beispiele für Online-AC:

- *www.recrutainment.de/uniquest/simulation.html*
- *www.eligo.de/html/32perls.html*
- *www.alpha-test.de*
- *www.cyquest.de*

---

10 Quelle: *www.monster.de*; Interview mit Unilever-Personalerin Nikolina Kopping

Schwachstellen des Online-Assessment

Das Online-AC verspricht in unseren Augen mehr, als es halten kann. Die Kosten eines intelligenten IT-AC-Spiels sind erheblich. Günstige Spiele, die mit simpel gestrickten Spielszenen und leicht durchschaubaren Spielaufgaben arbeiten, sind dagegen nicht in der Lage, komplexes Sozialverhalten der Teilnehmer abzubilden.

Auch die Identifizierung der mitspielenden Bewerbungskandidaten und die Bedingungskontrolle sind problematisch. So lässt sich nicht kontrollieren, ob der Bewerber wirklich derjenige ist, der das virtuelle AC bearbeitet hat. Zum anderen wird man nicht sicherstellen können, dass alle Bewerber den Test unter gleichen Bedingungen absolvieren.

So wird es Kandidaten geben, die durch ihre technischen Kompetenzen und Fähigkeiten leicht in der Lage sind, ein e-AC »zu überlisten« und somit auf der Liste der e-Bewerber sicherer oben landen. Andererseits kann es sehr gute Bewerber geben, die technisch ungeübt bis unbegabt sind und dann beim e-AC schlecht abschneiden oder vorzeitig aussteigen.

Auch die Frage, wie Männer und Frauen im Vergleich mit diesen eACs klarkommen, ist interessant. Sicherlich sind eher Männer im Umgang mit Computerspielen geübt, auch wenn heutzutage zunehmend Frauen Computerspiele nutzen.

Nur scheinbar bieten also internetbasierte AC-Systeme die Vorzüge standardisierter Personalbeurteilung. Meist folgen den Online-Tests mehrteilige Bewerberauswahlverfahren oder Interviews vor Ort.

Rahmenbedingungen

Für Ihre inhaltliche Vorbereitung des Vorstellungsgesprächs haben Sie jetzt einen umfassenden Informationsstand. Nun geht es um praktische Aspekte wie Organisation der Anreise, (Ver-)Kleidung und Erste-Hilfe-Maßnahmen für den Fall der Fälle.

Die entspannte Anreise

»Wer zu spät kommt, den bestraft das Leben« – ein geflügeltes Wort, das auch auf das Bewerbungs- und Vorstellungsgespräch zutrifft. Planen Sie also genügend Zeit für Ihre Anreise ein. Berücksichtigen Sie dabei eventuell auftretende Verzögerungen (Staus etc.). Auch wenn Sie glauben, den Weg gut zu kennen, können Sie nicht sicher sein, in einem Labyrinth-artigen Bürogebäudekomplex gleich den kürzesten Weg und das richtige Zimmer zu finden. Besser also, Sie sind eine Viertelstunde zu früh da als zehn Minuten zu spät. Versuchen Sie, so ausgeruht wie möglich den Ort des Geschehens zu erreichen. Sollten Sie sich wider Erwarten an einem so wichtigen Tag krank fühlen, ist es sinnvoller, den Termin abzusagen, als mit der Beeinträchtigung durch eine schwere Erkältung anzutreten und sich dann nicht optimal präsentieren zu können.

Falls Sie mit dem eigenen PKW anreisen möchten, denken Sie daran, dass auch dies viel über Sie verrät. Es wird registriert, ob Sie im nostalgischen Käfer, einem legendären Mercedes 180 D, einem knallroten Porsche oder einem Fiat Panda vorfahren. Spätestens bei einem zweiten Treffen schaut man Ihnen zu bzw. hinterher und sieht, womit Sie unterwegs sind.

Tipp! | Lassen Sie sich fahren – nehmen Sie ein Taxi, Bus oder Bahn, oder bitten Sie eine Person Ihres Vertrauens. So müssen Sie sich nicht auf den Verkehr konzentrieren, sondern haben den Kopf frei zum Nachdenken und sich Einstimmen. Und Sie brauchen nicht darüber zu grübeln, welches Image Sie mit Ihrem PKW vermitteln.

Und noch ein wichtiger Hinweis: Ist das Vorstellungsgespräch für Sie mit Fahrt-, Verpflegungs- und Unterbringungskosten verbunden, so gilt für die Erstattung folgende Regelung: Bei einer Einladung zum Vorstellungsgespräch muss der potenzielle Arbeitgeber für alle angemessenen Kosten aufkommen, die Ihnen entstehen, egal, ob ein Arbeitsvertrag zustande kommt oder nicht. Sollte er dazu nicht bereit sein, so muss er Ihnen diesen Sachverhalt vorher schriftlich mitgeteilt haben. Stellen Sie sich bei einem Arbeitgeber allerdings auf Eigeninitiative vor und gibt es keine ausdrückliche Verabredung, dass dieser für die Reisekosten aufkommt, müssen Sie alle Auslagen selbst tragen.

Ihre Kleidung

Patentrezepte gibt es sicherlich nicht. Generell gilt: Kleiden Sie sich gediegen, zurückhaltend-vornehm und eher konservativ. Gefragt ist auch bei Damen die schlichte Eleganz. Unsere Empfehlung: Schauen Sie sich typische Berufsvertreter in der von Ihnen angestrebten Position an, und orientieren Sie sich an deren Kleidung. Hier gibt es von Branche zu Branche so manche Unterschiede. Sicher wird auch die Homepage des Unternehmens, bei dem Sie sich bewerben, Hinweise geben, denn oft sind dort Mitarbeiter- oder Teamfotos zu finden.

Machen Sie sich klar, dass Sie bereits mit Ihrem Erscheinungsbild eine Art Arbeitsprobe und Visitenkarte abgeben. Vermeiden Sie es, besser gekleidet zu sein als Ihr Gegenüber, und verzichten Sie auf Extravaganz, wie starkes Make-up, übertriebene Accessoires oder allzu trendige Frisuren. Es sei denn, Sie bewerben sich bei einer Werbeagentur oder in der Kunstszene.

Und noch ein wichtiger Hinweis: Sie sollten die Garderobe für Ihren wichtigen Auftritt vorher wenigstens an- und ausprobiert, besser einige Stunden getragen haben. Drückende Schuhe, einengende Hemden, Hosen, Röcke, fehlende Knöpfe, aufgetrennter Saum, Flecken – all das stellt in dem Moment, da Ihr Auftritt kurz bevorsteht, eine Falle dar. Es führt zu Verunsicherung, ist eine Quelle permanenten Unwohlseins und kann dadurch Ihr Bewerbungsvorhaben gefährden. Gehen Sie also kein unnötiges Risiko ein, machen Sie eine Generalprobe, und fühlen Sie sich selbst in Ihre Rolle, aber auch in Ihre (Ver-)Kleidung ein.

Sollten Sie zu einem Vorstellungsgespräch anreisen, denken Sie an ein Ersatzoutfit. Das erspart Ihnen den Stress, noch in letzter Minute ein Kaufhaus oder eine Schnellreinigung ausfindig machen zu müssen.

Tipp!

Nachbereitung

Nicht nur in der Vorbereitung, sondern ebenso in der gewissenhaften systematischen Nachbereitung liegt der Schlüssel zum Erfolg. Wie ist es gelaufen? Was ist Ihnen gelungen, was weniger? Mit welchen Fragen hatten Sie nicht gerechnet? Was könnten Sie jetzt mit mehr Gelassenheit geschickter beantworten? Worauf müssen Sie sich beim nächsten Mal besser vorbereiten? Was haben Sie aus alldem gelernt?

Nachdenken

Reflektieren Sie das zurückliegende Gespräch:

- Mit welchen Persönlichkeitsstrukturen sind Sie bei Ihren potenziellen Vorgesetzten konfrontiert?

- Was könnte deren Motivation sein – allgemein, bezogen auf das Unternehmen, bezogen auf Sie?

- Wie schätzen Sie die menschliche und fachliche Kompetenz Ihrer Gesprächspartner/des Unternehmens ein?

- Was hat man mit Ihnen vor?

- Wie ist man mit Ihnen umgegangen, wie sind Sie angesprochen worden, wie wurden Ihre Fragen beantwortet?

- Welcher Kleidungsstil kennzeichnet das Unternehmen, und wie ist man vor Ort ausgestattet?

- Wie sind die Wände dekoriert, wie ist der Fußbodenbelag, was steht bei Ihrem Gesprächspartner auf dem Schreibtisch, und was hat die Sekretärin an der Wand hängen?

- In welchem Zustand ist das Mobiliar, und welcher technische Standard ist bei der Bürokommunikation erreicht?

- Welche Größe haben die Räume, wie gestaltet sich der Blick nach draußen?

- Wie verhalten sich die Mitarbeiter auf dem Flur? Grüßt man sich und Sie?

All dies sind wichtige Orientierungspunkte, die Ihre Informationen über den potenziellen Arbeitgeber entscheidend abrunden und dadurch wesentlich zu Ihrer Entscheidung beitragen können, ob Sie Ihre Lebenszeit und Arbeitskraft hier investieren möchten oder nicht. Denken Sie an Ihren jetzigen Arbeitsplatz und prüfen Sie, ob Sie sich wirklich verbessern.

Nachbereiten

Fertigen Sie ein ausführliches Gedächtnisprotokoll über das Gespräch inklusive aller Personen und deren Namen, die Ihnen begegnet sind, an. Wenn Sie wissen, wie die Sekretärin des Personalchefs heißt, können Sie diese beim nächsten Telefonat persönlich ansprechen.

Sowohl ein zweites als auch jedes weitere Gespräch können anders angegangen werden, wenn Sie zuvor schriftliches Material erstellt haben, auf das Sie in der nächsten Vorbereitung gezielt zurückgreifen können. Überlegen Sie sich also:

- Wie ist es insgesamt gelaufen?
- Mit welchen Fragen haben Sie gerechnet, mit welchen nicht?
- Was ist Ihnen gelungen, was weniger?
- Was könnten Sie jetzt mit mehr Gelassenheit und Nachdenkzeit besser beantworten?
- Worauf müssen Sie sich beim nächsten Mal intensiver vorbereiten?

Nachfassen

Mit einem sorgfältig formulierten Nachfassbrief (oder einer E-Mail) können Sie sich positiv von anderen Bewerbern abheben. Ein bis maximal drei Tage nach Ihrem Gespräch abgeschickt, wird dieses Schreiben Ihren Gesprächspartner veranlassen, sich erneut mit Ihnen zu beschäftigen. In diesem Brief bedanken Sie sich nicht nur für das interessante Gespräch, sondern knüpfen auch an das an, was offengeblieben ist, was Sie noch nachtragen möchten etc.

Im Wesentlichen geht es darum, mit dieser Aktion (eine Seite reicht vollkommen aus) deutlich zu machen, dass Sie sehr interessiert und motiviert sind, verstanden haben, worum es geht, und gerne bereit sind, das Gespräch jederzeit fortzusetzen. Am liebsten würden Sie natürlich Ihre ganze Arbeitskraft für das Unternehmen einsetzen.

Achtung: Machen Sie so etwas plump, ungeschickt oder langweilig, und ist das Vorstellungsgespräch vorher eher schleppend verlaufen, gewinnen Sie nichts. Gelingt es Ihnen aber, nach einem gut verlaufenen Gespräch durch diesen Brief intelligent an sich zu erinnern, verbessern Sie erheblich Ihre Chancen, weiterzukommen.

Dabei kann es sich lohnen, individuelle Briefe (sogar handschriftlich, wenn Sie über eine gute, leserliche Handschrift verfügen) an die verschiedenen Interviewer des Vorstellungsgesprächs zu schicken, z. B. an den Personalleiter und den Fachvorgesetzten.

Worum kann es in so einem Schreiben gehen, und was ist zu berücksichtigen?

1. Sie danken Ihrem Gesprächspartner für Zeit und Interesse.
2. Sie arbeiten noch einmal die drei wichtigsten »Verkaufsargumente« heraus, die für Sie sprechen und von denen Sie annehmen, dass der Briefempfänger diese wertzuschätzen weiß.

3. Sie setzen etwaigen Negativeindrücken bzw. Mankos, die im Vorstellungsgespräch offensichtlich geworden sind, etwas entgegen. Räumen Sie z. B. ein, dass Ihre Erfahrungen auf dem Sektor XY noch nicht so fundiert sind, Sie jedoch aufgrund von … meinen, Sie hätten etwas anzubieten. Führen Sie keine negativen Aspekte an, die Ihr Gegenüber übersehen, vergessen oder als irrelevant eingeschätzt haben könnte. Wiederholen Sie keine Schwachpunkte, denen Sie nicht etwas entgegenzusetzen wissen.

4. Als positiver Abschluss des Briefes könnte Ihnen ein gut formulierter Absatz dienen, der einen neuen Kompetenzaspekt in Bezug auf die angestrebte Position beinhaltet und im Vorstellungsgespräch noch nicht von Ihnen herausgestellt wurde.

Im Folgenden finden Sie Nachfassbrief-Beispiel. Sie sollten aber Ihrer Fantasie, Ihrer Kreativität freien Lauf lassen und Ihren eigenen Stil entwickeln.

Claudia Loller, Diplomkauffrau
Wilsnacker Str. 10
33619 Krefeld
034473 379123
cloller@postnet.de

Internationale Liegenschaftsbank
Personalabteilung
Frau Schnauff
Wilhelmplatz 6
10100 Berlin

Krefeld, 05.01.2011

Vorstellungsgespräch am Montag, den 04.01.2011
Meine Bewerbung als Organisationsentwicklerin

Sehr geehrte Frau Schnauff,

vielen Dank für das informative Gespräch. Besonders die offene, herzliche Gesprächsatmosphäre und Ihre Erläuterungen über Aktivitäten und Ziele bis hin zur Unternehmenskonzeption der ILG fand ich äußerst spannend. Dies alles bestärkt mich in meinem Wunsch, bei Ihnen tätig sein zu dürfen, mein Wissen und Engagement für die Optimierung der Organisation voll einzubringen.

In einem so kurzen Zeitraum des Sichkennenlernens, wie es das Vorstellungsgespräch nun einmal ist, fällt es mir nicht leicht, die Eigenschaften herauszustellen, die mich besonders für die zu besetzende Position qualifizieren. Im Nachhinein möchte ich gern hinzufügen, dass meine

– fundierten kaufmännischen Kenntnisse als Groß- und Außenhandelskauffrau
– Erfahrungen in der Projektarbeit (Studium, Diplomarbeit)
– Kommunikations- und Lernfähigkeit
– mein persönliches Organisationstalent
– sowie meine Eigenschaft, Ziele nicht aus dem Auge zu verlieren

gute Voraussetzungen für die Organisationsentwicklung darstellen.

Wenn Sie weitere Fragen haben oder Details klären möchten, melden Sie sich gern kurzfristig telefonisch bei mir.

Ich freue mich auf Ihr Feedback und verbleibe
mit herzlichen Grüßen

Claudia Loller

PS: Nachdem Sie mir eine Hotelunterkunft für den Start in Aussicht gestellt haben, bin ich gern bereit, meinerseits alles Erforderliche zu tun, um bereits am 1. März 2011 bei Ihnen anfangen zu können!

Wiedersehen – was im zweiten Vorstellungsgespräch zählt

Bewerber, die nach der ersten Vorstellungsrunde in die engere Wahl kommen, werden in der Regel zu einem zweiten, häufig auch dritten Gespräch eingeladen. Ziel ist dabei, in der reduzierten Gruppe von Bewerbern (in der Regel zwei bis vier Kandidaten) einen besseren persönlichen Eindruck zu erhalten. Dabei geht es auch um die Überprüfung des Sympathiebonus, den sich der Bewerber im ersten (oder zweiten) Gespräch erworben hat.

Geschickte Gesprächsführung Ihrerseits, neue interessante Fragen, Ihre angemessen zunehmende Bereitschaft, etwas mehr von Ihrer Privatseite zu zeigen, können Ihre Position im kleinen Kreis der wichtigsten Kandidaten stärken.

Oftmals werden erst in dieser zweiten Runde die Arbeitsbedingungen und Gehaltswünsche verhandelt. Seien Sie also informiert, was man für die Position, für die Sie sich bewerben, in der Regel an Gehalt erwarten kann. Zeigen Sie bei den Gehaltsverhandlungen Besonnenheit, und vermitteln Sie nicht den Eindruck, dass es Ihnen nur ums Geld geht (siehe Seite 263).

Guten Appetit!

Wenn das zweite oder sogar dritte Vorstellungsgespräch gut gelaufen ist, haben Bewerber und Bewerberinnen um Führungspositionen oft noch eine Aufgabe der besonderen Art zu bewältigen: die Einladung zu einem Mittag- oder Abendessen. Gelegentlich werden auch die Partner dazu eingeladen, meist findet das Essen aber mit einigen der höheren Personalverantwortlichen statt. Man will Sie in einer anderen, scheinbar ungezwungeneren Umgebung testen.

Wie ist Ihr gesellschaftliches Auftreten, was verraten Sie in dieser anderen, gemütlichen Atmosphäre nach einigen Gläsern Wein? Wie gehen Sie mit der Speisekarte und den Kellnern um? Entpuppen Sie sich als schwieriger Vegetarier, oder stopfen Sie Ihr Pfeifchen, nachdem Sie als Vorspeise ein Bauernomelett weggeputzt haben? Was machen Sie mit dem Rotweinfleck, den Sie versehentlich beim Umkippen des Glases verursacht haben?

Ziehen Sie sich entsprechend um (jetzt kann die Ersatzkleidung wichtig werden), insbesondere wenn es sich um eine Abendveranstaltung handelt. Zu der dürfen, ja sollten Sie übrigens wirklich zwei bis fünf Minuten später als verabredet erscheinen, damit Sie Ihre Gastgeber nicht in Verlegenheit bringen und schon wartend dasitzen, bevor diese eingetroffen sind.

Sollten Sie tatsächlich mit Ihrem Lebenspartner eingeladen sein, ist in dieser speziellen Bewerbungssituation selbstverständlich eine optimale Kooperation zwischen Ihnen und Ihrer besseren Hälfte angesagt. Nichts darf die Harmonie zwischen Ihnen beiden trüben. Das sind stressige Stunden für ein Paar, und wir dürfen uns an dieser Stelle diskret zurückziehen, nicht ohne noch kurz auf das Buch von Lioba Werth und Christopher Thum: *Geschäftsessen. Souverän gestalten* (München 2006) hingewiesen zu haben, das dankenswerterweise die Prüfung mit Messer und Gabel so schmackhaft plastisch darbringt, dass selbst Spargelessen oder Hummer kein Problem mehr sein dürften.

Zum Umgang mit Absagen

Absagen handelt sich jeder ein, der sich auf Jobsuche befindet. Gerade wenn Sie nach einem sehr gut verlaufenen Bewerbungsgespräch überzeugt sind, eine Glanzleistung vollbracht zu haben, nagt eine Absage besonders am Selbstwertgefühl. Erleben Sie mehrere Absagen in Folge, kommen leicht Zweifel an den eigenen Fähigkeiten auf.

Diesem Frust entgegenzuwirken und mutig weiterzumachen, ist nicht einfach. Versuchen Sie, nach vorn zu schauen und aus den bisherigen Gesprächen zu lernen: Wie können Sie sich noch besser vorbereiten, sich noch geschickter präsentieren? Was können Sie tun, um andere von sich zu überzeugen?

Berücksichtigen Sie ferner, dass Absagen nicht unbedingt etwas mit Ihnen zu tun haben, sondern häufig auch mit den Rahmenbedingungen (z. B. Gehaltsforderungen). Fragen Sie im Unternehmen nach, woran es gelegen hat. Insistieren Sie jedoch nicht und geben Sie sich auch mit einer lauen Auskunft zufrieden. Es darf nicht der Eindruck entstehen, Sie seien ein schlechter Verlierer.

Grundsätzlich sollten Sie selbstkritisch analysieren, ob Sie den Job wirklich haben wollen: Waren das Gespräch und der Interviewer wirklich angenehm, die Aufgaben spannend genug? Haben Sie sich in dem Unternehmen wohl gefühlt? Häufig überdeckt die Enttäuschung über die Absage die eigenen Empfindungen und Wahrnehmungen.

An dieser Stelle wollen wir nochmals zu bedenken geben, dass jeder für sich selbst entscheiden muss, wie weit er in seiner Anpassungsbereitschaft in einer Bewerbungssituation gehen will. Vergessen Sie nicht, dass sich im Vorstellungsgespräch auch die Prüfer auf dem Prüfstand befinden. Auch Sie als Bewerber haben das Recht und die Pflicht zu prüfen, wer Ihnen da gegenübersitzt.

Was immer die Gründe für eine etwaige Absage sein mögen: Es muss nicht an Ihnen liegen. Bedenken Sie, was Ihnen bei dem Unternehmen vielleicht erspart geblieben ist. Bewerben Sie sich weiter, geben Sie auf keinen Fall auf, und verdeutlichen Sie sich immer:

Wir sind nicht auf der Welt, um so zu sein, wie andere uns haben wollen.

Die ersten 100 Tage

Mit der Unterschrift unter Ihrem Arbeitsvertrag fängt eine neue Phase in Ihrem Berufsleben an. Vielleicht ist es Ihre erste Vorgesetztenposition, und Sie verbinden mit ihr ganz besondere Erwartungen, Wünsche und Hoffnungen: an den neuen Arbeitsplatz und seine Aufgaben, an Sie selbst, Ihre persönlichen Vorgesetzten, an die neuen Mitarbeiter und Kollegen. Und alle diese Personen haben auch entsprechende Erwartungen an Sie.

In dieser sensiblen Prägephase des Einstiegs werden wichtige Weichen gestellt. Erst einmal stehen Sie allein und verunsichert da und wollen verständlicherweise alles gut meistern. Sie haben diverse berufliche Ratgeber studiert, die alle unterschiedliche Vorgehensweisen empfehlen, was Ihre Verwirrung nur noch steigert. Kein Ratgeber kann verlässlich vorhersagen, wie Sie Ihren individuellen Einstieg als neuer Vorgesetzter souverän überstehen und sich bei den ersten Konflikten ideal verhalten. Dennoch gibt es einige Grundverhaltensmuster und Basisempfehlungen, die Ihnen die erste Zeit etwas erleichtern sollen.

Neueinstieg

Die Eingliederung neuer Mitarbeiter in ein Unternehmen lässt sich in drei aufeinanderfolgende und ineinander übergehende Phasen einteilen: Auf die Phase der Vorbereitung (Bedarf, Bewerbung, Auswahlverfahren, Wünsche und Hoffnungen auf beiden Seiten) folgt mit dem Eintritt des neuen Mitarbeiters in das Unternehmen die Phase der Orientierung. In dieser bestimmen die wechselseitigen Erwartungen, also die des neuen Mitarbeiters an die Organisation und umgekehrt, die ersten Erfahrungen. Dass dies auf beiden Seiten häufig als Realitätsschock oder zumindest als Überraschung erlebt wird, ist nicht ungewöhnlich. Entsprechend sind Enttäuschungen und die Auseinandersetzung mit ersten Konflikten vorprogrammiert.

In der dritten Phase geht es insbesondere um die Bewältigung von Widersprüchen zwischen den Erwartungen und der Realität, aber auch um die bewusste Integration und die Anpassung an die vorhandenen Strukturen. Jetzt kommt es darauf an, sich Verhaltensweisen anzueignen, die die Annahme der zugedachten Rolle erleichtern. Das sind die sprichwörtlichen ersten 100 Tage und die nicht weniger wichtigen sich anschließenden sechs bis zwölf Monate.

Fortgesetzte Bewerbungssituation

Ausschlaggebend wird in der ersten Zeit sein, ob Sie es schaffen, die Erwartungen Ihres beruflichen Umfeldes zu erfüllen. Das Sich-Bewerben geht hier und jetzt verschärft weiter. Es geht um Menschen, die Sie für sich gewinnen und von Ihrer Person und Ihren Fähigkeiten überzeugen müssen. Dabei gibt es drei unterschiedliche Meinungen, Einstellungen und Haltungen, die man Ihnen gegenüber hat:

1. eine positiv gefärbte Projektion (Vertrauensvorschuss)

2 eine halbwegs neutral bis abwartende und vorsichtige (wir werden sehen ...)

3. eine eher negativ gefärbte Projektion (Misstrauen, negative Erwartungshaltung)

Die Ihnen zugeordneten Mitarbeiter, langjährige wie neue, bilden unterschiedliche Interessengruppen: Mitarbeiter, die selbst auf den Posten gehofft haben oder jene, die mit dem letzten Vorgesetzten bestens oder nicht so gut ausgekommen sind. Auch Ihr Vorgesetzter, Ihre Kollegen sowie Kunden und Geschäftspartner erinnern sich vielleicht wehmütig an die guten Beziehungen, die sie bis dato mit Ihrem Vorgänger gepflegt haben. Hier heißt es, einen kühlen Kopf zu bewahren und sich nicht verrückt zu machen. Sie haben es schließlich auch geschafft, sich gegen eine Vielzahl anderer Bewerber durchzusetzen!

Wie bereits beschrieben, ist es wichtig, in Ihrem neuen Umfeld Sympathien zu gewinnen. Bei Ihrem Gegenüber kommt es immer dann zu positiven Gefühlen, wenn Sie bei ihm den (ersten) Eindruck und die Hoffnung erwecken, einen Beitrag zu seiner Bedürfnisbefriedigung (z. B. Aufmerksamkeit, Zuwendung, Erfolg, Macht) leisten zu können. So ist es sympathiefördernd, wenn sich Ihr Gesprächspartner mit Ihnen identifizieren kann. Neben den reinen Äußerlichkeiten werden dabei insbesondere biographische Gemeinsamkeiten zum Sympathie-Check herangezogen (z. B. bezüglich früherer Wohnorte, Ausbildung, Arbeitsplatzstationen, gemeinsamer Bekannte, Freunde, Hobbys, Interessen, Engagements etc.). Betonen Sie daher Gemeinsamkeiten, und verhalten Sie sich anderen gegenüber unterstützend positiv!

Unsicherheit

Dennoch – die erste Zeit an einem neuen Arbeitsplatz in einer Vorgesetztenrolle ist im Wesentlichen durch Unsicherheit, oft auch durch Angstgefühle und das Erleben von Stress und Unzulänglichkeit gekennzeichnet. Keiner gibt es offen zu, niemand spricht gerne darüber. Doch weit über 800 000 deutschsprachige Hinweise auf »Führung und Stress« bei Google sind ein Indiz dafür, dass dieses Thema durchaus relevant ist.

Sind Sie intern aufgestiegen, wissen Sie zwar, wie es in der Firma läuft und verfügen über entsprechende fachliche Kenntnisse. Dennoch besteht die Angst, dass sich das Verhalten Ihrer Kollegen Ihnen gegenüber ändert und Sie Ihre Freunde unter den Kollegen verlieren.

Kommen Sie als Neuer von außen, tritt häufig das Gefühl auf, sich in Filzpantoffeln auf spiegelblankem Parkett bei einem Wettrennen profilieren zu müssen. Alles und jedes erfordert Ihre Aufmerksamkeit, und es beschleicht Sie das Gefühl, einer hungrigen Löwenmeute gegenüberzutreten, die nur darauf wartet, dass Sie eine falsche Bewegung machen.

In dieser durch wechselseitige Unsicherheit geprägten Phase des Beginns bilden sich auf beiden Seiten Einstellungen und Verhaltensweisen heraus. Diese können sich im unglücklichsten Falle so negativ auswirken, dass Sie Ihre Probezeit nicht bestehen und den Arbeitsplatz verlieren.

Schauen wir uns diesen Prozess aus unterschiedlichen Perspektiven genauer an: Auf Unternehmensseite hat man sich unter den vielen interessanten Kandidaten für Sie, für den besten Bewerber, entschieden. Glückwunsch, die schwerste Hürde liegt hinter Ihnen!

Der Bewerbungsprozess hat auf beiden Seiten viel Arbeit, Mühe und auch Kosten verursacht (vor der Einstellung entstehen dem Unternehmen in der Regel Kosten in Höhe von 50 bis deutlich über 100 Prozent des Jahreseinkommens des zu besetzenden Arbeitsplatzes).

Umso erstaunlicher ist es, dass bei den meisten Firmen kaum eine zufriedenstellende Betreuung der neuen Mitarbeiter stattfindet. In vielen Großunternehmen existieren Patenmodelle, bei denen Ihnen ein gestandener, meist leitender Mitarbeiter neben dem direkten Vorgesetzten als Ansprechpartner benannt wird. Nicht selten aber überreicht die Personalabteilung einem Neuankömmling lediglich einige Unterlagen mit der Bemerkung:»Da steht alles drin, bei Fragen sprechen Sie uns einfach an.«

Größere Unternehmen, wie z. B. im öffentlichen Dienst, zeigen häufig etwas mehr Geduld und Nachsicht gegenüber Neueinsteigern in der Einarbeitungszeit. Mittelständische und kleine familiengeführte Unternehmen, die in ihrer Personalplanung kurzfristiger handeln, sind eher darauf bedacht, dass neue Mitarbeiter schnell profitabel arbeiten und setzen insofern höhere Erwartungen in Sie.

Machen Sie sich klar: Ein schwieriger Berufsabschnitt liegt vor Ihnen. Sie stehen unter dem Druck, beweisen zu müssen, was Sie können. Ihre Mitarbeiter, Vorgesetzten und Kollegen werden Sie fachlich, aber vor allem auch persönlich fordern. Sie haben noch kein Allianzen geschlossen, Sie wissen nicht, wem Sie vertrauen können und wem nicht. Ihre Prioritäten werden sich eindeutig zugunsten der Arbeit verschieben, Ihr Privatleben wird darunter leiden. Nicht selten werden Sie von der Arbeit träumen und vielleicht auch Kündigungsfantasien entwickeln. Doch meist löst sich irgendwann der Knoten, und Sie erleben das Gefühl, wieder mit den Füßen auf sicherem Boden zu stehen.

Beobachten, Besprechen, Bewerten, Begeistern

Es gibt eine einfache Formel für die ersten Tage und Wochen: Recherchieren geht vor Probieren, Zuhören vor Sprechen, Aufnehmen vor Anweisen, Bewerten vor Umsetzen.

Gehen Sie aktiv auf andere zu und stellen Sie Fragen. Suchen Sie sich Ansprech- und Gesprächspartner, finden Sie heraus, wer bereit ist, Sie bei Ihrer Informationssammlung zu unterstützen. Hören Sie aufmerksam zu. Als neuer Vorgesetzter an Ihrem neuen Arbeitsplatz sind Sie in diesem Stadium auf Informationen aller Art dringend angewiesen. Dies schließt auch ein, dass Sie ein Stück weit bereit sind, Ihrerseits anderen Informationen über sich zur Verfügung zu stellen. Die Zauberworte heißen: Zuhören und Danke sagen, ein gewisses Maß an Demut zeigen, Respekt bekunden vor dem, was bisher war. Nicht gleich aufräumen, umbauen und alles anders machen wollen.

Beobachten Sie akribisch, wie Arbeitsabläufe funktionieren und welche interpersonellen Strukturen es gibt. Besprechen Sie Ihre Entscheidungen. Gerade in der Startphase ist es wichtig, nicht einsame Einzelentscheidungen zu treffen, sondern einen breiten Konsens zu finden oder zu berücksichtigen. Bewerten Sie nicht nur das, was man Ihnen bereitwillig auf Fragen antwortet, sondern auch das, was sich zwischen den Äußerungen verbirgt. Und begeistern Sie Ihr berufliches Umfeld durch Optimismus und positive Ausstrahlung.

Der erste Tag

Auf den ersten Arbeitstag sollten Sie sich gut vorbereiten. Hier haben Sie die Gelegenheit, einen ersten positiven Eindruck zu hinterlassen. Dabei ist das, was Sie sagen, weniger entscheidend als das Wie. Bereiten Sie sich auf den ersten Arbeitstag wie auf ein Vorstellungsgespräch vor: Investieren Sie Zeit und gegebenenfalls Geld in Ihr Äußeres. Gehen Sie zum Friseur, tragen Sie gutsitzende, qualitativ hochwertige Kleidung, putzen Sie Ihre Schuhe und Ihre Brille. Betrachten Sie sich auch von hinten im Spiegel und prüfen Sie, wie Ihre Hose oder Jacke sitzt. Übertreiben Sie es nicht mit Parfüm, Make-up oder Accessoires. Lassen Sie sich von Familie oder Freunden beraten, was Ihnen steht. Sie werden sich wesentlich wohler fühlen, und das wird auch Ihr Umfeld merken.

Etwas, wovor vielen Neuen am meisten graut, ist das gemeinsame Mittagessen mit den neuen Kollegen oder Vorgesetzten. Sollen Sie mit Ihren neuen Mitarbeitern gemeinsam essen gehen oder lieber allein? Können Sie sich Ihrem Vorgesetzten oder den Kollegen anschließen? Gerade diese »private« Zeit ist wichtig, hier erfahren Sie meist mehr, als bei offiziellen Meetings. Wenn Sie Glück haben, nimmt ein Kollege oder Ihr Vorgesetzter Sie »bei der Hand«. Ansonsten fragen Sie (z. B. Ihren Vorgesetzten), was üblich ist und ob Sie sich vielleicht anschließen können. Grenzen Sie sich nicht selbst aus, indem Sie vom ersten Tag an allein gehen.

Ihr Chef als wichtigster Kunde

Wie in allen Jobs ist Ihr direkter Vorgesetzter Ihr wichtigster Kunde. Ist er zufrieden und von Ihnen überzeugt, können Sie dem Ende Ihrer Probezeit zumeist deutlich entspannter entgegensehen. Nehmen Sie daher einen Rollentausch vor und versetzen sich gelegentlich in die Rolle Ihres Vorgesetzten: Welche Ziele und Bedürfnisse hat er? Was ist für ihn wichtig? Was ist vermutlich sein größtes Problem? Und wie können Sie dieses für ihn lösen?

Grundsätzlich wird Ihr Vorgesetzter von Ihnen erwarten, was sich jede Person wünscht: Zuverlässigkeit, gutes Benehmen, Loyalität und eine positive Einstellung. Wenn Sie ihm und anderen mit Respekt begegnen, zuhören, freundlich-positiv sind und Aufgaben in der vorgesehenen Zeit erledigen (bzw. rechtzeitig informieren, wenn Sie etwas nicht schaffen), ist dies »die halbe Miete«.

Ferner wird Ihr Chef sich wünschen, dass Sie sich integrieren und bald positive Ergebnisse liefern. Hat er sich persönlich für Ihre Einstellung eingesetzt, wird er Ihnen bei diesen Zielen helfen. Erwarten Sie jedoch keine immerwährende Unterstützung. Sie sind gut bezahlte Führungskraft und man kann von Ihnen erwarten, dass Sie sich allein beweisen und durchsetzen.

Dennoch ist es wichtig zu wissen, welche Prioritäten Ihr Chef hat. Stellen Sie ihm daher am besten folgende Fragen:

- Was erwarten Sie konkret von mir – kurz-, mittel- und langfristig?
- Was hat mein Vorgänger gut gemacht, was hätte er noch verbessern können?
- Gibt es bei meinen Mitarbeitern Besonderheiten, die ich beachten muss?
- Hat sich jemand von ihnen auf meine Position beworben?
- Gab es in letzter Zeit Probleme in der Gruppe oder in der Zusammenarbeit mit anderen?
- Wie könnte man diese Probleme Ihrer Meinung nach lösen?
- Welche Rahmenbedingungen sollte ich besonders im Fokus haben?
- Welche Prioritäten sollte ich Ihres Erachtens setzen?

Wünschen Sie sich ferner von ihm regelmäßiges Feedback (am Ende der ersten Woche, dann vierzehntägig und danach jeweils am Monatsende). So wissen Sie, ob Sie auf dem richtigen Weg sind. Sie wollen schließlich gemeinsam mit ihm erfolgreich sein!

Einige Hinweise für Ihr Verhalten, wenn Sie Feedback bekommen:

- Lassen Sie Ihr Gegenüber ausreden, hören Sie ruhig zu und verschaffen Sie sich ein vollständiges Bild von dem, was der andere sagen will (auch wenn es schwerfällt).

- Rechtfertigen oder verteidigen Sie sich nicht. Der andere beschreibt lediglich seine Wahrnehmung und die Wirkung, die Sie und Ihre Handlungen auf ihn haben. Diese können Sie nicht dadurch ändern, dass Sie sich und Ihr Verhalten sofort (und eventuell auch noch lautstark) erklären.

- Stellen Sie Fragen, wenn Sie etwas nicht verstehen.

- Bedanken Sie sich für das Feedback, selbst wenn Sie mit dem Inhalt und der Form nicht einverstanden sind.

Mitarbeiter als Partner

Egal ob Sie zwei Mitarbeiter führen oder zwanzig: Es mag – wenn Personalverantwortung für Sie neu ist – zunächst ungewohnt sein, nicht nur für die eigene Arbeit und Person verantwortlich zu sein, sondern für Dritte, deren Tun Sie nur mittelbar beeinflussen können. Man wird Ihnen vielleicht (mehr oder weniger) deutlich zu verstehen geben, dass Sie keine Ahnung haben, was hier läuft. Und Herr Müller aus Ihrer Truppe ist fest davon überzeugt, dass er der bessere Vorgesetzte wäre. Vielleicht teilen sogar viele Ihrer Mitarbeiter diese Vorstellung, auch wenn es so direkt keiner sagt.

Dennoch: Sie treffen jetzt die Entscheidungen. Obwohl Sie das Gefühl haben, die wesentlichen Arbeitsprozesse noch nicht zu durchschauen, sollen und müssen Sie ziemlich bald grundlegende Entscheidungen treffen. Sie haben zu beweisen, dass Sie diesen Posten auch verdienen – und dies vor sehr kritischem Publikum.

Zweifelsohne ist die erste Zeit als neue Führungskraft in den meisten Fällen hart. Sie fühlen sich unsicher, die Mitarbeiter ebenfalls, Konflikte und Missverständnisse sind vorprogrammiert. Jetzt gilt es, ruhig zu bleiben, die Situation zu analysieren und nach vorn zu blicken. Jede Personalführungssituation ist sehr individuell, daher gibt es keine allgemein gültigen Empfehlungen. Weder nassforsches noch lammfrommes Auftreten sind geeignete Patentrezepte für frisch gebackene Vorgesetzte.

Dennoch gibt es wirksame Verhaltensmuster, um Ihre Mitarbeiter für sich zu gewinnen:

- Suchen Sie aktiv den Kontakt, interessieren Sie sich demonstrativ für Ihr Team. Stellen Sie Fragen. Schon mit wenigen, einfachen Fragen können Sie Ihrem Gegenüber vermitteln, wie wichtig Sie ihn nehmen. Dazu gehört auch, den anderen ausreden zu lassen und nicht zu unterbrechen, wenn Ihnen selbst etwas Interessantes einfällt. Prüfen Sie die Vorschläge und

Wünsche Ihrer Mitarbeiter. Diese kennen das Haus und die Arbeitsabläufe und können Ihnen wichtige Entscheidungshilfen liefern.

- Hören Sie aufmerksam zu. Konzentrieren Sie sich auf den anderen und fragen Sie nach. Je mehr Sie auf Ihren Gesprächspartner und seine Interessen eingehen, umso mehr ermutigen Sie Ihr Gegenüber, auch über sich selbst zu reden. Die Technik des aktiven Zuhörens (nachfragen, Verständnis spiegeln durch Paraphrasieren etc.) sorgt für ein gutes Gesprächsklima. Fassen Sie gelegentlich die Aussagen des anderen in eigenen Worten zusammen. Zeigen Sie, dass Sie die Botschaft verstanden haben (z. B. »Ich habe den Eindruck, dass Sie mit der augenblicklichen Situation nicht zufrieden sind. Ist das richtig?«). Machen Sie eine kurze Pause, bevor Sie auf die Aussagen Ihres Gesprächspartners reagieren, so wirken Sie aufmerksam.

- Verteilen Sie Lob und Wertschätzung: Mit persönlichen und ehrlich gemeinten Komplimenten stärken Sie das Selbstwertgefühl und Selbstbewusstsein Ihrer Mitarbeiter. Das trägt zu einer entspannten Arbeitsatmosphäre bei. Zeigen Sie dem Einzelnen, dass Sie in ihm ein großes Potenzial sehen: Das wird ihn anspornen, Ihre Erwartungen zu erfüllen. Wenn Sie dem anderen erklären: »Das schaffen Sie bestimmt!«, freut er sich über das in ihn gesetzte Vertrauen und wird eher motiviert.

- Behandeln Sie Ihre Mitarbeiter mit Respekt. Seien Sie höflich und freundlich, sagen Sie bitte und danke, nehmen Sie sich Zeit für sie, seien Sie loyal.

- An kleinen Gesten und dem Gesichtsausdruck können Sie erkennen, ob Ihre Teammitglieder an Ihren Ausführungen interessiert sind. Wenn diese Ergänzungen machen, zustimmend mit dem Kopf nicken oder interessierte Zwischenfragen stellen, können Sie mit gutem Gewissen weitererzählen. Wenn sie dagegen den Blick durch den Raum schweifen lassen, statt Sie anzuschauen, ist das ein untrügliches Zeichen dafür, dass sie sich langweilen und Sie besser das Thema wechseln sollten.

- Lernen Sie, Respekt einzufordern. Sie sind es wert, gut behandelt zu werden. Dementsprechend sollten Sie niemandem erlauben, Ihnen respektlos gegenüberzutreten. Mangelnder Respekt stellt ein herabwertendes Signal dar, dem Sie sofort entgegentreten sollten. Ein einfacher Satz wie »Ich bin über Ihr Verhalten mir gegenüber erstaunt!« kann disziplinarische Wunder bewirken.

- Übernehmen Sie Verantwortung. Sie sind Führungskraft und mittelbar auch für die Fehler Ihrer Mitarbeiter zuständig. Im Außenverhältnis, beispielsweise gegenüber anderen Abteilungen, entschuldigen Sie sich persönlich für gemachte Fehler, zeigen sich selbst verantwortlich und nennen keine Namen (in keinem Fall: »Ach, das war bestimmt Frau Schmidt, die arbeitet oft etwas nachlässig …«). Stellen Sie sich vor Ihre Mitarbeiter und verteidigen Sie diese. Im Innenverhältnis sollten Sie mit dem betreffenden Mitarbeiter sprechen und ihm Feedback geben, gemeinsam können Sie Lösungen erarbeiten, damit die Fehler zukünftig nicht mehr passieren. Statt gleich selbst zu sagen: »Das machen Sie ab sofort soundso!«, fragen Sie zuerst: »Was meinen Sie, wie kann man zukünftig diesen Fehler vermeiden?«

- Informieren Sie regelmäßig Ihr Team über Neuerungen. Gerade zu Anfang ist es wichtig, dass Sie und Ihre Mitarbeiter sich in gleichmäßigen Abständen austauschen.

- Führen Sie Einzelgespräche. So haben Sie Gelegenheit, die Mitarbeiter im Dialog intensiver kennenzulernen. Stellen Sie gezielt Fragen nach den Erwartungen, formulieren Sie auch Ihre Wünsche, legen Sie Regeln für die Zusammenarbeit fest. Hier können Sie durchaus etwas persönlicher werden. Mitarbeiter, die Ihnen kompetent und sympathisch erscheinen, können Sie bei kleineren Problemen auch um Rat bitten. Sie zeigen, dass Sie auf ihr Urteil Wert legen und dass Sie ihnen zutrauen, sie könnten Ihnen weiterhelfen. Die entsprechenden Mitarbeiter werden dies als Vertrauensbeweis sehen und Ihnen (in den meisten Fällen) gern weiterhelfen. Auch Unruhestifter können so im persönlichen Gespräch besser überzeugt werden.

- Machen Sie sich schriftliche Notizen, nicht nur über fachliche Dinge wie Arbeitsprozesse und Aufgabenabläufe, sondern insbesondere über Ihre (Einzel-)Gesprächsergebnisse, Teammeetings, besondere Vorkommnisse und Fehler der Mitarbeiter. Es wird Ihnen anfangs komisch vorkommen, dient jedoch Ihrem eigenen Schutz. Wenn es einmal hart auf hart kommen sollte und Sie beweisen müssen, warum ein Mitarbeiter nicht mehr in Ihrer Gruppe arbeiten kann, benötigen Sie Beweise. Sammeln Sie daher harte Fakten, tragen Sie jeden Vorfall mit Datum, Uhrzeit und Angabe der Personen ein.

Vernetzung als Überlebenshilfe

Ihren Kollegen gegenüber ist zunächst eine gewisse Zurückhaltung angesagt. Seien Sie stets freundlich und verbindlich, öffnen Sie sich jedoch nicht zu sehr. Sie wissen nie, ob Ihr Jammern über die »unhaltbaren Zustände« oder über den »meckernden Chef« nicht auch in andere Ohren getragen wird. Daher heißt es auch hier: Beobachten, zuhören, recherchieren, analysieren.

Die persönliche Beziehungspflege im Job ist ein wichtiger Bestandteil Ihres persönlichen Erfolges; die fehlende Vernetzung am Arbeitsplatz ein großes, wenn nicht das größte Beschäftigungsrisiko für Sie als neue Führungskraft. Insbesondere in den ersten 100 Tagen gilt es, die Weichen für ein gut funktionierendes Beziehungsnetzwerk zu stellen. Versuchen Sie daher, so viele Personen wie möglich kennenzulernen. Ein kurzes persönliches Treffen ist dafür besser geeignet als ein Telefonat, ein Telefonat besser als eine E-Mail. Stellen Sie sich kurz vor und fragen Sie genau nach, welche Aufgaben der Andere im Hause wahrnimmt. Vielleicht haben Sie ja die Möglichkeit, bei einem gemeinsamen Mittagessen das Gespräch zu vertiefen und so intensivere Kontakte aufzubauen. Auch über diese Kontakte sollten Sie sich kurze Notizen machen. So können Sie besser an vorhergehende Gespräche anknüpfen und sich bei der Flut an Informationen die wesentlichen merken.

Wenn Sie Unterstützung benötigen, fragen Sie gezielt danach. Sie werden erstaunt sein, wie viele Kollegen bereit sind, Ihnen zu helfen. Formulieren Sie Ihr Anliegen kurz und ohne Umschweife. Seien Sie nicht irritiert oder beleidigt, wenn Sie damit gelegentlich keinen Erfolg haben, sondern analysieren Sie, woran es gelegen hat: an der falschen Ansprache oder der falschen Person? Und erwarten Sie nicht zu viel!

Auf ständiges Lernen setzen

Begreifen Sie sich zunächst einmal wieder als ein Lernender. Vielleicht ist das eine etwas schwierige Rolle, wenn die neue Position mit erster Führungsverantwortung verbunden ist. Vieles von dem, was Sie an Wissen mitbringen, erweist sich möglicherweise als hilfreich, aber längst nicht alles funktioniert so, wie Sie es gewohnt waren, bereits erfolgreich praktizieren konnten oder sich auch nur vorgestellt hatten.

Ungelöste Konflikte in der Einarbeitungszeit führen nicht selten zu Kündigungsfantasien beziehungsweise zu vorzeitigem Ausscheiden aus dem Unternehmen. Nach einer Studie[11] werden über 40 Prozent der neu besetzten Führungspositionen noch in der Probezeit ausgewechselt, was mit erheblichen Kosten für beide Seiten verbunden ist. Umso mehr ist die Forderung berechtigt, gerade die Einarbeitungszeit von Seiten des Unternehmens aktiv mitzugestalten, um hier eine solide Basis für den neuen Stelleninhaber und den zukünftigen Unternehmenserfolg zu schaffen.

Was bringt Organisationen dazu, den erfolgreichen Etablierungsprozess eines neuen und leitenden Mitarbeiters mehr oder eben leider weniger zu unterstützen, im schlimmsten Fall zu unterminieren? Die positive Variante braucht weniger unser Augenmerk als die negative.

Natürlich macht es einen Unterschied, ob es sich um ein sehr großes Unternehmen oder eher um einen kleineren Betrieb handelt. Ebenso spielen die Branche sowie der Bereich, in den Sie einsteigen, eine nicht zu unterschätzende Rolle. In jedem Fall stehen Sie jedoch als Einsteiger vor der Aufgabe, herauszufinden, wie was an Ihrem neuen Arbeitsplatz funktioniert.

Damit aus Ihrem neuen »Traumjob« kein »Alptraum-Job« wird, müssen Sie zahlreiche Anpassungsleistungen erbringen. Ein Vorgeschmack darauf waren die »Initiationsriten« Bewerbung und Vorstellungsgespräch, die Sie ohne eine gute Begabung für Anpassungsübungen wohl nicht so erfolgreich überstanden hätten.

---

11 R. Bröckermann, W. Pepels in: *Personalbindung.* Berlin, 2004; zitiert nach Becker, Manfred: *Personalentwicklung.* 3. Auflage, Stuttgart 2002

Ausblicke

Suchen Sie berufliche Allianzen

Nichts ist in der Arbeitswelt so wichtig wie »Vitamin B«, ein dicht verzweigtes berufliches Netzwerk an Personen, die Ihnen positiv zugetan sind und Sie unterstützen. Daher: Pflegen Sie Ihre bisherigen Kontakte und gewinnen Sie neue; Ihre Eigeninitiative ist und bleibt Ihr größter Erfolgsfaktor!

Investieren Sie in Ihre Zukunft, zeigen Sie Engagement ...

Wie jeder Unternehmer müssen auch Sie auf dem Laufenden bleiben, sich den Entwicklungen anpassen – besser noch: vorausschauender planen und handeln als Andere. Wie jeder Unternehmer sollten Sie Grundsätze beachten, damit Sie »im Geschäft bleiben« und erfolgreich sind:

- Informieren Sie sich und versuchen Sie zu erspüren, wohin der Trend in Ihrer Branche geht.
- Besuchen Sie Fortbildungen und Fachseminare, investieren Sie Zeit, Mühe und Geld, damit Sie auf dem neuesten Stand der Entwicklung sind.
- Machen Sie nicht den Fehler, von Ihrem Job absolute Sicherheit und Kontinuität zu erwarten. Geistige Beweglichkeit und die Bereitschaft, mit Neuerungen und Veränderungen positiv umzugehen, sind die besten Voraussetzungen, um auf dem Arbeitsmarkt zu bestehen und emotional im Gleichgewicht zu bleiben.

Betrachten Sie Ihre Branche oder Ihr Fachgebiet als Ganzes. Reden Sie mit Menschen, die ein gutes Gespür für die »Großwetterlage« haben, und finden Sie heraus, was sich ändert, was die Konkurrenz plant und welche technischen Neuerungen gerade im Begriff sind, eingeführt zu werden. Eine der wichtigsten Grundlagen dafür ist Ihre Kontakt- und Kommunikationsfähigkeit, auf Leute zuzugehen und mit Ihnen ins Gespräch zu kommen.

Aktueller Trend in Organisationen ist nach wie vor die Auflösung bzw. Verflachung von Hierarchien. Dies führt zwangsläufig zu weniger vertikalen Karrieremöglichkeiten. Ein wirklicher Aufstieg wird immer schwieriger. Die Anforderungen an Führungskräfte werden drastisch erhöht. Sie tragen eine umfassendere Verantwortung als bisher – für immer mehr direkt unterstellte Mitarbeiter.

Die sich daraus ergebenden personellen Konsequenzen sind mit mehr Delegation von Verantwortung für den einzelnen Mitarbeiter verbunden (Stichwort Lean Management). Alle Anstrengungen werden darauf abzielen, Fehlbesetzungen zu reduzieren und durch weitergehende vorgelagerte innerbetriebliche Einschätzungen und Beurteilungen möglichst auszuschließen. Die selbst dann noch verbleibenden Fehlbesetzungen müssen rasch und für alle Seiten konstruktiv korrigiert werden.

Die Vertreter des Managements sehen sich kritischeren und zugleich weniger autoritätsgläubigen Mitarbeitern gegenüber, die ihnen einerseits unterstellt sind, andererseits aber aufgrund ihres Fachwissens, ihrer guten allgemeinen Ausbildung nicht selten ebenbürtig sind. Zudem sind Entscheidungsprozesse im gesellschaftlichen Umfeld der Unternehmen demokratischer geworden. Berücksichtigen Sie das und fassen Sie Mut …

… und bewerben Sie sich!

Was Sie noch wissen sollten

Das Autorenteam Hesse/Schrader ist seit mehr als 25 Jahren auf dem Sektor der Bewerbungsratgeber sowie zu weiteren Themen aus der Arbeitswelt publizistisch tätig und hat im Laufe dieser Zeit mehr als 150 Bücher veröffentlicht. Am Anfang stand die erstmalige Veröffentlichung aller gängigen sogenannten Intelligenztests und deren kritische Reflexion in dem Buch *Testtraining für Ausbildungsplatzsuchende* (1985). Ebenfalls Neuland zum Bereich »Überleben in der Arbeitswelt« erschloss ihr Buch *Die Neurosen der Chefs – die seelischen Kosten der Karriere* (1994). Von besonderem Interesse für den Leser dieses Buches dürfte auch die Reihe »Die perfekte Bewerbungsmappe« sein – Bücher im DIN-A4-Format, die zahlreiche Beispiele im Originalformat zeigen und auf die unterschiedlichen Situationen von Bewerbergruppen (Führungskräfte, Azubis, Hochschulabsolventen) eingehen. Auch die Bücher *Was steckt wirklich in mir? Die Potenzialanalyse* sowie *Das große Hesse/Schrader Bewerbungshandbuch* behandeln die Themen, die zur Verwirklichung Ihrer beruflichen Ziele von großer Bedeutung sind. Weitere Hilfestellungen bieten die Hesse/Schrader Trainings *Initiativbewerbung, Schriftliche Bewerbung, Lebenslauf, Vorstellungsgespräch und Arbeitszeugnis* (alle ebenfalls im DIN-A4-Format).

Beide Autoren verfügen über eine langjährige Erfahrung als Seminarleiter bei Bewerbungstrainings. Ein besonderes Interesse gilt der gewerkschaftlichen Bildungsarbeit in Form von Anti-Mobbing- und Konfliktmanagement-Seminaren. 1992 gründeten sie in Berlin das *Büro für Berufsstrategie*, das ausschließlich Arbeitnehmer in allen erdenklichen beruflichen Fragen berät und unterstützt. Mehr als 25 Jahre Buchpublikationen und fast 20 Jahre tägliche Beratungsarbeit mit Kandidatinnen und Kandidaten, die das *Büro für Berufsstrategie* aufsuchen, zeichnen die Autoren als kompetent und praxiserfahren aus. Wenn Sie persönliche Anregungen wünschen, Rat und Unterstützung brauchen, wenden Sie sich bitte an das *Büro für Berufsstrategie*:

Büro für Berufsstrategie
Hesse/Schrader
Oranienburger Straße 5
10178 Berlin
Tel. 030 288857-0
Fax 030 288857-36
www.berufsstrategie.de

Bitte beachten Sie auch unsere Büros in Frankfurt, Stuttgart, Hamburg, Köln, Leipzig, Wiesbaden und München.